"十四五"国家重点出版物出版规划项目

航天发动机技术丛书

空间推进系统自主健康管理

吴建军　程玉强　晏　政　彭小辉　著

科 学 出 版 社

北　京

内 容 简 介

本书全面论述空间推进系统自主健康管理概念、研究意义、主要研究内容、实现方法以及国内外最新研究进展，主要包括：空间推进系统动力学建模与仿真、推进系统故障模式与可诊断性分析、基于符号有向图的诊断方法、定性定量集成的故障诊断方法、基于解析冗余关系的故障诊断方法、故障条件下可恢复性分析、基于可满足问题的智能配置和重构方法、自主健康管理原型系统分析与设计等。

本书算法理论与应用实践并重，不但可以为从事空间推进系统动力学分析、故障诊断、自主健康管理等方向的科研人员、工程应用单位的技术人员提供有益参考，而且也可以作为高等院校研究生的教学参考资料。

图书在版编目(CIP)数据

空间推进系统自主健康管理 / 吴建军等著. -- 北京 : 科学出版社, 2025. 7. --（航天发动机技术丛书）.
ISBN 978-7-03-082268-0

Ⅰ. V43

中国国家版本馆 CIP 数据核字第 20253VA310 号

责任编辑：徐杨峰　郁威克 / 责任校对：谭宏宇
责任印制：黄晓鸣 / 封面设计：殷　靓

科学出版社 出版
北京东黄城根北街 16 号
邮政编码：100717
http://www.sciencep.com

南京展望文化发展有限公司排版
苏州市越洋印刷有限公司印刷
科学出版社发行　各地新华书店经销

*

2025 年 7 月第　一　版　开本：B5(720×1000)
2025 年 7 月第一次印刷　印张：16
字数：314 000

定价：150.00 元

（如有印装质量问题，我社负责调换）

丛书序

航天科技与工程是我国科技强国征程的一颗耀眼明珠。导航卫星、载人飞船、空间站、探月工程、火星探测等重大任务顺利实施，体现了航天强国建设的巨大成就！

航天技术是一个国家综合实力的重要体现。西方发达国家对中国在航天技术领域实行了严厉的封锁政策。航天发展，动力先行。动力系统一直承载着人类进入太空、探索宇宙的梦想，被称为人类空间探索事业发展的基石。航天技术的日趋成熟，在很大程度上取决于动力技术的发展。事实证明，航天发动机技术领域要不断取得突破，跻身世界先进行列，必须依靠自主创新，掌握核心技术，实现自主可控。

航天发动机技术，作为人类探索宇宙奥秘、开拓太空领域的基石，其研制历程充满困难与挑战，是一部孕育智慧与勇气的史诗。在液体火箭发动机的轰鸣声中，运载火箭一次次成功将卫星、空间站等载荷送入太空；固体火箭发动机的迅猛发展，让导弹与小型运载火箭的发射更加便捷高效；空间电推进技术的悄然兴起，为航天器的长期驻留与深空探测铺设了高效节能的航道；而组合动力技术的创新探索，更是开启了航天动力及航天运输多元化发展的新纪元。

液体火箭发动机以其高能量密度、推力可调及可重复使用等优势，始终是航天发射领域的核心动力。从早期的有毒、小推力发动机到如今的绿色、大推力、高性能型号，科研人员不断突破技术瓶颈，提升发动机性能，为航天器的成功发射与运行提供了坚实保障。

固体火箭发动机则以其结构简单、反应迅速、维护方便等特点，在导弹武器系统大放异彩。随着材料科学与制造工艺的进步，固体火箭发动机的推力与燃烧效率不断提升，为快速响应与高效发射提供了有力支撑。

空间电推进技术的出现标志着航天动力技术的革命性飞跃。通过电场或磁场加速离子或电子，产生持续而稳定的推力，空间电推进技术显著降低了航天器的燃料消耗，延长了其在轨运行时间，为深空探测与星际旅行奠定了基础。

组合动力技术则是航天发动机技术发展的又一重要方向。通过将不同类型的发动机进行优化组合，实现优势互补。组合动力技术为航天任务提供了更加灵活、高效的动力解决方案，将极大地拓展航天器的任务范围与适应能力，推动航天事业迈向新的高度。

科技人才是航天发动机技术自主创新和技术发展的主体，知识的传承和发扬至关重要。在此背景下，科学出版社邀请中国航天推进技术研究院牵头，联合国内知名院所和高校，组织召集了相关型号总师及高校教授、科研院所专业人士等知名专家共同编写一套"航天发动机技术丛书"。丛书围绕"航天发动机"这一主题，既从理论高度关注航天动力基础科学问题，又密切结合航天动力领域发展的前沿成果，更难得的是融入了行业专家的工程设计经验，具有很高的理论和工程价值。丛书突出航天动力系统的特色，体现学科交叉融合，确保具有前瞻性、原创性、专业性、学术性、实用性和创新性。

丛书于2021年正式启动，入选了"十四五"国家重点出版物出版规划项目。丛书涉及火箭发动机总体设计、部件设计、结构与材料、推进剂、燃烧学、空间特种动力及相关基础和前沿成果，凝聚了众多学者和科研人员的智慧，希望通过系统全面总结我国航天发动机技术及其相关领域近二十年成果，吸收及融合当前技术发展成果，阐述航天动力的新型交叉技术和设计方法，形成一套完善的知识体系，促进航天人才培养和技术创新发展，为我国航天强国之路奠定坚实基础！

是为序！

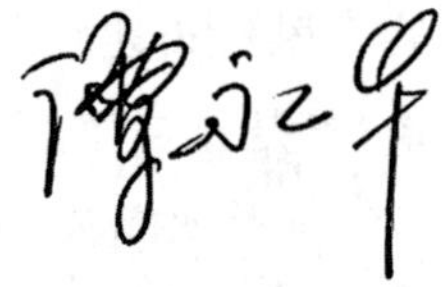

2024年7月

前　言

空间推进系统健康管理自主化是随着航天技术深入发展的必然趋势，其目标是使航天器具备自主检错、容错的能力，在没有地面人员参与的条件下确保航天器在未知和不确定运行环境下的可靠性、安全性，减少对地面操作的依赖，降低运行管理成本。推进系统作为航天器的关键、核心装置，具有时变性、耦合性、故障发生迅速、有一定的冗余度等特点，同时由于航天器上计算资源有限，实现其在轨自主健康管理，需要发展兼具简明高效、准确等特点的故障检测、诊断、重构推理方法。

尽管空间故障检测和诊断技术已经过近二十年的发展，但对于复杂系统健康管理、自主健康管理等方面的研究仍处在一个比较低的层次上。所开发的大部分故障诊断系统基本上还属于试验型，仍以地面诊断为主，在轨系统多数只能负责冗余硬件的切换，没有实现真正意义上的在轨自主健康管理系统。

国防科技大学空天科学学院是国内较早开展空间推进系统健康管理技术研究的单位之一。本书是笔者多年来在该领域研究成果的结晶，也是国内第一本全面论述空间推进系统自主健康管理技术概念、研究意义、主要研究内容、实现方法以及国内外最新研究进展的专著。本书算法理论与应用实践并重，不但可以为从事空间推进系统动力学分析、故障诊断、自主健康管理等方向工作的科研人员、工程应用单位的技术人员提供参考，也可作为高等院校博士生、研究生的教学参考资料。

全书共分为10章。第1章详细介绍了空间自主健康管理技术的概念及其应用意义，并对国内外研究现状和发展趋势进行了分析综述。第2章介绍了空间推进系统模块化建模方法，详细论述了其动力学建模、动态特性分析与仿真计算等问题，并分析了典型故障模式下推进系统的稳态故障效应和故障过渡特性。第3章分析归纳了空间推进系统变轨过程和姿控过程的故障模式，研究发展了空间推进系统的故障可诊断性评价方法。第4~5章提出了基于符号有向图的推进系统定性诊断方法，并以此为基础，发展了集成组件定量信息的动态符号有向图故障诊断方法。第6章针对推进系统时变故障诊断判据确定难的问题,综合应用了Z-检验和解析冗余关系,提出了基于解析冗余关系的半定性故障诊断方法。第7章基于系统结构配置栅格图,提出了适于系统重构的故障可恢复性评估理论和方法,并开展了典型推进系统故障可恢复性评估。第8章介绍了推进系统的配置与重构问题,研究发展了基于最优可满足问题的智能搜索求解方法。第9~10章设计了推进系统自主健康管理原型系统与空间推进系统故障诊断系统,进行了实验室考核验证。

本书内容涉及的范围较广,由于笔者水平有限,书中难免有错误和不妥之处,恳请读者批评指正。

作　者

2025年1月

目录

第1章 绪　论

第2章 空间推进系统动力学建模与仿真

第3章 推进系统故障模式与可诊断性分析

第4章 基于符号有向图的诊断方法研究

第 5 章 空间推进系统定性定量集成的故障诊断方法研究

第 6 章 空间推进系统基于解析冗余关系的故障诊断方法研究

第7章 推进系统故障条件下可恢复性分析

第8章 基于可满足问题的智能配置和重构方法研究

第9章 推进系统自主健康管理原型系统分析与设计

第10章 空间推进系统故障诊断系统的设计与实现

参考文献

第1章 绪 论

1.1 研究背景与内涵

近十年来,随着神舟(SZ)系列飞行任务的圆满完成和嫦娥探月工程的顺利推进,中国航天事业已经在载人航天和空间探测领域取得了重大突破。

伴随着大型通信卫星、载人飞船、空间站、深空探测器(以下统称航天器)等空间应用的迅速发展,对高性能、高可靠性、长寿命航天器的需求也日益增长。保障航天器可靠运行的手段包括: ① 在设计阶段加入充分的模块冗余和功能冗余; ② 在测试阶段尽可能消除潜在故障源;③ 发射后采用故障诊断系统,实时监控航天器的运行状态,并在出现故障时采取相应的措施确保航天任务的完成。大型航天器通常结构复杂,由于空间环境的复杂性以及发射前测试的局限性,航天器在轨运行过程中的故障仍然难以完全避免。

空间推进系统是指为航天器提供控制力、控制力矩和小推力的系统,用于完成末速修正、轨道机动、轨道保持、姿态控制、交会对接、推进剂管理等任务[1]。到目前为止,大型空间推进系统主要采用双组元统一推进系统[2],该系统采用双组元液体推进剂[绿色四氧化二氮(mixed oxides of nitrogen, MON)和甲基肼(methylhydrazine, MMH)]和“挤压式”推进剂供应方式,其典型系统由高压气瓶、增压气路、气路减压阀、推进剂贮箱、推进剂供应管路、主发动机/推力器组和各种控制装置组成。如无特别说明,后续书中的空间推进系统,均是指该系统。

空间推进系统要在空间环境中完成上述任务,其工作方式、技术性能和系统结构等方面具有如下明显特点[3]: ① 系统结构复杂,推进剂供应管路流量小,流通通道狭窄,且工作过程中几乎都有零部件在动作,堵、卡、漏等故障时有发生;② 系统采用常温可贮存推进剂,易燃、易爆、毒性较大,且与金属和非金属材料相容性较差,所以安全性、可靠性问题突出,加注与工作时间越长,困难越多;③ 系统在恶劣空间温度环境长时间工作,最长工作寿命长达10~15年;④ 在发射的主动段,系统将承受运载火箭传递过来的较大振动及冲击载荷,可能导致分布于航天器四周的管路和刚性较差的承力结构件因局部产生谐振而受到破坏。

由于上述特点,推进系统一直是航天器的高发故障源。作为航天器的动力装置,推进系统故障轻则影响性能,重则导致寿命缩短甚至空间任务失败。1999 年,毕龙生[4]介绍了 1963~1994 年的 16 起国外卫星推进系统故障,结果表明泄漏故障的影响往往都是严重的,甚至灾难性的。截至 1995 年底,美国、俄罗斯/苏联进行了 249 次载人飞行,共计发生了 166 次故障,其中推进系统故障约占 25.2%[5]。2007 年,赵海涛等[6]统计分析了 DFH－3 系列卫星在轨故障,结果表明对卫星任务造成较大影响的重要故障主要发生在推进、供配电和控制分系统。2011 年,谭春林等[7]收集了国外公开发布的共计 527 个航天器在轨故障,统计表明,航天器平台的控制、供配电、推进 3 个分系统发生的故障所占比例最高,达到了 55%。2011 年,俄罗斯发射的"福布斯-土壤"火星探测器,其推进系统主发动机未能启动,导致任务失败。因此,发展空间推进系统故障诊断技术,对于提高航天器的可靠性和安全性,保证空间任务顺利完成具有重要意义。

广义的空间推进系统故障诊断任务,由低级到高级,可分为 4 个方面的内容:① 故障检测,利用传感器测量或者遥测,得到反映推进系统当前工作状态的数据,经过特征提取后,做出二元决策,判断系统是否出现了故障;② 故障隔离,狭义的故障诊断也称为故障隔离,即根据已有的异常状态信息,确定发生故障的位置和类型,例如,判断发生故障的部位是管路还是阀门,是泄漏还是阻塞故障等;③ 故障评估,估计故障的程度和属性,评价对航天任务的影响程度;④ 故障决策,根据故障评估的结果,采取相应的措施,尽可能保证航天器的安全和航天任务的完成。对于推进系统而言,可能的故障决策包括报警、改变工作状态、紧急关机、启动冗余备份、改变系统配置等。如无特别说明,后续书中的故障诊断,其内涵均是指广义的故障诊断。

不同于工业控制过程,空间推进系统故障诊断具有以下特点。

(1) 长期运行,环境特殊,不确定性因素多。航天器长期暴露在太空环境中,导致其元器件、组件的故障概率较地面实验室条件下大幅增加。统计表明,1974~1994 年有超过 100 起航天器故障都是由太空环境引起的。

(2) 故障样本小和故障诊断经验不足。同一批次的航天产品数量有限,故障样本很难大量获取;产品的测试和检测次数有限,给予故障诊断的先验信息量少。出现故障之后,相关研制生产单位会进行故障归零并改进设计,因此重复故障样本更少,很难提取到有效的故障模式。

(3) 潜在故障源多,故障危害性大。航天器是一个复杂的综合系统,运行期间存在大量潜在故障源;而推进系统任一组件出现故障,轻则影响性能,重则导致寿命缩短,甚至空间任务失败。

(4) 航天器上资源有限。相对于系统的复杂度,传感器的数量很有限,系统状态难以通过传感器完全观测;航天器上计算机配置、电力与推进剂的储量有限。因此,要求故障诊断方法简明有效、快速准确,避免影响航天器正常飞行任务需求。

(5)人工干预能力有限。航天器运行于太空环境,现场维修难度大、成本高,当前条件下尚难实现;对于中、低轨道航天器,当前我国测控网络覆盖有限,可监测和维护的时间窗口有限;对于深空探测器,由于测控网络的不足和控制信号的传输延迟,对航天器的突发故障通常无能为力。

在进行空间推进系统故障诊断之前,为充分了解其工作过程中主要状态参数的动态变化及相互影响,以及状态参数与控制作用、各种内外扰动之间的联系,提取推进系统的故障模式,通常还需要进行空间推进系统的动力学仿真与故障仿真研究。

结合本书的研究对象,后续将从空间推进系统动力学建模与仿真、故障诊断方法,以及故障诊断系统的应用等方面,分别对研究现状和发展趋势进行分析和评述。

1.2 空间推进系统动力学建模与仿真研究进展

空间推进系统动力学建模与仿真,是认识推进系统工作过程和辅助推进系统设计、试验的有力工具。本节从推进系统静动态过程的数值模拟方法和模块化建模与仿真两方面,介绍相关的研究进展。

按照业内习惯,本书将用于运载火箭的大推力液体火箭发动机称为液体火箭发动机,而将用于航天器姿轨控的双组元统一推进系统称为空间推进系统。除涡轮泵之外,上述两个系统的结构和工作原理类似,因此本节的静动态特性仿真及模块化建模综述内容包含了两个系统的研究进展。

1.2.1 推进系统静动态过程的数值模拟方法

空间推进系统的工作过程按参数变化特点可分为静态(稳态)过程和动态过程,其工作特性也可相应地分为静态特性和动态特性。在推进系统工作过程中,当出现干扰因素后,系统参数将最终平衡在一个新的稳定状态,静态特性即指在各稳定状态下,系统各参数之间以及系统各参数与各干扰因素之间的关系。而动态特性是指在非稳态过渡过程中,系统各参数之间以及系统各参数与各干扰因素之间的关系。通常采用代数方程组描述系统的静态特性,而采用微分方程组描述系统的动态特性。

描述推进系统静态特性的代数方程组大多是非线性的,一般采用计算机数值求解。鉴于干扰因素通常都是在设计工况附近比较小的范围内变化,因而可在设计工况附近采用线性化的方法进行求解,即小偏差法,该方法可在干扰因素变化不大的条件下满足精度的要求。当工作状态偏离设计工况较远时,线性化的方法会产生较大的误差,这时需要直接求解非线性方程组,国内外采用的方法有优化算法、蒙特卡罗(Monte Carlo)随机模拟法等。1995 年,Goertz[8] 采用发动机静态特性通用建模方法,分别对三种发动机进行了建模,并使用修正的牛顿-拉弗森(Newton-Raphson)法进行求解。1997 年,沈赤兵[9] 对某型大型泵压式液体火箭发动机建立了静态非线性代数方程组,采用布洛伊(Broyden)法进行求解,与小偏差方法的结果对比表明,当干扰因素变化不大时,两种方法结果相近;当干扰因素变化较大时,非线性方法结果更加准确。

描述推进系统动态特性的微分方程组也是非线性的,求解更加困难。直接对动态微分方程组进行数值求解,模型精度较高,但是计算速度较慢。为了减少模型复杂度、突出主要组件、缩短运算时间,许多系统的动态过程建模都采用了动态微分方程和静态代数方程相结合的方法。例如,在流体系统仿真领域,对于难以处理的阀门节流过程,普遍引入流量系数和阀门质量流量代数方程代替动量微分方程[10]。在日本 LE－7 火箭发动机的瞬态建模中,对于特征时间较长(≥5 ms)的元件采用微分方程,对于特征时间较短(<5 ms)的元件采用代数方程的形式;对前者采用积分法,对后者采用迭代法,交替计算。其仿真曲线与 75%载荷的试验原型发动机启动测试曲线非常接近,表明该建模方法比较合理,值得借鉴。

空间推进系统动态特性的一个主要研究内容,是管路(包括增压气路和推进剂供应管路)的动力学特性。其分析方法通常是由流体动力学的三大守恒方程和状态方程出发,综合其他物理和数学方法,得到流体管路动态特性的基本方程。根据研究对象和内容的不同,将基本方程加以变换,得到不同的管路动力学研究方法。考虑到实时性和可行性的要求,对流体系统的建模不能过于复杂,目前管路系统动静态特性的数值研究都采用一维数学模型,尚未见到二维或三维数学模型的应用。

在低频(<50 Hz)范围内,空间推进系统的管路动力学问题可用集中参数的常微分方程或代数方程描述。对于中高频区域(50~400 Hz)动态特性问题,推进系统的大多数组件必须采用偏微分方程进行分布参数离散来描述。集中参数模型方程的求解属于常微分方程组初值计算问题;分布参数模型方程的求解多采用特征线法,也可以先通过空间离散方式转化为时间差分方程,再采用常微分方程组初值问题的计算方法。张黎辉[11] 分别采用集中参数模型和分布参数模型,研究了补燃循环液体火箭发动机输送系统的频率特性,结果表明,在低频区域两种模型频率特性曲线是相近的,而后者还可以模拟中高频区域的幅值特性。

集中参数法是最简单的流体管路动力学研究方法。蔡亦刚[12] 发展了一套方法,把流体管路视为是流阻、流容、流导和流感这四类理想元件的集中参数的组合。但由于真实的管路包含黏性损失和热传递,因此采用集中参数模型对于管路动态分析的准确性较差。随着计算机技术的发展,分段集中参数的思路逐渐得到应用。刘昆[13] 提出了基于流体传输线电路网络模拟的分段近似方法,并采用其建立的流体管道线性化网络模型,对管道阀门关闭引起的水击进行了仿真,与特征线法计算结果的比较表明,适当分段数的分段集中模型可以在相当宽的频率范围内很好地描述液体管流的瞬变过程。

在研究管路动力学的分布参数方法中,特征线法是计算瞬变过程最简单的方法之一,应用广泛。Kolcio 等[14]针对气体和可压缩流体,提出了一种基于非交错网格有限体积单元的差分模型,并应用到航天飞机主发动机(space shuttle main engine, SSME)的建模仿真中。在此基础上,1999 年,刘昆[13]引入空间位置交错的两种有限控制体积,提出了一维可压缩瞬变流的有限元状态变量模型,发展了管道分支和容腔的体积处理方法并建立了其状态变量方程,易于进行复杂管网的建模;模型中单元边界条件的处理方式简单有效,适用于任意的物理边界条件。2000 年,程谋森[15]提出了弱可压流体的特征有限元模型,该模型充分保留了特征线方法对参数分布特性的描述能力,又兼具用有限体积单元处理复杂形状管路和边界条件的方便性,适用于具有复杂管路—腔体互连特征的发动机管路模块化建模。

由于有限差分法的物理意义不甚明确,特征线法难以处理组件的连接关系,因此应用于空间推进系统的多组件模块化建模存在不少困难。而有限体积法离散过程物理意义明确,易于处理复杂的组件边界连接关系,并且离散后的模型满足物理守恒定律。因此,交错网格有限体积法适用于空间推进系统复杂供应管路的多组件模块化建模。

1.2.2 推进系统模块化建模与仿真

无论是对空间推进系统的静态特性,还是动态特性,传统的数值仿真方法往往是针对某一具体型号进行建模,其计算程序与系统结构密切相关。如果系统结构有所改变,则必须重新推导方程,重新编制部分计算机程序。对空间推进系统这样复杂的系统而言,采用上述方法建模需要较大的工作量,对于新型号的推进系统,该方法可能延长研制周期、提高研制费用。

空间推进系统的结构形式多样,但不管其结构形式如何复杂多变,都是由高压气瓶、气路减压阀、推进剂贮箱、气液管路、主发动机/推力器和各种控制装置组成,其状态参数满足热力学性质间的函数关系。据此,可以把推进系统划分为一些典型组件的组合,逐个建立起各个组件的数值模型并封装成独立的功能模块,再按照推进系统的结构组合建立起整个系统的数值模型,同种类组件使用同一个功能模块。如此,即可方便地解决各种不同结构形式推进系统的建模问题,这就是模块化建模与仿真的基本思想。

20 世纪 80 年代末以来,国外具有代表性的研究成果包括:美国普拉特·惠特尼(Pratt & Whitney)公司开发了火箭发动机瞬变仿真(Rocket Engine Transient Simulation, ROCETS)软件,美国的洛克达因(Rocketdyne)公司开发了发动机通用设计软件(Versatile Engine Design Software, VEDS),两者均采用FORTRAN 77语言编写,均可进行发动机静动态过程仿真,前者主要用于发动机动力学仿真,后者主要用于系统设计。美国马歇尔(Marshall)太空飞行中心的研究者把流体系统划分为由节点、支路组成的网络,开发了通用流体系统仿真程序(Generalized Fluid System Simulation Program, GFSSP),并将其发展成为一种适用于一维可压缩流体管网动静态仿真的通用软件。印度理工学院低温工程中心按照系统的实际物理组件进行模块划分,开发了液体推进系统仿真软件(Cryogenic Engineering Simulation Program-Liquid Propulsion, CRESP-LP),其模块的集成度较GFSSP有所提高。德国航空航天中心提出了液体火箭发动机的通用模块化建模方法,并针对SSME、RD-170以及某型三组元发动机进行了建模研究。欧洲的阿斯特里姆(Astrium)公司针对用于补给国际空间站(International Space Station, ISS)的自动运载飞船(Automated Transfer Vehicle, ATV)开发了推进系统仿真软件ATVSim,其核心流体动力学仿真软件包CAPSIM(Computer Aided Process Simulator)同样采用了模块化结构。日本角田(Kakuda)宇宙中心针对LE-7发动机开发了火箭发动机动态仿真程序(Rocket Engine Dynamic Simulator, REDS),并成功应用于分析该发动机的启动、关机瞬变过程。法国Imagine公司开发了机械、液压、气动、传热、电磁等多学科建模与动力学仿真软件AMESim(Advanced Modeling Environment for Simulations of Engineering Systems)及其二次开发平台AMESet,为液体火箭发动机系统动力学建模与仿真提供了很好的软件平台。

20世纪90年代以来,国内也开展了这方面的研究,具有代表性的研究成果包括:陈杰等[16]采用增广关联矩阵表示液体火箭发动机各组件之间的连接关系,提出了发动机静态特性的通用非线性建模方法。许琨等[17]在其基础上,运用网络分析和图论方法,建立了计算多种动力循环方案参数的通用模型,并编制了相应软件。黄卫东等[18]提出了一种液体火箭发动机分级燃烧循环最高室压的通用计算方法,采用拟牛顿法求解系统未知量,按照预定顺序对各个模型进行迭代计算,并实现了面向对象的程序设计。李家文等[19]基于液体火箭发动机的数学模型方程,提出了一种简单、灵活的数值仿真建模方法,编写了发动机静态特性仿真软件,并对一个气氧-酒精试验台作了静态特性和稳态故障仿真。蒋志坚等[20]提出了一种基于图论和面向对象技术的通用数值仿真方法,适用于采用液体推进剂的空间推进系统各种设计方案的检验及静态工作过程的仿真研究。上述研究与国外的差距是通用性还不够,并且仅限于发动机静态特性的研究。

2000年以后,国内学者逐渐开展了液体火箭发动机的动态特性建模与仿真研究。黄敏超等[21]分别针对分级燃烧循环液体火箭发动机和空间推进系统建立了各组件的仿真模块,以及利用组件模块构建通用动态数值模型的仿真体系。刘昆等[22]在其提出的一维可压缩瞬变流守恒形式的有限元状态变量模型的基础上,发展了简单实用的基于系统结构矩阵的编码规则，解决了系统元件编码，以及各元件之间连接关系描述的难题，完成了液体火箭发动机系统瞬变过程模块化建模与仿真软件 LRETMMSS。李家文等[23]针对双组元挤压式空间推进系统，基于特征线法进行了动态过程仿真方法的研究，仿真软件可通过调用用户编写的动态链接库，添加新的方程和求解算法，其通用性和可扩展性较好。2006 年，高芳等[24]以我国两种型号的低温液体火箭发动机试验台管路系统为对象，系统地研究了能够描述含有不同结构和功能组件、不同流体流动和传热现象的数值体系，最终构建了一个具备逻辑自洽性的统一的流动/传热仿真体系。张金容等[25]针对某新型上面级发动机系统，进行了模块化建模和启动过程的仿真计算，并与试验结果进行了对比分析。张黎辉等[26]在微软基础类库（Microsoft Foundation Classes, MFC）文档视图结构的基础上实现了可视化建模，开发出一种具有扩展机制的液体火箭发动机瞬变过程仿真软件。

与此同时，功能日益强大的商业软件为构建推进系统通用动态仿真模型提供了良好的平台。刘红军[27]利用 MATLAB 的 Simulink 工具，开发了一种利用模块库中组件拼装发动机仿真模型，进行动态过程仿真的通用仿真程序。2005 年，魏鹏飞[28]针对液氧煤油发动机建立了各主要部件及子系统的仿真模块，开发了发动机动态过程仿真软件 LRESim，并进行了发动机减损控制方法的研究；2009 年，程玉强[29]在其基础上，进行了现有模块功能的完善与模块库的扩充，深化了关键部件结构动力学和损伤动力学建模与仿真研究。上述采用 Simulink 工具建立的模块接口没有进行封装，把处理组件之间各种状态参数信号连接的工作留给了用户，对专业背景要求比较高。上述研究在建立模块库时均采用了集中参数模型，这与 Simulink 难以处理分布参数组件有关。刘靖东等基于前述 AMESim 软件平台，分别建立了平台供气系统和冷氦增压系统的多学科动力学仿真分析模型，并对不同工况下系统的动态性能进行了数值仿真，可为系统动态稳定性分析及稳定性改进提供指导。

上述研究成果均具备不同程度的通用性，部分软件已经具有可视化的用户界面。不足之处在于，软件模块多采用集中参数法，未来的改进方向是建立更加完善、更高精度的典型组件模块，并采用更加友好的用户界面。

1.3 空间推进系统故障诊断方法研究进展

故障诊断方法起源于系统控制理论，经过几十年的发展，许多学者加入这一研究领域，提出了大量的研究方法。本节在介绍故障诊断的前提——故障可诊断性分析的基础上，综述故障诊断方法在航天领域的研究进展，最后进行了故障诊断方法在航天领域的适用性分析。

空间推进系统与液体火箭发动机结构和工作原理类似（涡轮泵除外），而工作环境与航天器其他子系统接近,空间推进系统的故障诊断可与两者相互借鉴,因此后续的综述内容包含了这两部分内容。

1.3.1 故障可诊断性分析

航天器的故障可诊断性是进行故障诊断研究的重要基础和前提。当在设计阶段不能为故障诊断提供足够、适合的可达测点集合时,再有效的故障诊断方法也难以发挥作用。同时,良好的故障可诊断性也能使故障诊断方法易于实现,更有效地应对航天器的在轨运行故障。因此,非常有必要开展航天器的故障可诊断性研究。目前国内外航天器故障可诊断性分析与设计的研究很少,亟待开展相关的理论和应用研究。

故障可诊断性是指当发生一个或多个故障时,系统能检测故障并能识别故障原因的能力,包括故障可检测性和故障可隔离性。故障可诊断性主要有两个研究角度:① 将故障可诊断性视为系统特性,则其取决于故障动力学、系统动力学和扰动分布,而与采用的故障诊断方法无关;② 将故障可诊断性视为故障诊断方法的残差特性,则除与上述系统特性有关以外,还与故障诊断方法对系统的描述以及故障诊断方法本身的特性密切相关。系统特性是故障诊断的前提,而故障诊断方法则是故障诊断的实现方式,不同的方法可能具有不同的诊断能力。本书着眼于从系统特性的角度研究故障可诊断性。

故障可诊断性研究主要包括两部分内容[30]:① 故障可诊断性分析,即基于现有的系统配置,判断特定的故障集合是否可检测和可隔离;② 故障可诊断性设计,即从故障可诊断性的角度,改进系统设计和测点优化配置。本书研究测点优化配置问题,即针对不可检测、不可隔离的故障集合,在一定约束条件下,给出提高故障可检测性或可隔离性的最优测点集合。

系统可以采用解析模型或定性模型进行描述,因而故障可诊断性分析也可从基于解析模型和定性模型两个方面进行。基于解析模型的故障可诊断性分析,着重于系统和方法的定量描述。从系统特性角度,可从基于传递函数、基于状态可观两种方法出发,得到故障可诊断性的判断条件。从故障诊断方法的残差特性进行故障可诊断分析,基本思路为根据系统模型,采用各种方法设计残差,通过分析残差的存在条件给出故障可诊断性分析条件。Caglayan 等[31]在故障解析模型基础上,讨论了突变故障的可检测性。在其基础上,1999 年,宝音贺西[32]提出并证明了缓变故障可检测性判据。1999 年,王巍[33]提出了基于模型故障诊断中残差生成的一般形式和利用残差进行故障诊断的基本思想,在此基础上研究了线性系统的故障可检测性与故障可隔离性。

基于定性模型的故障可诊断性分析,能够充分考虑故障效应,从更深层次分析系统的故障可诊断性,但它要求设计人员对系统结构、故障传播与影响关系非常熟悉。对于定性模型描述的系统,为了分析故障的可诊断性,需要根据系统的结构和工作原理,采用故障树、符号有向图、因果网络、佩特里网等建立系统的定性模型,建立故障的因果图或关联矩阵;或研究故障影响的所有变量,通过分析故障效应是否在可测信息中反映,给出故障的可诊断性条件。2002 年,李家文等[34]分析了液体火箭发动机应用结构排除法进行故障诊断的故障可诊断性。2011 年,刘文静等[35]结合解析模型和定性模型,对动量轮的故障可诊断性进行了评价。

1.3.2 故障诊断方法

伴随着故障诊断技术在众多工业控制领域的应用,诊断方法的内涵由最初的故障检测、故障隔离逐步向故障预测、系统重构、健康管理等方向扩展,其实现方式也由硬件冗余逐步向功能冗余扩展,其应用对象也从各个子系统逐步扩展到整个系统。结合本书的研究内容,以下将主要介绍液体火箭发动机及航天器领域的故障诊断研究进展。

根据与系统模型的关系,故障诊断方法可分为基于模型(model-based)的方法和与模型无关(model-free)的方法,如图 1.1 所示。此外,作为信息表示与处理方法,模糊理论、粗糙集理论、云理论、信息融合技术等也通过与上述一种或多种方法结合,在液体火箭发动机与航天器故障诊断中均得到了一定的研究。

1. 与模型无关的诊断方法

系统的状态和特性最终都会通过一定的形式(如观测参数、经验知识)得以全部或部分的表现,这为与模型无关的方法提供了解决诊断问题的角度。与模型无关的诊断方法很多,依据其诊断知识来源,大体可分为基于信号分析的方法和基于知识的方法。

1) 基于信号分析的方法

由于系统的输出与故障源之间存在联系,因此可以对系统的测量信号(流量、温度、转速、应力等)进行分析处理来判断系统的状态,从而在无需系统模型的情况下完成系统的故障诊断。基于信号分析的方法主要包括统计分析、时间序列分析、小波分析等。

a. 统计分析方法

统计分析方法主要是针对推进系统测量参数本身或衍生出的统计量,基于一定的阈值规则进行检测。固定阈值方法因其简便、快捷的优势,得到了最广泛的应用。美国早期针对 SSME 开发的“红线关机系统”(Readline Shutdown System)、“异常与故障检测系统”(System of Anomaly and Fault Detection, SAFD)和“飞行加速度计安全关机系统”(Flight Accelerometer Safety Cutoff System, FASCOS),以及后续的“先进健康管理系统”(Advanced Health Management System, AHMS)都采用了固定阈值方法。1997 年朱恒伟[36]、1998 年黄敏超[37]在检测液体火箭发动机启动与稳

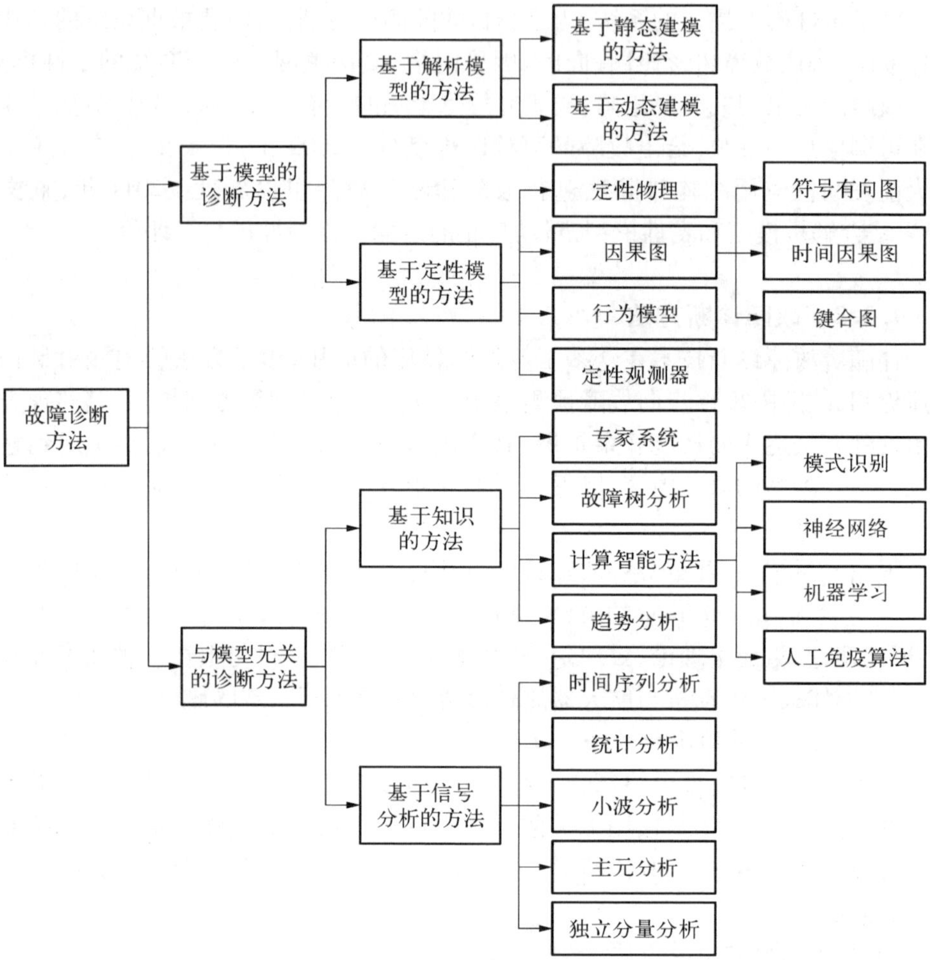

图 1.1 故障诊断方法分类示意图

态过程的故障时，均采用了固定阈值方法。为解决液体火箭发动机在不同台次、不同工况等条件下的阈值确定问题，朱恒伟等[38]提出了自适应阈值算法（adaptive threshold algorithm，ATA）、自适应相关算法（adaptive correlation algorithm，ACA）及其简化形式自适应加权和平方算法（adaptive weighted sum square algorithm，AWSSA），用于发动机稳态过程的故障检测。2007 年，李广武[39]以航天动力试验系统为研究对象，研究了基于统计理论的故障检测算法和基于数据融合的专家系统诊断方法，构建了航天动力系统故障检测与诊断平台，并应用于航天动力系统的研制试验中。

b. 时间序列分析方法

时间序列分析（time series analysis）方法主要包括自回归（auto-regressive,

AR)、滑动平均(moving average, MA)和自回归滑动平均(auto-regressive and moving average, ARMA)三种,在推进系统故障检测与诊断中得到应用的是 AR 和 ARMA。Hawman 等[40]针对 SSME 选择 100 个节点(4 s 时间间隔),建立了由 18 个参数的单变量时间序列模型构建的检测算法,针对 SSME 故障和正常试车数据进行的验证结果表明,其响应时间短(<40 ms),故障检测率达 100%,误报警率很低,且具有抗传感器数据丢失的强鲁棒性。2000 年,王建波[41]用 ARMA 检测 YF－75 发动机的泄漏故障,仿真结果表明该方法具有早期故障预警的能力。2001 年,于勇[42]综合采用时间序列分析(AR 和 ARMA)、遗传算法、神经网络、粗糙集等方法,开发了卫星飞行阶段电源系统故障诊断原型专家系统。2002 年,张纯良[43]利用改进的自回归模型提取了 SZ 推进系统的特征参数,据此得出了故障判断阈值,很好地完成了推进系统的故障检测功能。ARMA 的不足之处在于,其局限于单个参数自身,不能描述各个参数之间的关系,并且只适用于推进系统的稳态工作阶段。

c. 其他基于信号分析的方法

其他基于信号分析的方法,如主元分析、独立分量分析、小波分析等,也在液体火箭发动机故障检测与诊断中得到了一定的应用。Kato 等[44]研究了主元分析在火箭发动机数据分析中的应用。2008 年,谢廷峰等[45]研究了基于主元分析的液体火箭发动机传感器故障检测与诊断,结果表明该方法对单个传感器故障具有很好的故障检测和诊断能力。1999 年,杨尔辅[46]针对液体火箭发动机涡轮泵,研究了基于小波分析的信号消噪、故障的早期检测与诊断方法,并用某型液体火箭发动机试车数据进行了验证,表明该方法非常适合于发动机速变参数的动态监测。2003 年,任海峰[47]针对某大型液氢液氧发动机,采用基于独立分量分析的故障诊断方法,简洁、高效地诊断了该发动机的几类典型故障。2006 年,吴丽娜[48]针对卫星姿控系统的飞轮、陀螺和星敏感器,采用小波分析进行了故障诊断研究。

采用基于信号分析的方法进行故障检测,需要大量正常工况的数据;而采用基于信号分析的方法进行故障诊断,为了提取故障模式,还需要同一故障下的大量数据(测量数据或仿真数据)。因而基于信号分析的方法适用于具有大量测量数据和典型故障模式的对象。

2) 基于知识的方法

所谓知识,是对系统数据的定性处理,也包括专家经验。当系统的模型未知或者非常复杂时,该方法为解决某些类型的故障诊断问题提供了一种简便有效的手段。基于知识的方法,主要包括故障树分析、专家系统、计算智能方法、趋势分析等,以下主要介绍基于知识诊断的应用手段——专家系统和计算智能方法。

a. 专家系统

专家系统是一种软件系统,利用领域内专家的经验知识,根据用户给出的关于问题的信息数据，按照一定的推理机制，从知识库中选择对于问题的最合理解释。该方法不依赖于对象的数学模型，可以有效地利用专家经验和对象的相关知识，通过推理过程完成故障检测和诊断，并且具有对一定的故障解释能力。基于专家系统的故障诊断大致经历了两个发展阶段，基于浅知识（规则）的专家系统和基于深知识（模型知识）的专家系统。近十年来，已经出现了许多成熟的专家系统商业软件，它们在工程实践中也得到了较广泛的应用。

20 世纪 90 年代，专家系统在液体火箭发动机的故障诊断中得到了较多的研究，国内外代表性的研究成果包括：针对 SSME 的故障诊断问题，洛克达因公司先后研制了涡轮泵健康监控专家系统和"发射前专家系统"（Prelaunch Expert System，PLES）；田纳西（Tennessee）大学研制了 SSME"故障诊断专家系统"（Expert System for Fault Diagnosis，ESFD）；美国国家航空航天局（National Aeronautics and Space Administration，NASA）刘易斯（Lewis）研究中心开发了"液体火箭发动机试车后数据自动评估系统"（Automated Post-Test Data Review System for Liquid Rocket Engine，APTDRS），用于 SSME 地面试车和飞行试验监测数据的试验后分析与评估；亚拉巴马（Alabama）大学与马歇尔太空飞行中心联合开发了"发动机数据解释系统"EDIS（Engine Data Interpretation System），这是为 SSME 研制的第一个实用型地面评估专家系统，但是该系统推理过程复杂，诊断效率较低；Aerojet 公司联合马歇尔太空飞行中心、洛克达因公司研制了"试车后故障诊断系统"（Post-Test Diagnostic System，PTDS），用于分析 SSME 试车数据，并采用基于实例的推理策略进行故障诊断，能实现对 SSME 的 28 种主要故障的检测与诊断，但不具备诊断新型故障的能力；Aerojet 公司针对 Titan 芯级发动机研制了基于规则的"Titan 健康评估专家系统"（Titan Health Assessment Expert System，THAES）。国内研究方面，1998 年，朱恒伟等[49]以 YF－75 发动机为研究对象，提出了结合发动机静态数学模型，在参数估计方法中引入专家系统推理过程的故障诊断策略；1997 年，黄敏超等[50]提出了一种基于模糊规则集推理的故障诊断系统；1999 年，刘冰[51]利用 CLIPS（C Language Integrated Production System）语言，开发了一种 YF－75 发动机故障诊断专家系统原型，并经过了试车数据的考核验证。

航天器故障诊断方面，2001 年，蔡燕霞[52]以卫星电源系统为诊断研究对象，构建了基于 BP 神经网络的专家系统，能够准确诊断出电源系统的 7 种故障。2002 年，张纯良结合 SZ 飞船推进舱推进子系统，开发了基于知识的故障检测与诊断专家系统。2004 年，李清东[53]采用基于决策树和实例的综合知识表示方式，设计和实现了运载火箭故障检测处理系统的故障诊断专家系统。2006 年，刘发金[54]以某卫星姿态控制系统为研究对象，开发了一个基于神经网络的故障诊断专家系统。2007 年，夏勇[55]针对运载火箭，融合故障树分析法和专家系统，建立了基于故障树的故障诊断专家系统。2008 年，金亮亮[56]针对某运载火箭第 3 级子姿态控制发动机系统,提出将故障树分析法与基于规则的诊断专家系统相结合,建立了故障诊断专家系统。

专家系统应用于航天领域的故障诊断,主要存在如下不足：诊断知识获取困难、对未知故障无能为力、故障检测与诊断的实时性差、运行效率低等,一般只能离线使用。

b. 计算智能方法

计算智能方法泛指具有学习或适应新环境、拓展、抽象、发现和联想能力的算法,目前在航天器领域得到应用的主要是神经网络算法。

液体火箭发动机故障检测与诊断方面,1994 年,Wheeler 等[57]基于径向基函数(radial basic function, RBF)神经网络建立了 SSME 的传感器模型。1995 年,吴建军[58]利用自适应共振理论(adaptive resonance theory, ART)检测与诊断了液体火箭发动机的故障。1998 年,朱恒伟等[49]研究了 YF－75 发动机涡轮泵故障检测的后向传播(back-propagation, BP)神经网络方法。1997 年,黄敏超等[50]利用模糊超球神经网络检测 YF－75 发动机启动和稳态过程的仿真故障,并基于模糊极大极小神经网络检测该型号发动机的涡轮泵故障。1999 年,杨尔辅等[59]研究了基于 BP 神经网络和 RBF 神经网络的实时故障检测方法,以及基于自组织映射网络(self organized mapping, SOM)的故障诊断方法。2001 年,于达仁等[60]研究了主元分析(principal component analysis, PCA)和科霍宁(Kohonen)网络相结合的液体火箭发动机泄漏故障检测方法。2005 年,王志武[61]应用 BP 神经网络检测液体火箭发动机的泄漏故障。2012 年,黄强[62]针对某型液氧煤油发动机,研究了基于云-神经网络的发动机传感器故障检测与数据恢复方法,发展了基于云-神经网络的实时故障检测方法,实现了发动机多种瞬变过程和稳态过程的实时故障检测。

航天器故障诊断方面,2004 年,孙振明[63]针对航天器快变、慢变遥测数据,分别提出了小波递归、改进型概率神经网络(improved probabilistic neural network, IPNN)的预测方法,构建了一套适合航天器遥测数据预测的框架体系。2005 年,Li[64]构建了神经网络观测器,进行了卫星姿态控制系统反作用飞轮的故障检测与诊断研究。2006 年,李化南[65]针对航天器的多故障诊断问题,提出了一种基于 BP 神经网络的 3 层诊断模型。2011 年,岑朝辉[66]研究了以神经网络模式分类为核心、面向卫星姿态控制系统实时信号的故障诊断方法,以及以神经网络模型辨识为核心、面向飞轮进行离线辨识与在线观测结合的故障诊断方法。目前在航天器故障诊断领域得到应用的计算智能方法还包括遗传算法、人工免疫算法等。

计算智能方法能够通过对新数据源的不断学习,改进检测与诊断的能力,并且具有较强的容错能力,在某些信息丢失的情况下(如部分传感器失效)仍可做出正确的诊断,这对于航天器故障检测与诊断的可靠性尤为重要。但是该方法应用于故障诊断时,非常依赖于从大量的历史数据(尤其是故障数据)中提取典型模式或专家的经验知识。

2. 基于模型的诊断方法

基于模型的诊断方法,顾名思义,是利用系统的模型知识进行诊断。基于模型的故障诊断过程通常包括残差生成和故障决策两个阶段。其基本思想是:根据系统结构、参数等,建立诊断系统的模型;根据系统模型和系统输入,得到系统在正常情况下的预期行为(预测值),并将模型预期行为(预测值)与系统实际行为(测量值)相比较以获取残差(异常征兆);然后利用这些异常征兆来识别故障特征或进行模式识别,最终确定故障源。如果将传感器视为系统组件,基于模型的推理还可实现传感器故障诊断;若传感器布置合理,还可诊断设计者未曾预想到的故障。基于模型的方法的缺点是系统仿真模型较为复杂,诊断速度慢;对于不同的领域,仿真模型差异很大,较难统一处理。

依据系统模型和残差生成方式的不同,基于模型的方法可分为基于解析模型的诊断方法和基于定性模型的诊断方法。根据研究领域的不同,基于模型的方法有不同的内涵:在控制领域,通常是指基于解析模型的方法;而在人工智能领域,通常是指基于定性模型的方法。

1) 基于解析模型的诊断方法

基于解析模型的诊断方法利用理论或实验方法建立系统的数学模型,由数学模型与输出的测量值构造残差信号,来反映系统期望行为与实际运行状态之间的差异,然后通过分析残差信号实现系统的故障检测与诊断。基于解析模型的故障诊断涉及模型建立、参数估计、状态估计和观测器应用等技术,需要系统的精确模型。根据其所建立模型的不同,该方法可分为基于静态模型的方法和基于动态模型的方法。

a. 基于静态建模的方法

在系统静态建模方面,罗克韦尔(Rockwell)公司开发的功率平衡模型(power balance model, PBM)是SSME系统静态模型的典范。基于该模型,洛克达因公司导出了影响系数法,用于检测SSME启动与稳态过程的故障。NASA刘易斯研究中心对该模型进行了简化,针对25种工况建立了相应的线性化模型,成功地实现了主阀与传感器故障的检测与分离。波音(Boeing) Canoga Park公司同样基于该模型,研制成功了线性发动机模型(linear engine model, LEM),用于SSME的检测和诊断。此外,Kolcio等[14]建立了SSME氧涡轮泵系统的通用数学模型,能够模拟SSME的正常运行状态,并能对转速不平衡、泄漏和阻塞等异常状态做出响应,适用于发动机的控制和状态监控。

国内研究方面,朱恒伟[36]以YF-75发动机为研究对象,建立了其线性和非线性静态模型,并对氧化剂泵效率下降等故障诊断问题进行了仿真研究。吴建军[58]

针对液体火箭发动机的健康监控问题，建立了用于发动机故障检测的非线性动态数学模型。刘昆等[22]完成了液体火箭发动机瞬变过程模块化建模与仿真软件LRETMMSS的研究，为液体火箭发动机的故障检测与诊断提供了有价值的参考。宝音贺西等[67]在飞船推进系统的物理和数学模型的基础上，研究了基于模型的故障诊断方法在飞船推进系统中的应用。

基于灰色系统模型和奇偶空间的方法也得到了应用研究。1995 年，崔定军[68]发展了基于灰色系统模型(grey system model)的方法，试车数据验证表明该方法检测效果良好，但是难以满足实时性的要求，也不具备故障诊断能力。1998 年，程惠涛等[69]研究了灰色预测建模，结合灰色理论、预测技术和诊断专家系统，建立了一个故障预报系统，实现了空间推进系统气路故障预测。1999 年，刘冰等[70]直接利用液体火箭发动机试车的测量参数，采用奇偶空间方法对该发动机的 16 种仿真故障进行分离，结果证明该方法对实现发动机故障诊断有较好的效果。2002 年，杨静等[71]利用最优奇偶向量来检测和诊断卫星故障，结果表明，在故障幅值较小的情况下最优奇偶向量方法可以提高故障的正确检测率和正确诊断率，该方法还可以缩短检测斜坡型故障的时间。2007 年，Nakhaie Ashtiani[72]针对卫星姿态控制系统的反作用飞轮，开展了基于奇偶方程的故障检测与诊断研究。

b. 基于动态建模的方法

对于复杂的非线性系统而言，无论是模型的建立还是在线求解，都十分困难。因此，动态建模方法研究的主要是残差生成方法，可大致分为状态估计和参数估计两类。

状态估计是利用等价空间法、状态观测器或卡尔曼(Kalman)滤波器的估计输出与测量信号的残差进行故障检测。1998 年，黄敏超[37]针对 YF－20 发动机，提出了基于状态估计的方法，仿真研究了燃料、氧化剂泵气蚀等 5 种故障。2000 年，Koutsoukos 等[73]提出了一种基于粒子滤波器的混杂系统状态监测和故障诊断方法，并应用于低温推进系统。2002 年，于达仁等[74]利用强跟踪滤波器估计流体的阻尼系数，以实现对液体火箭发动机泄漏故障的检测。由于推进系统故障模式较多，对每种故障模式都必须设计相应的高阶状态观测器，使得状态估计方法在推进系统故障诊断方面的应用还存在较大的困难。航天器故障诊断方面，1999～2003 年，哈尔滨工业大学的宝音贺西、王巍、张晓梅、宋立辉等[67,75-77]分别采用或构造了自适应观测器、降阶观测器、Kalman 滤波器、模糊观测器、函数观测器等，进行了卫星姿控系统的故障诊断研究。2011 年，岑朝辉[66]以卫星姿态控制系统为对象，研究了基于自适应观测器与扩张状态观测器的执行器故障诊断方法，以及基于奉献观测器的传感器故障诊断方法。

基于参数估计的故障检测方法是，利用系统输入和输出的测量值对系统参数进行实时辨识，并根据参数的统计特性来检测故障。Hawman 等[40]利用多个传感器的数据,采用回归结构辨识算法,建立了 SSME 启动瞬变过程和稳态过程的主燃烧室压力的输入—输出模型,实现了 SSME 的故障检测。黄敏超等[78]利用 BP 神经网络,研究了 YF-75 发动机氧化剂泵出口压力等 12 路参数的启动和稳态过程的非线性辨识问题。Butas 等[79]提出了一种通用数据缩减(generalized data reduction, GDR)的数学建模方法,实现了对发动机监测参数的估计,利用 MC-1 发动机运行数据验证的结果表明,该方法能够有效识别微小故障源,并具有抗传感器数据丢失的鲁棒性。符文星等[80]研究了参数估计方法在运载火箭动力系统突发故障诊断中的应用。

要实现基于数学模型的故障检测与诊断,模型必须具有较高的准确性,能够较好地反映系统的行为与状态。该方法主要适用于可建立相应数学模型的系统,其优点是能够精确描述系统的各种特性。但是随着系统复杂度、非线性程度的提高,越来越难以建立系统的精确数学模型,特别是对于推进系统这样复杂的非线性系统而言,无论是模型的建立还是求解,都是十分困难的工作。因此,该类方法在液体火箭发动机的故障诊断中的应用有待进一步深入研究。

2）基于定性模型的诊断方法

基于模型的诊断(model-based diagnosis, MBD)方法最早应用于数字电路的故障诊断,而后在计算机人工智能领域得到大量的研究,近十年来逐渐进入各个工业控制领域。由于其模型均采用定性模型,为与前述基于解析模型的方法相区别,本书后续将 MBD 称为基于定性模型的诊断。

MBD 方法的基本思想是:根据系统组成元件之间的连接(或参数间的依赖关系)建立诊断系统的结构、行为或功能模型;根据系统模型和系统输入,通过定性推理技术推导出系统在正常情况下的预期行为,并将模型预期行为与系统实际行为相比较,以获取异常征兆;然后利用这些异常征兆,来搜索可使预期行为与实际行为相一致的各种可能行为的状态假设,并将每一个偏离指定正确行为的状态假设视为故障源。利用定性推理技术,能够确定引发故障的元件(或参数)集合。

MBD 方法的基础是定性模型和定性推理。20 世纪 80 年代,美国施乐(XEROX)公司的 Brown 等[81]奠定了定性推理的理论基础。1984 年,*Artificial Intelligence* 杂志第一次出版了定性推理的专辑。Davis 和 Reiter 最早开展了 MBD 研究,并建立了基于系统结构和行为知识进行故障诊断的理论和研究体系,后者提出了用于系统描述的第一定律。随后,越来越多的学者加入这一领域的研究,提出了许多方法,如定性仿真理论、定性过程理论、定性观测器、符号有向图等。基于定性模型的诊断方法从更为宏观的角度描述和解释系统行为,是一种强有力的利用定性信息的故障诊断方法,可以较好地解决定量方法无法解决的问题。在过去的十几年里,随着定性推理理论和方法研究的不断深入,加之与其他方法的不断融合,MBD 方法获得了长足的发展。

在航天器故障诊断领域,国内外代表性的研究成果包括:1985 年,Scarl 等[82]采用基于模型的诊断推理方法诊断航天飞机液氧加注系统,成功地开发了基于模型的故障诊断专家系统(Lox Expert System, LES),这是基于模型的诊断方法实际应用到空间推进系统监测与控制的最早实例。20 世纪 90 年代末,NASA 下属的艾姆斯(Ames)研究中心和喷气推进实验室(Jet Propulsion Laboratory, JPL),开发出了 Livingstone 系列基于模型的诊断与恢复引擎,并相继在数个航天器上得到应用。2003 年,Kurien[83]发展了一种用于复杂系统的随时间变化的诊断框架,能以最优优先顺序不断产生诊断对象任意时刻的状态,其计算复杂性基本随时间增长很慢甚至不增长,具有相同概率的故障诊断问题也得以优化;在 Livingstone 2(L2)诊断引擎中实现了上述思路,并采用 NASA 的实际数据,进行了(L2)的演示验证。2004 年,Ames 研究中心与 ISS 项目组合作,进行了先进诊断系统(Advanced Diagnostic System, ADS)的开发和评估,用不同的诊断建模方法进行了 ISS 多个子系统原型的建模,研究了用于 ISS 实时故障检测、隔离和恢复(fault detection, isolation, and recovery, FDIR)系统的基于模型的推理工具,为其故障处理、任务管理和关键任务决策的研究提供支持。2008 年,Daigle 等[84]提出了一个综合的基于模型的诊断方案,采用混合键合图进行系统建模,系统地发展了混合状态估计、鲁棒故障检测和有效的故障诊断方法,在 Ames 研究中心先进诊断和预测测试平台(Advanced Diagnostic and Prognostic Testbed, ADAPT)的仿真和实验结果验证了该方案的有效性。

国内研究方面,1999 年,丁彩红等[85]研究了基于佩特里网理论和分析方法的航天器故障检测与诊断技术,并开发了基于佩特里网的卫星测控分系统故障诊断原型。2003 年,张纯良等[86]采用键合图方法对 SZ 推进舱推进子系统进行了故障诊断研究,结果表明该方法建模简单、模型直观、故障定位方便。2004 年,郑威等[87]针对液体火箭发动机,开展了基于定性键合图的故障诊断方法研究,为克服基于静态模型方法的不足之处,采用时间因果图对发动机在故障状态下的动态特性进行了定性仿真。2007 年,樊久铭等[88]提出了根据诊断键合图因果路径,并利用解析冗余关系残差趋势分析建立具有残差变化方向故障特征矩阵的方法,使故障特征值能更好地反映故障特征,认为该方法建模简单、诊断速度快、准确性高。2010 年,宋其江[89]针对卫星电源系统,发展了结合故障传播有向图和符号有向图(signed directed graph, SDG)模型的定性诊断方法,采用定性趋势分析(qualitative trend analysis, QTA)、模糊 SDG 模型和模糊-概率 SDG 模型进行系统的定性建模,并研究了基于可观测性和可靠性的传感器分布设计方案。2006 年,邵继业等[90]研究了基于反向选择算法的故障检测方法、基于冲突的 A* 故障诊断算法,并采用贝叶斯网络处理不确定性问题,开发了基于模型的卫星电源分系统的故障诊断原型系统。

结合本书的研究内容,以下重点介绍基于 SDG 的故障诊断方法。SDG 模型的诊断理论经历了两个发展阶段：第一阶段是研究基于定性 SDG 模型的建模与诊断理论，包括模型简化、不可测量节点的处理等问题；第二阶段是为克服定性模型的不足，很多学者提出了多种集成定量信息的方法，并进行了卓有成效的研究。

Lapp 等[91]最早建立了 SDG 模型，并首次运用 SDG 模型推导出了故障树。Iri M 首次明确提出了符号图(signed digraph, SG)的定义，以及运用深度优先技术在静态不完全 SG 样本中搜索故障源的基本算法。Umeda 等[92]为分析系统的动态过程，提出了多级 SG 模型以表达随时间变化的因果关系，然而此方法应用起来过于复杂。

Kramer 等[93]系统地提出了运用 SDG 模型推导出专家系统规则的方法，并将导出的规则用于化工过程的故障诊断。但随着系统复杂程度的提高，推导出的规则可能出现“组合爆炸”问题。因此，Kramer 开始研究 SDG 模型中如何考虑控制回路、反馈回路、条件支路和不可观测节点的删减等深层问题。

Shiozaki 等[94]基于相容通路上的各节点越靠近故障源，超过阈值的时间越早的事实，提出了 5 级 SDG 模型，并引入故障显现时间以改进基于 SDG 模型故障诊断方法，提高了诊断的分辨率。

随着工业过程复杂程度的提高，SDG 模型的规模越来越大，变量数多、图形复杂，需要简化。Chen 等[95]在 Kramer 等工作的基础上，基于稳态下的故障特点及传递关系，系统地提出了 SDG 模型的简化方法，其原则是删除不可观测的非潜在根节点、根据系统的状态，以及故障传播路径的主导作用等加以选择。此外，当 SDG 模型过大时，可以采用分层的方法，逐层细化。这就不仅需要定义节点，还要解决层次之间传递关系表达的问题。

由于技术和经济的原因，不是所有的系统节点都是可测的，因此获得的样本往往是部分样本。另外，由于实际系统中一般都有控制环节，通常会造成 SDG 模型中的闭环。有学者讨论了控制回路的一种统一的 SDG 模型。在连续状态条件下，扰动(传感器漂移等)和结构故障(传感器失效、控制器失效等)都可以容易地在这个模型中表示。

Vedam 等[96]将基于 SDG 模型的诊断推广到多故障源的诊断(multiple fault diagnosis, MFD)。当同时发生的故障源数量增加时，穷举故障源组合的数量也会导致“组合爆炸”问题。基于故障源越多，同时发生的概率越小的思想，穷举推理可以从单故障源开始逐渐递增，一旦找到第一个多故障源，立即停止穷举推理。该策略比全排列组合搜索的计算量大为减少。Vedam H 的进展还体现在，执行深层知识推理时引入浅层知识规则的约束，使分辨率大为提高。

上述基于 SDG 模型的诊断研究局限在纯定性的范畴，而没有充分利用测量信号中的定量信息，通常会导致分辨率不高。为了克服该方法的局限，一个自然的想法是在定性模型中加入定量信息。与其他方法的结合正是目前基于 SDG 模型诊断的一个研究方向,已有学者提出了多种结合定量信息的 SDG 模型故障诊断方法,这些方法可分为以下两类。

(1) 在节点测量值定性赋值过程中结合定量方法。由于系统变量的测量值都是定量值,而 SDG 是一个定性模型,因此在用 SDG 模型进行故障诊断之前,需要把测量结果从定量值转化为定性值,并且每个测量变量都需要确定上限阈值和下限阈值。阈值是 SDG 模型瞬时样本中获得节点状态的界限值。阈值的上下限应当依据故障发生和传播的规律经反复试验调整后确定。在确定阈值的过程中引入的定量方法包括主元分析、小波分析、趋势分析等。

(2) SDG 模型的支路定量化方法。将 SDG 模型做出一些修改,在定性支路中适当引入定量信息,与之相对应的增益、延迟、概率等信息都可以在支路上体现出来,而不仅仅是相容与不相容的二元逻辑。Zhu 等[97]及 Tarifa 等[98]将支路定量稳态增益和隶属函数(membership functions)结合起来,依据模糊逻辑的计算规则可以计算出相容通路的相容度(degree of consistency)。当然,完成模糊运算的前提是节点都为可观测变量。

1994 年,Wilcox 等[99]解决了概率因果图(possible cause and effect graph, PCEG)模型用于故障诊断的问题。PCEG 模型继承了 SDG 模型的一些性质,如简单的结构、易于处理的循环结构和控制回路、模型的完整性等,某种意义上也是一种有向图。PCEG 能够提供更为精确的系统状态信息,因而可能有效地约简搜索空间。国内学者近年来的研究还将模糊集理论、概率等引入到 SDG 模型的支路中。

SDG 模型具有揭示潜在危险以及系统中故障传播规律的能力,在化学工业、石油化工领域的定性模拟、危险与可操作性分析(hazard and operability study, HAZOP)以及在线故障诊断(on-board fault diagnosis)等方面,许多学者进行了不懈的努力,取得了一些重大进展。近年来,国内开展 SDG 模型理论及应用研究的学者有北京化工大学的吴重光、清华大学的萧德云、华北电力大学的王兵树、中国科学技术大学的白方周等[100-103],他们在各自领域的研究中都取得了一定的进展。

20 世纪 90 年代中期,国内开始将 SDG 模型应用到液体火箭发动机故障诊断方面的研究中。1995 年,国防科技大学的黄卫东等[104]率先得到了液体火箭发动机系统的 SDG 模型,然后再根据故障源对 SDG 模型进行简化,得到了对应各个故障源的子 SDG 模型,最后从这些子 SDG 模型中导出诊断规则。针对定性 SDG 模型诊断的缺陷,在 SDG 模型中结合了隶属函数,得到了集成定量信息的 SDG 模型,取得了较好的诊断效果。2002 年,刘洪刚[105]进行了 SDG 模型与深浅规则知识结合的液体火箭发动机故障诊断研究。

1.3.3 故障诊断方法在航天领域的适用性分析

上述的故障诊断方法各有优缺点,需结合不同应用领域的特点进行选择。表

1.1 简要分析了各类故障诊断方法在航天领域的适用性。

表 1.1　各类故障诊断方法在航天领域的适用性

方　法		优　点	缺　点	适用领域
基于模型的诊断方法	基于解析模型的方法	能够精确描述系统的各种特性,不需要历史经验知识	难以对复杂度高、非线性的系统建模	具有精确数学模型的系统,如姿态控制系统
	基于定性模型的方法	不需要精确数学模型,诊断完备性好,具备推理能力	候选诊断解空间较大	适用领域较广,如空间推进系统、控制系统
与模型无关的诊断方法	基于信号分析的方法	不需要精确数学模型,故障的早期检测能力强	需要大量数据,可移植性弱,故障的诊断能力弱	具有大量历史数据的系统,如液体火箭发动机、姿态控制系统
	基于知识的方法	诊断知识表示简单、直观,诊断推理速度快	存在知识获取瓶颈,推理方式与策略不灵活,难以诊断未知故障	适用领域较广,特别适用于具有大量历史数据或丰富专家经验的领域,如液体火箭发动机

根据作者的认识,从故障诊断的角度考虑,液体火箭发动机具有以下特点:① 系统复杂,难以建立满足故障诊断精度的系统模型;② 正常数据(试车数据、飞行遥测数据)偏少,不同批次的产品存在一定的工况差异;③ 故障数据更少,并且在发动机设计、生产、使用过程中,一旦出现故障就会改进设计,因而同一故障的重现率很低,难以提取有效的故障模式。

由于上述液体火箭发动机的特点,国内外学者针对液体火箭发动机的故障诊断研究呈现出如下特点:① 基本上回避了基于解析模型的故障诊断研究;② 开展了大量基于信号分析和计算智能的故障检测方法研究,很多方法非常成熟并已经应用到工程实践;③ 为解决故障数据少、故障模式样本不足的问题,采用解析模型进行故障仿真,获得典型故障模式的征兆,在此基础上,针对特定故障,开展了大量基于信号分析和计算智能的故障诊断方法研究。

对于一次性使用的液体火箭发动机,故障诊断的主要功能需求是实现在线故障检测,保证不出现灾难性的事故;而对于空间推进系统,故障诊断的主要功能需求则不仅是实现在线故障检测,还要实现在线故障隔离,并采取合理的故障控制和容错控制,实现推进系统的正常功能,保障航天任务的完成。

在航天器中,除了部分子系统易于建立精确的数学模型外,大多数子系统的故障诊断是以子系统表现的状态转换关系为模型来进行定性诊断的。本书的研究对象为空间推进系统,考虑到故障诊断的主要功能需求和方法的实用性,本书将主要开展 SDG 的故障诊断方法研究。

SDG 模型具有简单、清晰的优点,适用于大规模系统的局部关系描述,特别是对于系统故障的定位与传播分析有着重要的作用。SDG模型在过程控制领域的研究,尤其是在石油化工领域工程化的成功应用,表明了它强大的生命力。空间推进系统与石油化工系统有不少的相似之处,都有复杂的管路和阀门,描述系统行为的方程也比较类似。基于SDG模型的诊断方法的缺点主要体现在故障分辨率较低,这也是定性方法的通病,但可以通过引入系统信息,并结合其他方法来较好地解决这一问题。因此,基于SDG模型的诊断方法在空间推进系统故障诊断方面具有较好的应用前景。

1.4 空间推进系统故障诊断系统的应用研究进展

航天器故障诊断方法研究的目的,是研制出故障诊断系统并成功应用于航天器地面试验平台和在轨运行。故障诊断方法诞生至今,世界主要航天国家都高度重视航天器故障诊断系统的研究和开发,作为其中不可或缺的子系统,推进系统的故障诊断系统也取得了许多有代表性的成果。

1987年,NASA成立了一个高技术咨询委员会,制订了一个雄心勃勃的长期计划,称为空间站自主演示验证计划(System Autonomy Demonstration Program, SADP),把空间站自动化和故障诊断的研究任务划分为循序渐进而又各有侧重的四个阶段:智能工具阶段、智能学徒阶段、智能副手阶段、高级智能副手阶段等。

在这一计划的推动下,美国、日本、欧洲等国家和地区的空间研究机构都相继开展了故障诊断技术的理论和应用研究,并先后研制出一批实验型和实用型的诊断专家系统,如哥伦布在轨FDIR,自由号空间站故障管理原型系统——诊断推理器(Diagnostic Reasoner, DR)等。近20年来,在新型深空探测器和卫星推进系统中,更是广泛采用了状态监控与故障控制技术。1997年,美国发射的土星探测器卡西尼(Cassini)号,其推进系统采用81个温度传感器、18个压力传感器和20个闭锁阀位置指示器一起提供系统的健康状态。由于飞行器同地面的通信时间相当长(单程90 min以上),飞行程序为关键的任务事件提供了自主故障防护。

进入21世纪以来,NASA开始推进"新盛世计划"(New Millennium Program, NMP),NASA下属的Ames研究中心和喷气推进实验室进行了许多有价值的工程应用研究。其代表性的工作是以基于模型的自主系统与技术及其在空间飞行器中的应用为研究主题,开发出了Livingstone系列基于模型的诊断与恢复引擎,如图1.2所示。

Livingstone的基本思想是使用系统行为和(或)内部结构的模型来完成诊断任务(故障检测与隔离)。该诊断引擎内,系统模型由三类模型组成:① 组件连接模型(component connection model),用于获取系统中各种子系统、组件的信息,以及它们之间以连接形式产生的相互作用;② 转换模型(transition model),用于获取组件

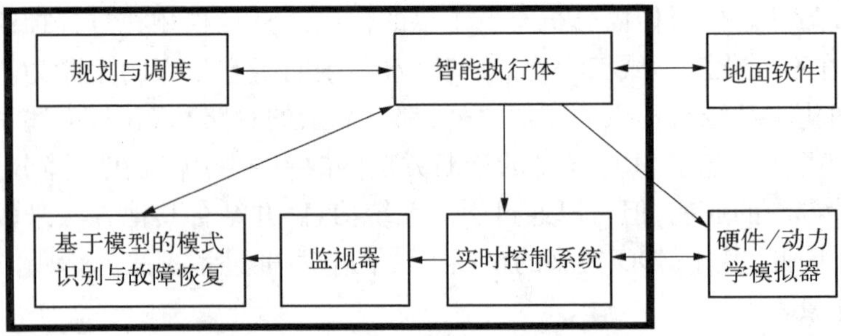

图 1.2 Livingstone 结构示意图

的工作模式(包括故障模式)以及模式之间的转换条件;③ 行为模型(behavioral model),用于获取组件在每种工作模式下的行为。诊断引擎包括一个候选状态管理器(candidate manager),在给定系统指令和观测的条件下,对一组最可能的候选状态进行追踪。当追踪结果与观测不一致时,使用验证和约束设计来识别冲突。基于启发式方法的冲突引导搜索程序产生新的候选状态,并对此继续进行追踪。诊断引擎的一个重要特点是,冲突识别和候选状态追踪都是随着时间不断进行的。

Livingstone 已经成功地运用在深空一号(Deep Space - 1, DS - 1)的远程智能体(Remote Agent)实验中,是其空间自治系统的重要组成部分。远程智能体由三大部分组成,分别为规划与调度(planner/scheduling)、智能执行体(executive)、模式识别与故障恢复(model identification and recovery, MIR),此外还有一个任务管理器(manager master, MM)。其后继者 L2 已经在 X - 34 推进系统和 ISS 经过了试验,并在 2004 年发射的地球观测一号卫星(Earth Observing - 1, EO - 1)上用于监控和诊断空间科学仪器和成像序列。

2004 年,Ames 研究中心与 ISS 项目组合作,进行了 ADS 的开发和评估。ADS 项目用不同的诊断建模方法进行了 ISS 多个子系统原型的建模,研究了用于 ISS 实时 FDIR 的基于模型的推理工具,为其故障处理、任务管理和关键任务决策的研究提供支持。

此外,欧洲航天局(European Space Agency, ESA)和日本也对航天器的自主运行进行了研究。ESA 于 1998 年正式启动了名为星上自主验证计划(Project for On-Board Autonomy, PROBA)的技术演示飞行计划,该计划由一系列小型、低成本卫星组成,用来验证新的航天器技术和研发方法,旨在展示航天器在轨自主运行的优点。ESA 在 2001 年 10 月成功发射了 PROBA - 1 卫星,它的主要载荷是用于地球观测的成像分光计,开拓了航天器的自主性能、高性能的姿态控制与定位能力。该卫星较之 NASA 早期的 DS - 1,在自主运行技术上更加实用。2009 年 11 月,ESA 成功发射了 PROBA - 2 卫星,2024 年 12 月,其后继的 PROBA - 3 卫星在印度的萨蒂什达万航天中心发射成功。

20世纪90年代以来,随着我国载人航天、卫星和深空探测的发展,国内开展了多项航天器故障诊断的相关研究。

哈尔滨工业大学黄文虎院士、姜兴渭教授领导的课题组,对卫星和空间站的故障模式和故障诊断技术,特别是电源故障诊断、制导导航与控制进行了系统、深入的研究[106]。2005年,张伟等[107]针对DFH－4卫星平台,进行了可靠性建模及分析。

张纯良等[108]针对SZ系列飞船的推进舱推进子系统,研究了其故障模式、故障描述、故障推理、故障隔离、健康监控等,建立了基于知识的故障检测与诊断专家系统。童斌[109]从地面测控的角度对载人飞船的故障对策进行了综合分析,给出了各种故障模式下的对策。

代树武[110]对基于模型的航天器自主智能体系结构进行了研究,并以航天器电源系统为例,进行了基于模型的故障诊断技术研究,并开发了诊断原型系统。

当前,国内针对空间推进系统故障诊断的研究还存在如下不足,难以满足载人航天器和深空探测器长期运行对系统可靠性、安全性和自主运行的需求: ① 推进系统的设计,目前主要还是为了满足近地轨道航天器的需求,在系统设计中无论是气路还是液路,冗余度均较低;② 推进系统的故障诊断手段,目前还是完全依赖领域专家会诊;③ 推进系统的运行管理,主要还是依托地面控制中心的指令。

伴随着航天器空间应用的迅速发展,以及故障诊断技术在航天领域故障诊断中的不断应用,航天器故障诊断系统的应用研究呈现出如下发展趋势: ① 故障诊断系统由离线诊断向实时在线诊断发展;② 故障诊断的实现由地面故障诊断向在轨自主诊断发展;③ 应用对象由子系统级、系统级逐步扩展到航天器级。

随着航天器数量的日益增多和航天任务复杂度的增加,航天器任务操作的自动化、自主决策与管理(以下简称为"自主管理")已成为降低航天器任务成本,以及提高军用航天器自主生存能力、实现深空探测器长期自主飞行的关键技术。

与传统航天器管理模式相比,航天器自主管理技术的优势主要体现在以下几个方面。

(1) 可以有效降低航天器任务成本。如图1.3所示,在现行的航天器运行管理模式(传统管理模式)下,需要将各种状态数据通过下行链路传输到地面站,由地面站进行判断处理,及时制订详细的控制指令序列并通过上行链路传输到航天器,再对系统故障进行处理。而具有自主管理能力的航天器,则可以对航天器的状况进行自主分析和判断,并制订和采取合适的处理措施,从而有效减少人工的参与和地面站的规模。表1.2给出了传统管理模式与自主管理模式下航天器任务所需的操作人员数量的对比。从表中可看出自主管理能显著降低航天器操作人员配比。

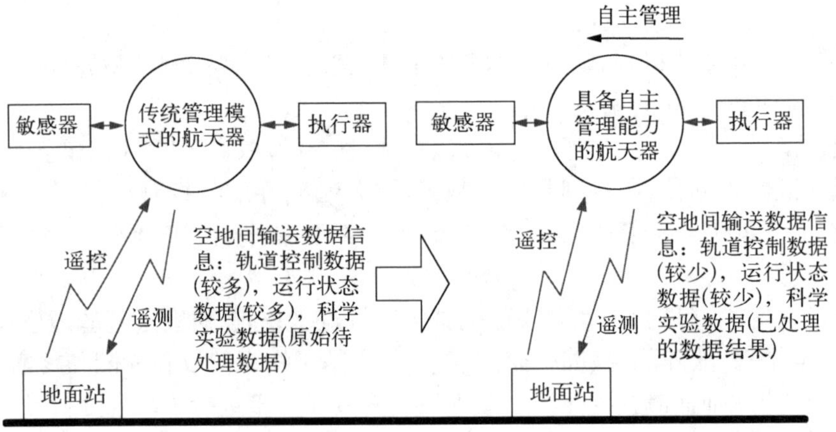

图 1.3　航天器传统管理模式与自主管理模式对比

表 1.2　传统管理模式与自主管理模式下航天器任务与操作人员比例

年份	任　务	航天器数量	现有技术条件下操作人员数量	当前人员数量：航天器数量	目标人员数量：航天器数量
2000	WMAP	1	4	4：1	
2000	Iridium	66	200	3：1	
2000	GlobalStar	48	100	2：1	
2007	NMP ST5	3	12	4：1	1：1
2012	MC	30～40	120～160	4：1	1：10

表中，WMAP 为威尔金森微波各向异性探测器（Wilkinson Microwave Anisotropy Probe）；Iridium 为“铱星”系统；GlobalStar 为“全球星”系统；NMP ST5 为 NASA“新盛世计划”的空间技术－5（Space Technology－5）任务；MC 为“火星好奇号”（Mars Curiosity）任务。

（2）可以有效提高航天器突发事故的处理能力和及时性。对于在中、低轨道飞行的航天器（如卫星、空间站等），人工现场维修的难度大、成本高，而且地面监测和维护可利用的时间窗口也很有限。而对于执行深空探测任务的航天器而言，地面与航天器的指令交互时间非常长，而且由于天体遮蔽会形成一定的测控盲区。例如，执行土星探测任务的 DS－1 航天器，其接收到来自地球的遥测指令就需要近 1 h 20 min。因此，如何在人工干预受限甚至在无法接受地面指令的情况下，实现对航天器突发故障和事件的及时响应和在轨处理，对确保航天器任务的完成、延长其工作寿命、提高其使用效率，至关重要。

（3）提高军用航天器的隐蔽性和自主生存能力。对于军用航天器而言，必须具备抗打击、抗毁坏能力，同时好的隐蔽性对其生存安全而言也十分重要。具有自主管理能力的航天器可以有效地减少空地间的信息交互，在降低地面测控站规模和复杂性的同时,也可以缩短通信时间,使航天器不易被发现而免受干扰和攻击,这对于军用航天器的自主生存能力及天基攻防能力都是有益的。例如,NASA 采用自主管理技术实现了 X－37B 空天飞机长达 674 天的自主隐秘飞行。

由此可见,目前为每个航天器配备大量地面专业人员进行跟踪处理、判读、诊断和评估的传统管理方式,已不能很好地适应未来航天器管理要求,发展航天器自主管理技术已成为一个必然的趋势。

自主健康管理是航天器自主管理技术研究的一个重要内容。航天器自主健康管理是指航天器能够对自身状态进行感应、监控和管理,对出现的故障能够自主进行检测、隔离和恢复,并对系统进行自主容错与重构。发展航天器自主健康管理技术的核心是研究发展先进的智能故障诊断与容错控制技术,包括智能故障检测、故障诊断、系统容错控制与重构等技术。以此为基础研制的自主健康管理系统能够基于传感器信息,利用先进的故障检测与诊断算法发现故障并确定故障的类型、位置、大小和发生时间,进而对系统故障进行处置。故障处置则按照故障严重程度采取分级处置的策略,包括:① 对于完全可修复故障,采取切换备份部件、系统重构等措施;② 对于不完全可修复故障,主要采取系统减损控制措施,使系统降级运行;③ 对于不可修复故障,切换进入系统安全模式,为进一步处理争取时间,避免灾难性事故的发生。

推进系统是航天器的核心动力装置,其工作安全可靠对航天器位置保持、轨道控制以及姿态控制至关重要。空间推进系统一般具有以下特点:① 系统结构复杂,推进系统由管路、高压气瓶、贮箱、若干发动机和阀门等众多部件组成,动作频繁,接口众多,堵、裂、卡、漏等故障时有发生;② 常用的推进剂易燃、易爆;③ 运行环境极其复杂恶劣,工作周期可达 15 年甚至更长;④ 在发射升空阶段,推进系统极易受到来自运载火箭的振动和冲击,致使其管路和承力结构件易受到破坏。

由于上述特点,空间推进系统成为整个航天器故障的敏感、多发分系统。其故障轻则影响性能,重则导致航天器寿命缩短甚至空间任务失败。然而,航天器在轨飞行期间,基于地面指令难以对突发紧急故障进行及时处理,特别是对深空探测而言,巨大的通信延迟使得获取地面指令进行灾难性故障处置更是不可能完成的任务。例如,当 DS－1 探测器推进系统中推进剂储箱增压到预期水平后,如果电磁阀发生因卡住而不能关闭的故障,储箱压力将会不断上升直至爆炸。而如果将储箱压力数据传输至地面,显然不可能及时识别和处置该故障,这是由于在地面获得传输的信号前,故障已经存在了很长时间。因此,开展空间推进系统自主健康管理技术的研究,及时发现、处理推进系统出现的故障并恢复推进系统的功能(例如,通过自主状态识别判断该阀门状态,由模式重构给出指令关闭下游阀门等),对提高航天器在轨运行期间的可靠性、安全性,保证其任务的完成至关重要。

1.5 自主健康管理理论方法研究现状与分析

目前,航天器健康管理主要包括两个方面:在轨自主健康管理和地面健康管理。图1.4给出了航天器健康管理系统的结构框图,该系统主要由以下两部分构成。

(1) 在轨自主健康管理系统。针对能够直接危及航天器安全的故障自主执行诊断并采取应急故障处理措施。

(2) 地面健康管理系统。与在轨自主健康管理系统相比,地面健康管理系统不受时间、空间以及资源的限制,可以在地面设置仿真系统、对策系统、验证系统以及强大的地面专家系统,实现对航天器状态监测、诊断推理、评估分析与预测以及最终的综合决策支持。

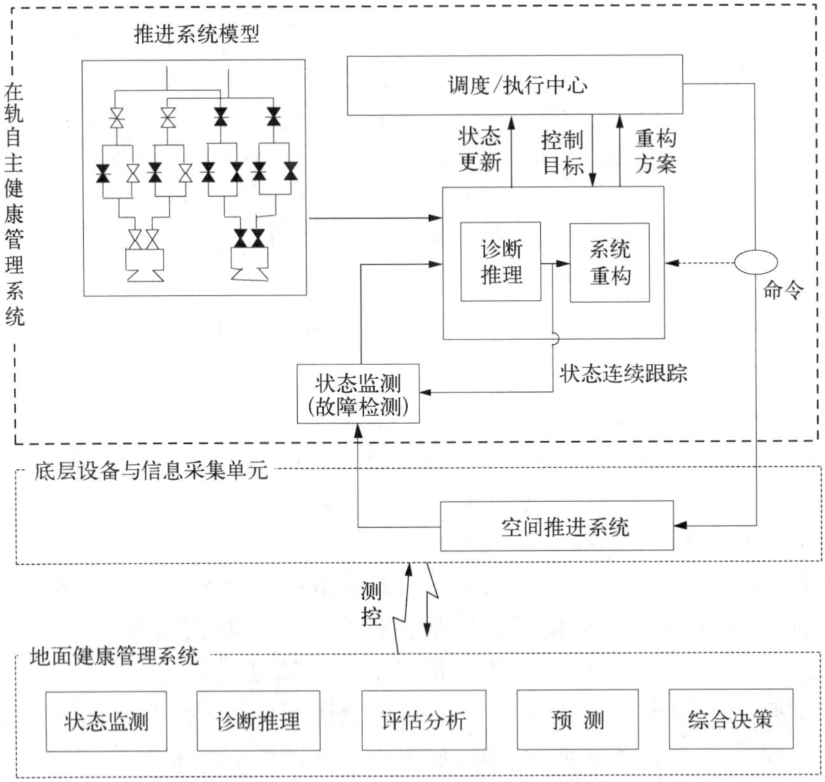

图1.4 航天器健康管理系统结构框图

从图1.4可以看出,航天器自主健康管理基于获取的系统状态参数,实现状态监测(故障检测)、诊断推理、故障重构等功能。下面将主要针对故障检测、诊断推理、系统重构等功能,分别对其发展现状进行评述。

1.5.1 故障检测

在航天器自主健康管理中,无论是故障诊断,还是健康评估及预测,均以状态监测为基础,航天器自主健康管理前提是要能及时准确地识别系统状态是否异常,进而采取有效的控制措施,以避免损失并保证任务的完成。因此,系统状态的确定是必须首先要解决的问题。

故障检测是指利用传感器获取反映系统当前状态的观测数据,经过特征提取,做出二元决策〈正常,故障〉。然而对于空间推进系统的故障检测问题,还面临着以下难题亟待解决。

1. 推进系统正常样本与故障样本在数量上存在不平衡的问题

这主要是受到以下因素的影响。

(1) 同一批次的航天器数量极其有限,很难获取大量的故障样本。此外,航天器的地面测试和试验次数也有限,所能获取的故障样本不足。

(2) 航天器自身的复杂性、工作环境的特殊性以及航天器制造的巨额成本,使得采用设置特定故障进行试验的方式获取故障样本及相关数据面临巨大风险及代价,通常这种方式并不可行或难以实施。

(3) 航天器运行的真空环境存在众多未知因素,导致其实际发生的故障模式较地面试验条件下能够预知的模式大幅增加。因此,事先获取完备的故障模式是一项十分困难的任务,导致难以对未知故障进行辨识。

2. 推进系统的故障检测存在状态误判代价不等的问题

在推进系统实时状态判断过程中,如将本属于故障的样本判断为正常会导致错过最佳的故障处置时间,而导致重大经济损失,其造成的风险代价远高于将正常样本判断为故障所承受的代价。

因此,空间推进系统的故障检测实际上是一个面向类别不平衡以及误分代价不相等的状态决策问题。目前,鉴于类别不平衡以及误分代价不相等等问题在系统实际状态决策过程中的重要性,已开展了一些相关问题的研究,主要包括:代价敏感学习(cost-sensitive learning, CL)以及单值分类学习(one-class classification learning, OCL)。

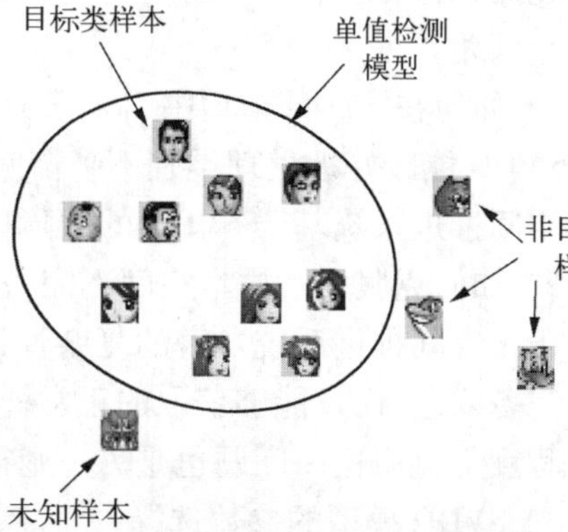

图 1.5 单值检测方法示意图

单值分类学习是近几年才兴起的故障检测方法(以下统一将基于单值分类学习的故障检测简称为“单值检测”)。其主要思想是根据已有的目标类样本进行学习和建模,然后通过检验测试实际样本偏离目标类样本的程度,实现对非目标类数据的检测,判断系统是否出现了异常,如图 1.5

所示。由于单值检测只需正常样本即可进行故障检测,因此该类方法有可能为解决空间推进系统故障检测所面临的挑战提供一条新的途径。

单值检测按原理大致可分为三类：统计方法、基于神经网络的方法以及基于支持域的方法。在航天领域,已开展了一些基于单值检测的研究与应用工作。例如,Ames 研究中心的 Iverson[111] 针对航天飞机主发动机的故障检测问题,开发了一种诱导监控系统(inductive monitoring system, IMS)。IMS 属于一种基于无监督学习的检测技术,其基于统计学理论中的聚类算法,对正常数据进行聚类分析,当新样本与已有的聚类不能匹配时,则判定系统发生故障;同时,将测试样本与聚类中心的距离作为测试样本偏离正常的一种度量。国内的黄敏超仅应用正常训练数据,提出了一种基于模糊神经网络建立的液体火箭发动机实时故障检测超球模型,实现了对系统正常行为区域的描述。有学者针对空间推进系统轨控发动机故障检测过程中的类别不平衡以及故障模式不完备等问题,开展了基于支持向量数据描述(support vector data description, SVDD)的故障检测方法研究,验证了 SVDD 应用于航天器推进系统故障检测的有效性。但上述空间推进系统故障检测方法大都存在以下问题：① 没有考虑正常和故障两类数据样本数量的不平衡性;② 模型训练过程中仅以误判率或判断准确率为目标,并没有涉及两种状态误判造成的代价不相等性。

基于支持域的方法由于能够处理小样本、高维和存在噪声干扰的故障检测问题,已成为当前最流行的单值检测技术。SVDD 作为支持域方法中最具竞争力的一种,其致力于研究有限样本情况下的、基于边界数据(支持向量)描述的机器学习理论,即通过对少量目标样本的学习建立支持向量描述模型——超球模型,获得一个围绕目标类的边界或区域,同时最小化目标样本支撑域的体积,使得误判率最小。目前,针对 SVDD 开展了诸多改进,如 Lee 等[112] 提出了一种改进的支持向量数据描述方法,即密度诱导的支持向量数据描述(density-induced SVDD, D－SVDD)、K－最近邻数据描述(K-nearest-neighbor data description, KNN－DD)等。

然而,要真正实现 SVDD 在空间推进系统故障检测中的实际应用,还需考虑以下几个问题。

1) 如何在 SVDD 模型中引入误分代价不相等的信息

SVDD 能较好地处理类别不平衡问题,但如何处理误分代价不相等的问题,是构建空间推进系统基于 SVDD 的故障检测亟待解决的问题。

2) 如何克服正常样本空间不完备导致的故障辨识难题

由于空间推进系统自身的复杂性以及工作环境的特殊性,其不仅存在故障模式不完备问题,而且能够获取的正常样本空间往往也存在不完备性。因此,如何在一定程度上克服这一问题也是另一亟待解决的难题。

3) SVDD 模型的参数选择

SVDD 的检测性能在很大程度上依赖于模型参数的选择。不同的模型参数对

SVDD的泛化能力具有很大的影响,选择泛化能力好的模型参数有利于处理类别不平衡问题和误分代价不相等问题,有助于提高其故障检测性能。

1.5.2 诊断推理

诊断推理是实现航天器自主健康管理的关键技术之一。在航天领域,目前相关研究主要集中在基于数据驱动的诊断推理、基于知识的诊断推理、基于模型的诊断推理等方面。

1. *基于数据驱动的诊断推理*

基于数据驱动的诊断推理是指根据系统状态数据与故障间的对应关系,基于系统状态数据进行处理分析,以获取故障发生位置以及程度等信息。

基于数据驱动的诊断推理主要包括以下几种。

(1) 多变量统计方法。根据获取的大量数据样本进行统计分析,以便得出系统观测参数或衍生出的统计量在统计学上的规律,实现诊断的目的。有学者针对某大型液氢液氧发动机的故障诊断问题,基于独立分量分析方法对发动机试车数据信号进行分离,实现了对该发动机几类典型故障的简洁、高效的诊断。有学者开展了主元分析法在液体火箭发动机传感器故障诊断方面的研究,结果表明该方法对发动机单个传感器故障具有良好的识别能力。

(2) 信号处理方法。根据系统可直接测量的信号,应用多尺度几何分析、小波分析等技术提取幅值、相位、频谱等特征值,并通过找出特征值存在的异常和故障源之间的关系进行故障诊断。Wu等[113]提出利用小波网络进行故障隔离与评估,以及网络权值自适应更新的算法。国内,郝慧等[114]提出将小波用于卫星姿态控制系统的故障诊断。针对液体火箭发动机涡轮泵转子系统早期故障识别问题,有学者提出了结合随机共振理论以及归一化尺度变换对微弱信号进行特征分析。小波变换对噪声的抑制能力强,运算量不大,基于这些优点,有学者将小波分析与神经网络进行结合,有效提高了故障诊断的抗干扰能力。

(3) 智能数据分析方法。该类方法主要通过模拟智能生物的学习、联想、记忆等能力,对数据进行分类和训练,从而达到故障诊断推理的目的。其中应用最广泛、最具有代表性的是神经网络方法。

基于神经网络的故障诊断利用神经网络作为分类器,将故障样本作为输入进行学习,诊断结果作为输出,建立故障特征空间到故障诊断空间的对应关系,然后对测试样本执行相似性度量,获取系统故障诊断结论。针对航天器的多故障诊断问题,有学者发展了一种基于BP神经网络的3层诊断模型。有学者针对卫星姿态控制系统实时信号的故障诊断问题,提出了以神经网络模式分类为核心的诊断方法,以及以神经网络辨识为核心、面向飞轮进行离线辨识与在线观测相结合的故障诊断方法。有学者以某卫星姿态控制系统为研究对象,开发了结合神经网络与规则的故障诊断专家系统。有学者则针对卫星电源系统的故障识别问题,构建了基于 BP 神经网络的专家系统,能够准确诊断出电源系统的 7 种典型故障模式。

智能数据分析方法诊断容错能力较强,在部分传感器失效导致部分信息丢失的情况下仍可做出正确的诊断,这对于提高诊断的鲁棒性非常重要。但该方法应用于故障诊断时,过分依赖于从同一故障下的大量训练数据中提取的故障模式。一般而言,当对象系统正常样本和故障样本之间的比例在 7∶3 左右时,基于数据驱动的诊断方法才能够较准确地挖掘到系统的工作特性。但对于空间推进系统而言,由于结构和工作过程复杂、多变,要获取大量的故障样本存在很大困难。同时,极端的空间环境以及未知因素,也导致其可能出现大量的未知故障模式。因此该方法目前更多的是应用于航天器系统稳态过程的故障检测。

2. 基于知识的诊断推理

基于知识的诊断推理是指基于诊断对象的多种信息,包括专家经验以及大量的故障信息知识等,对系统进行故障诊断和推理。其主要包括基于规则的专家系统的诊断推理、基于案例的推理、故障树分析等方法。

1) 基于规则的专家系统的诊断推理

基于规则的专家系统的诊断推理过程如下:首先以事实和规则形式,建立关于特定问题领域的知识库;然后基于知识库的内容,通过推理,解决故障诊断问题。

基于规则的专家系统的诊断推理方法主要有两种:

(1) 反向搜索。首先对诊断解进行初始假设,然后通过反向求解收集或验证能够支持这种假设的事实,若事实被确认则该假设可接受为诊断解。

(2) 前向搜索。如图 1.6 所示,该过程主要搜索与观测到的事实相匹配的规则。若同时存在多条与事实相匹配的规则,则产生一冲突集,此时需根据规则的优先权重对冲突集中的规则进行排序,并将优先触发更高权重的规则。

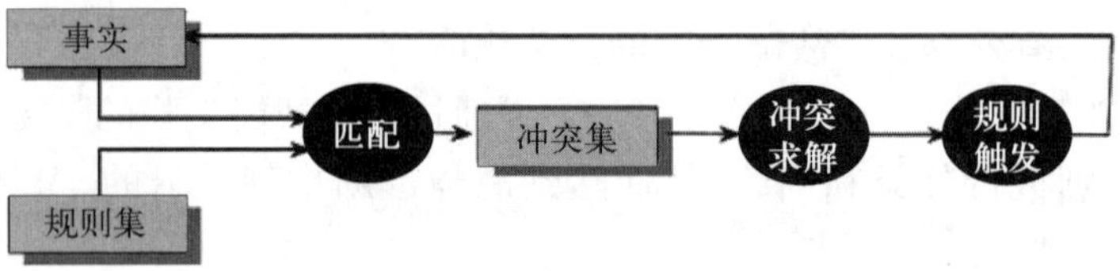

图 1.6 基于前向搜索的专家系统

针对 Titan 芯级发动机,Aerojet 公司研制了基于规则的"Titan 健康评估专家系统";田纳西大学研究人员针对航天飞机主发动机开发了故障诊断专家系统;针对神舟飞船推进系统开发了基于知识的故障诊断专家系统原型,用于飞船推进系统地面检测以及飞行状态的地面在线实时故障诊断。针对某运载火箭第 3 级姿态控制发动机系统故障识别问题,通过结合故障树分析与基于规则的诊断专家系统,建立了故障诊断系统。美国空军研究实验室(Air Force Research Laboratory, AFRL)在多任务高级地面智能控制(Multimission Advanced Ground Intelligent Control, MAGIC)项目中开发了基于规则的故障诊断专家系统原型。该原型系统采用CLIPS语言开发,并已在法尔孔(Falcon)空军基地卫星管理中心进行了演示验证,该系统最多能够诊断125个已知故障。

基于规则的专家系统故障诊断推理方法具有求解效率高等特点,但其存在知识获取困难、对未知故障难以得出准确结论等局限,适用于离线使用。

2) 基于案例的推理

基于案例的推理(case-based reasoning, CBR)与基于规则的专家系统具有相似性,其主要是将解决先前问题过程中获得的先验知识作为案例,用于引导对当前问题的求解,并根据重要性不同,对库中案例赋予了相应的权重。

CBR一般由问题特征描述、求解方案、效能评估等要素组成。如图1.7所示,CBR基本过程包括:

(1) 检索(retrieval),给定一个新问题,在已有案例库中检索最匹配案例;

(2) 再利用(reuse),寻找过去案例与当前案例间的差异,基于此对过去案例求解方案进行优化,并提出新的解决方案;

(3) 修改(revise),对提出的新方案进行验证,最终给出通过验证的有效方案;若在验证过程中发现提出的方案失败,则分析失败原因,以避免下一次重复同样问题,并修改方案;若方案通过验证,则进入第四步;

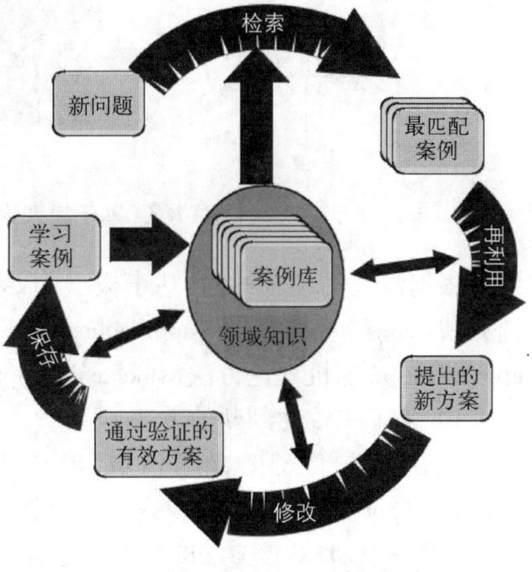

图1.7 基于案例的推理过程

(4) 保存(retain),将通过验证的解决方案加入案例库。

有学者针对燃气涡轮开展了基于案例的故障诊断研究:当涡轮发生故障时,该故障诊断系统自主执行数据回放、假设产生以及假设验证等过程,最终进行故障确认。AFRL为特高频后继(Ultra High Frequency Follow-on, UFO)卫星的姿态控制系统开发了诊断系统。该系统结合了CBR与基于模型的诊断推理(model-based reasoning, MBR)的各自特点,其优势在于:对于模型数量众多的情况,MBR将非常耗时,使用CBR将有效缩小MBR的搜索空间;当存在多个可能的诊断结果时,两者的结合有助于对MBR得到的结果进行排序。

CBR只需要依据过去解决问题的经验,并不需要对系统物理特性具备深入的了解,同时基于“检索—匹配”策略的诊断推理效率较高。但该方法对于不存在于库中的新故障情形难以识别,且对于先前诊断经验的提取和维护难度较大。

3. 基于模型的诊断推理

MBR 是指通过利用系统结构和行为等模型,建立模型和系统观测参数之间的解析关系进行诊断的方法。相对于基于数据驱动和基于知识的诊断推理方法,基于模型的诊断推理方法可对系统的结构、工作过程、行为等物理特性和知识进行深入描述,对故障样本和故障模式的依赖程度低、诊断准确度高。

基于模型的诊断推理问题一般可用三要素描述,即观测、比较、诊断,图 1.8 为基于模型诊断推理的基本过程。

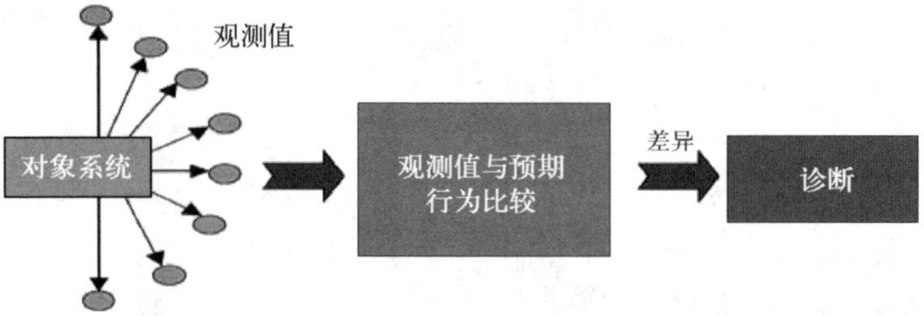

图 1.8　基于模型诊断推理的基本过程

根据涉及的领域不同,基于模型的诊断推理方法主要包括:基于一致性判断的方法(consistency-based approaches)、基于控制理论的方法(control-theory based approaches)、随机理论方法(stochastic approaches)以及混合诊断推理方法等。

1）基于一致性判断的方法

该方法源于人工智能领域,形成了独立的基于模型的诊断分支——DX (principles of diagnosis),涉及人工智能领域的逻辑推理、组合优化及搜索求解等内容。如图 1.9 所示,该方法的基本思想是:首先根据系统组成元件与元件之间的连接

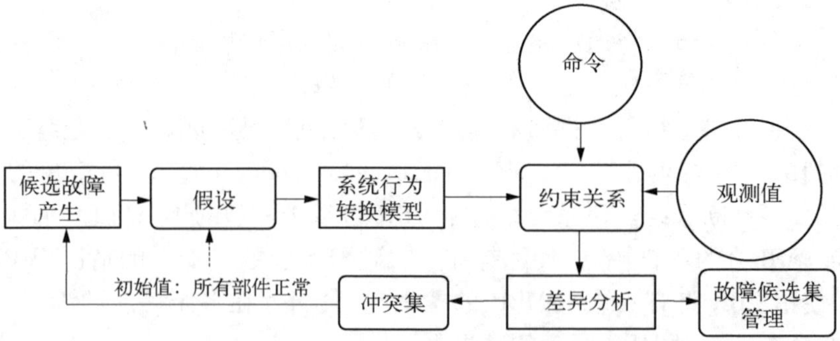

图 1.9　基于一致性判断的诊断推理过程

或参数间的依赖关系建立诊断系统的模型,该模型描述了系统的结构、功能和行为;然后根据系统模型和系统输入,推导出系统在正常情况下的预期行为,如果观测到的系统实际行为与系统预期行为存在差异,则预示着故障的发生;最后基于这些差异进行推理分析,产生故障假设并不断对故障假设进行测试,提炼出有效的故障解。

对系统实际行为与预期行为差异的分析主要基于两种方法:一种是将差异理解为对系统行为约束关系的一种背叛,约束关系的松弛暗含存在故障部件;另一种则由对布尔约束关系进行逻辑分析,以及对约束关系中的不一致进行分析产生故障假设。这些由 DX 发展出来的方法统称为基于一致性判断的方法。运用这种方法的诊断技术有 Livingstone/L2 和 GDE/Sherlock TRANSCEND。此外,Kurien[83]针对复杂系统状态部分可观的特性,采用了模式假设—测试—模式跟踪的诊断策略,将状态识别问题转换成状态轨迹跟踪识别问题。

2) 基于控制理论的方法

在基于模型的推理诊断领域,另一个重要的诊断分支则是以控制理论为基础的故障检测与隔离(fault detection and isolation, FDI),主要涉及控制理论或统计决策等内容,运用了状态方程以及系统传递函数建立系统解析模型,并基于状态估计(状态观测器)、奇偶方程以及参数估计等方法进行诊断。执行故障诊断的过程中,主要涉及两个基本过程,如图 1.10 所示。

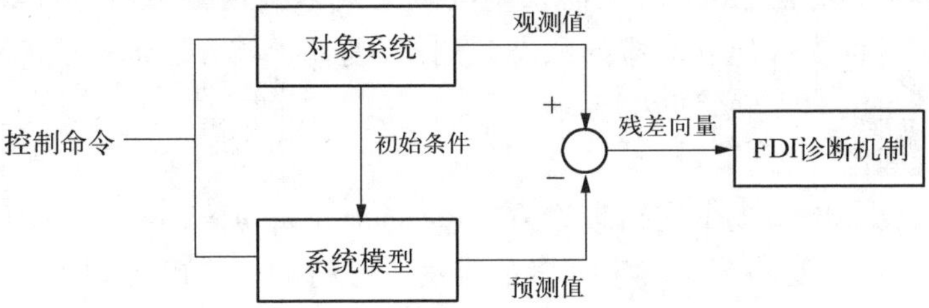

图 1.10 基于控制理论的诊断推理过程

(1) 残差生成。当基于系统模型预测值与对象系统的观测值存在差异时,可建立残差向量。当系统处于正常模式时,残差向量为零向量;否则,不为零向量。

(2) 判断决策。该过程用来判别非零残差向量的产生是由建模错误,还是未知输入、测量误差或者其他影响系统正常行为的因素所导致的。

通常,基于以下两种方式将残差向量与故障模式进行对应。

(1) 结构性残差。对应某个故障或某类故障,只有残差向量的部分元素变为非零。

(2) 方向性残差。对应某个故障,其残差向量指向某个固定的方向或子空间。例如,针对 SSME 传感器和阀门的故障隔离,正是利用了方向性残差表征不同的故障的思想。

对结构性残差而言，判断决策涉及将非零残差向量映射到故障源。对方向残差而言，判断决策在预先定义好的故障残差向量中寻找与实际残差向量方向最接近的，该残差向量对应的故障即为故障源。

基于控制理论的诊断技术在航天领域得到一定的应用。有学者针对卫星反作用飞轮开展了基于奇偶方程的故障诊断研究。有学者以卫星姿态控制系统为对象，开展了基于自适应观测器的执行器故障诊断工作，并基于奉献观测器对系统传感器开展了故障诊断的相应研究。针对运载火箭动力系统突发故障识别问题，有学者开展了基于参数估计的故障诊断应用研究。

另外，为了有效降低由于建模误差，以及对系统输入分布信息获取的有限性等不确定性问题带来的影响，有学者设计了具有未知输入观测器的故障分析方法，使得该方法具有更强的鲁棒性、灵敏性以及精确性。有学者针对液体火箭发动机参数的不确定性、测量误差等因素对残差定性化形成的影响，发展了模态区间与基于解析冗余关系相结合的半定性故障诊断方法，提高了诊断的鲁棒性。

基于控制理论的故障诊断方法要求具有准确的系统解析模型，但对于空间推进系统这样复杂的非线性系统而言，精确建模十分困难，因而会对诊断结果造成一定影响。另外，对于复杂的非线性系统而言，精确建模虽可以保证诊断的准确度，但求解效率将大大降低。因此，该方法并不适用于航天器在轨自主故障诊断。例如，对于状态估计方法，由于航天器系统故障模式多，若要实现对故障模式的准确识别，则需对每种模式建立对应的状态观测器，则基于该方法的诊断系统会变得很复杂，很难满足实时在轨诊断的要求。

3）随机理论方法

近几年，已开展了多个随机理论方法（stochastic approaches）的研究。这主要是在实际运用中存在的诸多不确定因素的推动下进行的。不确定因素的来源主要有建模、传感器、未知工作环境以及诊断推理算法自身等。对此，随机诊断通过维护系统可信状态（由按可能性大小排序的可能诊断解集构成）并通过可能性更新的方法不断更新可信状态的可信度。该类方法主要包括：贝叶斯网络（Bayes nets）、Kalman 滤波、粒子滤波（Particle filter）。

航天器诊断方面，张晓梅[115]采用卡尔曼滤波器，进行了卫星姿控系统的故障诊断研究。邵继业[116]研究了基于贝叶斯网络处理诊断过程中产生的不确定性问题，并针对卫星电源系统开发了基于 L2 的故障诊断系统。Koutsoukos 等[117]提出了一种基于粒子滤波器的混杂系统故障识别方法，由于采用大量样本代替实际状态的概率分布，需克服事先对概率分布进行假设带来的局限性，但粒子滤波是一种后验估计方法（存在预测、更新过程），能够有效解决事先建模误差带来的不足。该方法在低温推进系统中得到了应用与验证。但该方法的主要局限在于：粒子滤波器的计算复杂度太高，用于复杂系统需要的计算代价大。

4）混合诊断推理方法

由于运行环境的特殊性以及众多不确定因素，航天器系统的诊断推理过程面临诸多挑战，主要包括：① 有限的传感器分布，导致获取的系统状态信息有限；② 由于传感器的本质特性，来自传感器的数值往往存在噪声；③ 由于缺乏对航天器系统运行环境的完整认识，系统存在未知输入，存在未知故障的辨识问题；④ 建模误差。

另外，航天器系统故障影响具有传递特征，不只局限于故障发生的部件，而且故障影响效应具有时间延迟特性等。

前面分析介绍的基于模型的诊断推理方法各具优势。基于一致性判断的方法在诊断推理的效率方面具有优势，基于控制理论的方法能获取较精确的诊断解，随机理论方法则能够有效处理不确定性问题。然而，对于航天器系统而言，要实现其全面、准确、有效的诊断推理，还需结合航天器系统的实际情况，发展集成一致性判断、控制理论以及随机理论方法各自优势的混合诊断推理方法。

图 1.11 给出了 21 世纪初以前国外在基于模型的诊断推理方面的发展历程，从图中也可以看出，研究发展混合诊断推理方法是当前故障诊断推理领域，尤其是针对航天器系统故障诊断的一种重要发展趋势。

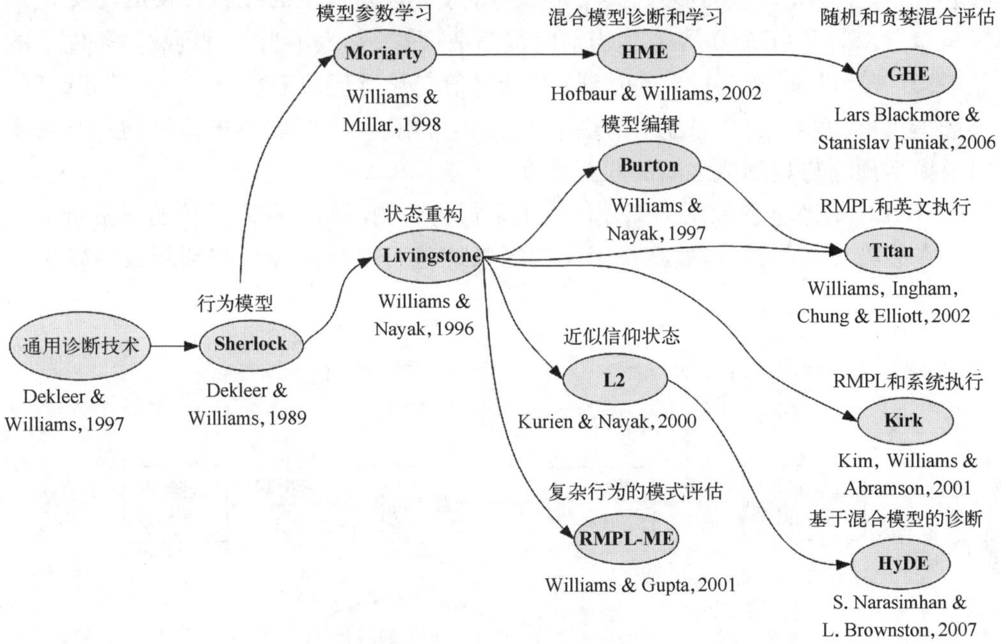

图 1.11　21 世纪初以前国外在基于模型的诊断推理方面的发展历程

在混合诊断推理方法中，随机混合诊断技术（stochastic and hybrid diagnosis engine, SHyDE）是其中一个重要的分支，接下来将对其做详细阐述。该方法综合了基于一致性判断、基于控制理论方法以及随机理论方法的各自优势,为随机混合诊断的应用提供了一个通用、灵活、可扩展的框架。SHyDE 具有如下关键特征:① 具备多故障的诊断能力;② 支持运用混合模型,包括自动转换模型以及指令驱动的转换模型;③ 支持随机建模以及随机推理;④ 能够处理故障影响效应传播的时间延迟问题。SHyDE 主要包括以下几个方面的内容。

a. SHyDE 建模

SHyDE 模型由两部分组成:转换模型和行为模型。转换模型描述了系统运行模式(包括故障模式)间的转换关系。行为模型详细描述了系统行为的演变过程,由三个模型组成:① 传播模型(Propagation Model),基于该模型可通过已知变量值推导未知变量值;② 依赖模型(Dependency Model),用来描述变量之间、模型之间、部件之间的依赖关系;③ 集成模型(Integration Model),用来表达变量随着时间的变化关系,而且只有变量在某个时刻的赋值依赖于先前时刻值时,才需要建立此模型。

b. SHyDE 推理过程

SHyDE 推理过程实质上是一个带权重候选集的维护过程。每个候选元 c^i 表达成 $[\boldsymbol{F}^i, (z_t, s_t), \boldsymbol{E}_t]$ 的形式,其中 $\boldsymbol{F}^i$ 表示每个时刻发生的故障转换的历史记录 $[(f_1, t_1), \ldots, (f_j, t_j)]$, z_t 为当前时刻离散模式, s_t 表示当前时刻故障条件下的状态, $\boldsymbol{E}_t$ 表示从时刻 $t - t_{\mathrm{LT}}$ 到时刻 t 的变量值变化过程的记录; t_{LT} 表示前置时间。候选集权重(权重 $\in [0, 1]$)用于评估候选集可信度,主要取决于转换的先验概率以及模型预测与观测值之间的匹配程度。

SHyDE 推理过程如图 1.12 所示,正常行为观测器用来跟踪系统的正常行为模式。在故障发生前,通过故障指示器判断系统是否发生故障。在判断故障发生后

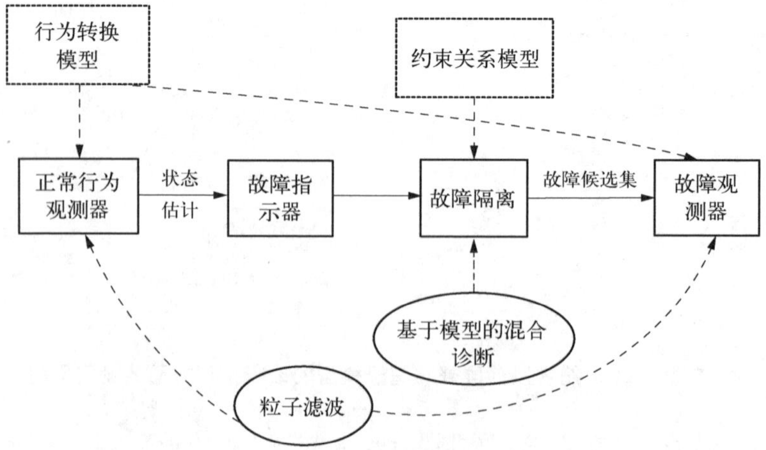

图 1.12　SHyDE 推理过程

则进入故障诊断阶段，该过程主要基于模型的混合诊断（图1.13），混合诊断推理过程的目的是使得故障候选集始终与目前所有传感器的观测保持一致。当获得新的观测时，需对故障候选集进行测试，对其一致性进行判断。若任一候选者与观测不一致时，将其从候选集中剔除，然后基于不一致信息产生新的候选。通常，一致性判断分为两个阶段：传播阶段和比较阶段，传播阶段应用传播模型来确定模型中的变量值，比较阶段通过比较传播值和预测值来检查不一致性。

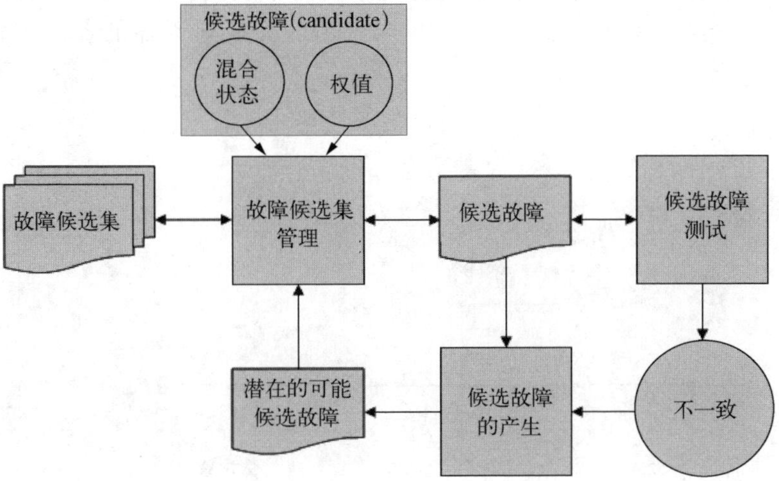

图1.13　基于模型的混合诊断过程

混合诊断过程包含三种类型的操作。

（1）候选集的管理：用于管理候选集，包括更新所有候选元的权值，删除那些权值低于最小权值要求的候选元，增加新的候选元（由候选集产生器产生的最佳候选元），并将候选集中的元素重采样或将权值分布标准化。

（2）候选集测试：该过程只针对单个候选元，包括判断发生了哪些转换，估计在该时间步开始以及结束时的混合状态，通过与观测数据比较，更新候选元权值。在判断与实时观测数据不一致时，需对该情况进行报告，执行第（3）种类型的操作。

（3）候选集产生：当候选集测试存在不一致时，调用候选集产生器并提供下一个最佳的候选集给候选集管理模块，该过程是基于冲突指导进行的。

由于存在诸多不确定因素，如建模的误差、传感器噪声等，候选集不存在唯一性，SHyDE故障观测器基于粒子滤波算法对系统候选故障进行状态连续跟踪，进一步观测判断，排除伪诊断解。

目前，基于混合诊断技术已在火星自主钻探系统（Drilling Automation for Mars Environment, DAME）、ADAPT、自主月球演示器（Autonomous Lunar Demonstrator,

ALDER)工程以及国际空间站电源系统自主恢复工程中得到验证与运用。

4. 空间推进系统故障诊断特点分析

图 1.14 为典型空间推进系统的结构,采用的是双组元推进剂 MON 和 MMH,整个系统由挤压式推进剂输送系统和一组姿/轨控发动机组成。输送系统在结构上由气路和液路两部分组成:气路由高压气瓶、高压电爆阀、高压电磁阀、减压阀、安全阀及管路等部件组成;液路则由储箱、破裂膜片、液体过滤器、自锁电磁阀和管路等组成。在高压气体的作用下,输送系统将推进剂由储箱经过管路、阀门输送到各发动机燃烧室进行燃烧并产生推力,由此完成航天器的姿态和轨道控制任务。

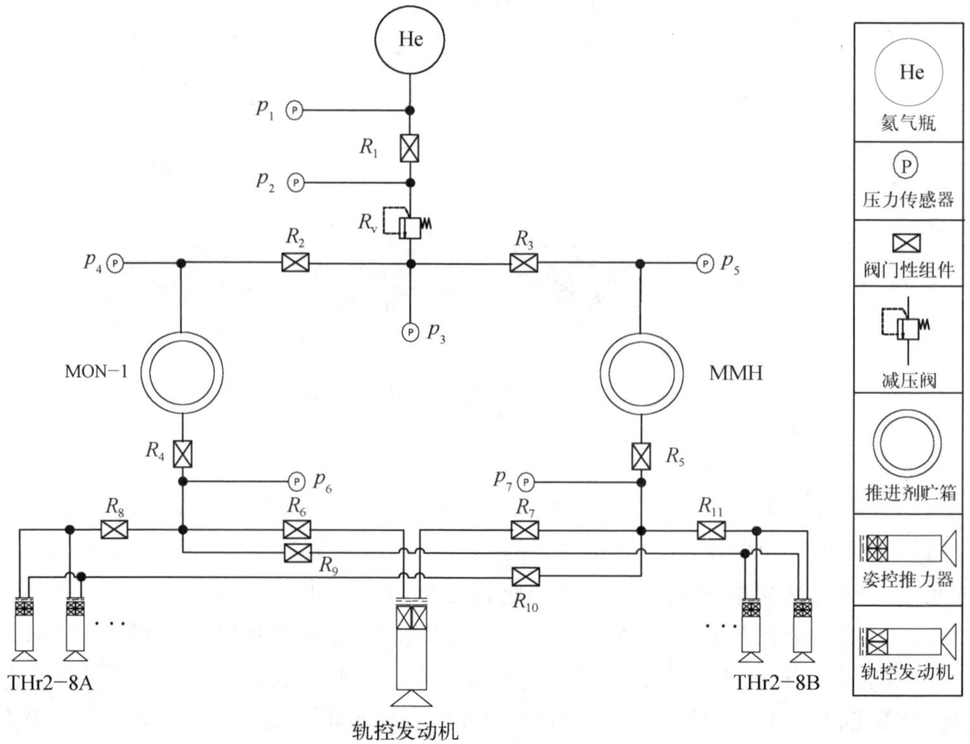

图 1.14 空间推进系统结构图

从故障诊断角度分析,空间推进系统存在以下特点。

1) 推进系统是一个结构复杂的时变系统

(1) 观测参数值的范围具有时变性。空间在不同的飞行阶段,观测参数(如高压气瓶温度和压力)的工作范围会发生变化;即使在同一飞行阶段,有些观测参数的允许工作范围也是随时间动态变化的,例如,处于落压工作模式下(轨道转移阶段)的推进系统,其高压气瓶压力是随时间不断下降的。

(2) 工作模式的时变性。在航天器轨控、姿控等飞行阶段,其推进系统正常工作模式和故障模式间都存在一定的差异。例如,随着航天器飞行任务的变化,推进系统各发动机的工作模式将随时间变化;从变轨开始到变轨结束阶段的故障模式也存在差异性,包括气路泄漏、液路泄漏、储箱膜片破裂、减压阀超压和发动机头部控制阀未打开等多种不同模式。

2) 事先提取的故障模式严重不足

空间推进系统长期运行于存在低温、噪声、电磁干扰、空间粒子辐射等多种不确定因素的特殊环境中,导致元器件、组件的故障模式的种类及发生概率较地面条件下均大幅增加。

3) 推进系统正常/故障数据缺乏,且两者数量上存在严重的不平衡性

考虑到航天器系统的特殊性、成本以及风险代价,很难获取大量的正常数据,故障数据更是难以获取。

4) 航天器上计算资源有限

航天器上计算机配置有限,要求故障诊断方法简明、高效、实时性强,避免对航天器飞行任务造成影响。

由于上述特点,目前在针对空间推进系统的故障诊断方法研究中,基于数据驱动的诊断推理方法需要每个故障模式下的大量数据,因而其多用于系统的故障检测方面。基于知识的诊断推理方法需要大量的先验知识,但由于航天器系统的特殊性以及系统的时变性,难以事先提取到完备的先验知识,因此,传统的、基于事先确定的诊断知识应用于空间推进系统在线故障诊断很难满足工程应用要求。在基于模型的诊断推理方法中,基于一致性判断的方法要求事先获取较全面的故障模式,而故障模式的缺乏导致不能识别未知故障,同时其还存在候选诊断解空间较大的问题;随机理论方法则由于计算复杂度高,限制了其在在线诊断中的应用,目前只在离线诊断得到应用。

对于空间推进系统,自主健康管理技术不仅要实现在线故障检测,还需具备在线的故障诊断能力,为制订合理的容错控制措施提供准确的故障信息。因此,对于空间推进系统在线故障诊断而言,发展一种既能面向时态又可克服先验知识不足的简明高效的故障推理方法十分必要。

基于解析冗余关系(analytical redundancy relations, ARRs)的方法是一种基于控制理论的故障诊断方法。其优点是解析模型中包含了大量的系统知识,有利于进行快速故障定位。因此,考虑到推进系统在线故障诊断的需求,本书将主要开展基于解析冗余关系的故障诊断方法研究。其基本思路是:首先,通过把模型误差作为一种不确定因素处理,建立推进系统能够处理不确定性因素的区间描述模型,且区间是随时间变化的,从而有效解决 ARRs 需建立推进系统精确解析模型的难题;其次,实时计算区间值,并将观测值与区间包络线进行比较,建立实时观测特

征;最后,通过将实时观测特征与故障特征进行匹配,实现快速故障定位。该方法中,推进系统的故障特征可离线建立,而具体诊断过程中仅需通过实时观测特征与故障特征间的匹配就可迅速对故障进行定位,过程简单易实现,因而可满足空间推进系统实时在线故障诊断的要求。

1.5.3 系统重构

故障检测与诊断推理的最终目的是采取故障控制措施,降低故障对系统的影响。航天器系统故障处理过程如图 1.15 所示。故障控制主要包括以下三种类型。

(1)“硬”控制。主要通过切换硬件冗余对故障进行处理,要求系统具备硬件冗余,系统结构复杂性及成本较高。

(2)“软”控制。基于系统功能冗余特性,对系统结构进行重新配置(重构),基本或完全达到系统正常状态的性能,且不增加系统的结构复杂性及成本。

(3)“中性”控制。采取系统减损控制或切换安全模式等措施进行故障处理,虽不增加系统复杂性及成本,但系统性能会随之下降。

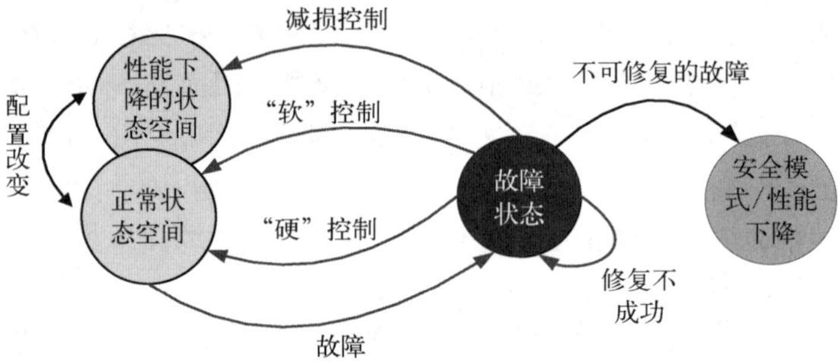

图 1.15 航天器系统故障处理过程

可以看出,“软”控制,即系统重构,既能保证系统性能不下降,又不增加系统复杂度及成本,其对航天器系统而言是一项非常重要的故障控制措施。

由于系统重构基于系统功能冗余特性,可能存在多个可实现控制目标的重构措施,但各重构措施在能量消耗代价(energy consummation cost)、处理后的系统可靠性(system reliability)以及剩余冗余度(remaining redundancy degrees)等方面存在差异,因此系统重构问题可归结为一个基于多目标的约束优化问题。

具体而言,航天器系统的重构问题可描述为:在满足系统相关的约束关系的前提下,找出最优或近似最优的动作序列,使得能量消耗代价 EC_c 最小、可靠性 S_R 最大、剩余冗余度 RR_D 最大:

$$\min(EC_c) \tag{1.1}$$

$$\max(S_{R}) \tag{1.2}$$

$$\max(RR_{D}) \tag{1.3}$$

$$\text{s.t. } Cs$$

式中,Cs(Constraints)为约束条件,通常基于系统模型进行描述。

由此可见,有关系统重构的优化问题一般由两个要素构成:问题描述和问题求解。

根据描述约束条件的系统模型不同,系统重构可分为以下三种。

(1) 基于离散行为模型的重构。适用于部件行为模式主要受离散事件控制的离散系统,可通过部件模式的改变或系统结构的调整进行故障处理,即改变系统原来的输入输出关系。L2 以及 Titan 就是基于该策略进行故障控制的。

(2) 基于动态连续行为模型的重构。主要运用于部件行为受连续参数控制的动态系统。该系统在故障情形下的处理措施主要通过对系统参数进行调整从而进入一种新的稳定状态。这种处理方法视故障为一种不可预见的异常扰动,通过人为设置一扰动使得系统处于另一种可接受的稳定状态。当前主要采取两种措施:① 多模型方法(multiple-model approach),该方法基于一系列并联模型(bank of parallel models)来描述系统正常或故障行为,并为每个模型预设一个相应的控制器;② 自适应控制方法(adaptive control approach),该方法基于控制目标(control objective)以及性能指示器(performance indicator)对系统参数不断优化调整。

(3) 基于混杂行为模型的重构。它主要针对既有离散行为特征又有连续动态行为的一类系统,但目前航天领域关于这方面的研究较少。有学者以空间推进系统为例开展了基于混杂模型的重构技术研究。其基本思想是:根据对系统正常情形下的状态预期以及对系统当前状态的估计,首先量化故障引起的功能缺失(functional deficiency),最终目标是基于控制措施最小化功能缺失。

根据重构问题求解方法的不同,系统重构目前主要包括以下两种类型的方法。

(1) 基于与诊断推理引擎相似的结构进行配置求解。可以与诊断推理共用对象模型,但求解效率有限。该方法基于产生命令候选集和一致性测试的策略求解效益最大的配置,在一致性测试过程中判断与期望目标观测值的一致性,如图 1.16 所示。重构推理求解的是指令动作,而诊断推理是获取故障事件(图 1.17)。L2 采取了这样的求解策略,有学者也研究运用了与诊断推理机相似的结构执行系统故障条件下的重构推理。

(2) 基于转换的方法(translation-based approaches)。首先将系统重构问题转换成其他问题形式,然后基于其他领域如规划领域的成熟、高效算法进行求解,但该方法的前提是需事先将系统重构问题转换成规划领域所要求的形式。

然而,对于空间推进系统而言,其系统配置和重构过程存在以下几个方面的显

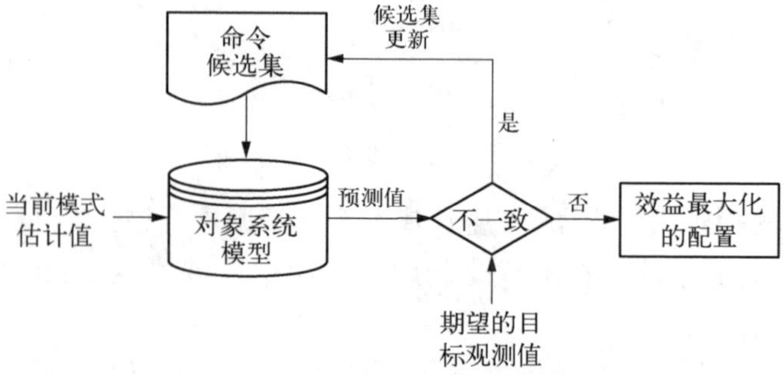

图 1.16　基于一致性测试的重构推理

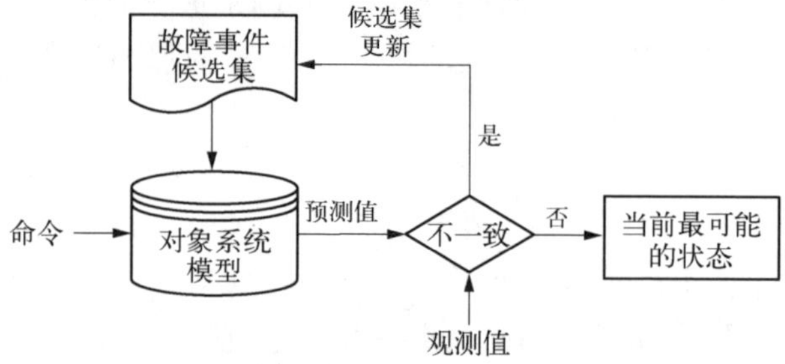

图 1.17　基于一致性测试的诊断推理

著特性和要求。

（1）空间推进系统是由多个简单部件分布式组合而成的复杂系统，针对单个部件的控制指令将对整个系统的状态造成影响，而且其影响是分步、间接和离散的。例如，空间推进系统的可控部件通常由电磁阀、节流阀、电爆阀等部件组合而成，而单个部件主要受简单的离散事件影响（开/关/故障），而对空间推进系统的控制要求则主要以实现定性离散模式为控制目标（如轨控推力器工作/关闭）。

（2）空间推进系统故障发生发展速度快，特别是某些紧急突发故障对系统的破坏将非常迅速，因此在确认故障后，快速执行故障处理对航天器安全十分重要。然而，航天器在轨计算资源有限、观测信息有限和工作环境的未知性导致对系统状态估计的不确定性，都对系统的配置和重构提出了重大挑战。

为此，本书将重点针对空间推进系统，开展基于系统离散行为模型和不确定性处理的配置和重构方法研究。离散行为模型不仅可有效描述空间推进系统的工作过程和结构、控制特性，而且重构问题的求解效率高。同时，基于当前最大可能状态估计的不确定性处理方法则有助于提高配置和重构措施的鲁棒性。

目前，针对不确定条件下的系统重构问题在其他领域已经有许多解决方案，但在空间推进系统领域研究较少。有学者采用了一种非常保守的策略，即产生适用于所有可能状态的控制系列。但该策略的难点在于不同的估计状态通常要求不同的动作系列，因此获取这样一个控制系列是非常困难的，或这样的控制系列根本不存在。有学者利用效用理论，选择能够实现控制目标可能性最大的控制系列。但该方法的缺点在于没有考虑产生不同动作系列的代价问题，而且难以满足航天领域对故障快速响应的要求。有学者在上述研究成果的基础上进行了改进，其不再要求产生所有可能状态的控制系列，而是限制为满足以下三种条件：① 在考虑所有初始状态的情况下实现部分目标；② 在考虑部分初始状态的情况下实现全部目标；③ 针对不同的初始状态组合实现不同目标。该方法可按照操作者对实现目标的要求、初始状态的相对重要性等因素进行组合，实现系统重构，从而为空间推进系统在不确定条件下的系统重构问题提供了解决思路。

1.6 自主健康管理系统研究现状与分析

1.6.1 国外健康管理系统研究进展

健康管理技术作为一种能有效提高航天器系统可靠性和安全性的手段，自诞生之日起就受到了高度的重视。总的来说，航天器健康管理技术的发展经历了20世纪60年代简单的状态监测、20世纪70年代基于解析模型和20世纪80年代基于知识的故障检测与诊断，正逐步过渡到目前的自主健康管理。

健康管理技术研究的最终目的是研制工程实用的健康管理系统，并应用到航天器的试验和飞行中，发挥其有效提高航天器可靠性和安全性的效益。美国、日本等国家和欧空局等其他空间研究机构相继开展了健康管理技术的理论和应用研究。

1. 美国

NASA“新盛世计划”、美国航天司令部2020年长期规划和美国空军2025年计划均把航天器自主管理技术放在首位。在NASA支持下，麻省理工学院(Massachusetts Institute of Technology, MIT)航空宇航系和人工智能实验室开发了远程智能体(Remote Agent)(图1.18)。该智能体将航天器的自主管理和自主健康管理进行了有机结合，分为三部分：基于约束的规划与调度、基于多线程的智能执行体(smart executive)以及基于模型的模式识别与模式重构(L2)。

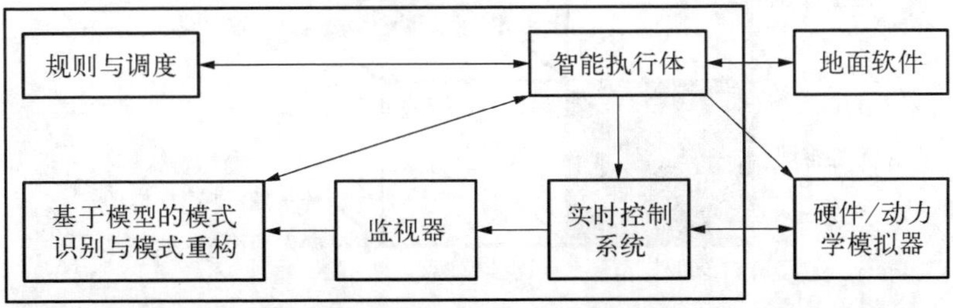

图1.18 Remote Agent 结构示意图

Remote Agent 在 DS－1 上成功应用，是航天器自主健康管理技术成功应用的首例，因此被视为美国 21 世纪进行航天器自主健康管理技术研究的里程碑。Remote Agent 的成功应用为 NASA 的许多后续项目提供了经验。L2 还先后在空间干涉测量任务地面测试系统、原位推进剂生产（In-Situ Propellant Production，ISPP）系统、EO－1 卫星高级诊断系统、X－34、X－37 空间推进系统、深海探测器 Autosub 6000 实时诊断系统等实际项目中进行了科学验证或应用。

L2 是自主健康管理部分的核心，负责识别航天器状态，确保指令正确执行，并在出现故障时进行系统重构。它是一个基于模型的诊断与恢复系统，采用了基于一致性判断的故障推理方法估计系统的当前状态，具备对未知故障和多故障进行诊断的能力以及从故障中恢复的能力。

但 L2 也存在如下几个方面的局限性：

（1）只支持离散建模，连续行为的离散化会导致一些信息的损失，造成基于 L2 的诊断无法实现精确定位，因而存在伪诊断解；

（2）不支持对动作指令响应有延迟的建模；

（3）不支持自发模式的转换，例如，安全阀当压力超过其破坏阈值时将自动打开，而并不需要任何指令，因而其模式转换并不是根据控制指令或故障激发的。

为此，MIT 改进提出了 L2 的后续版 Livingstone 3（L3）和 Titan 等基于模型的诊断与恢复框架。

1）Livingstone 3

不同于 L2，L3 中采用了更多的系统描述模型，如图 1.19 所示。主要包括：① 组件连接模型；② 转换模型，用于描述组件的工作模式（包括故障模式）以及模式之间的转换；③ 行为模型，描述组件在各工作模式下的连续行为。行为模型还具备描述多域（布尔域、有限域、连续值域/分段值域）变量约束的能力。

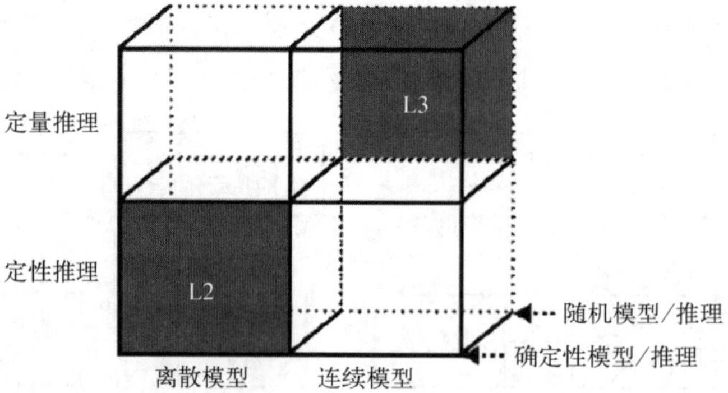

图 1.19　L3 和 L2 的比较

同时,L3增加了候选集管理器(candidate manager)。该管理器对每个基于"假设—测试"策略产生的可能候选状态进行实时观测和跟踪,并且当实时观测结果与真实状态不一致时,采用冲突识别的方法对候选状态进行更新,产生新的候选状态集。

此外,为解决不确定性问题,L3还具备随机建模和推理的功能:通过将概率与模式转换相结合,对转换模型进行了扩充,并运用粒子滤波等随机方法实现对每一个候选状态行为的持续追踪。

2)Titan

Titan同样是在L2的基础上扩展而来,综合运用了人工智能领域基于模型的推理、马尔可夫建模以及约束规划等技术实现对航天器当前状态模式的评估以及故障的恢复与命令的执行[118]。

Titan主要由两个核心模块组成:控制序列产生器(control sequencer)和推理控制器(deductive controller),如图1.20所示。

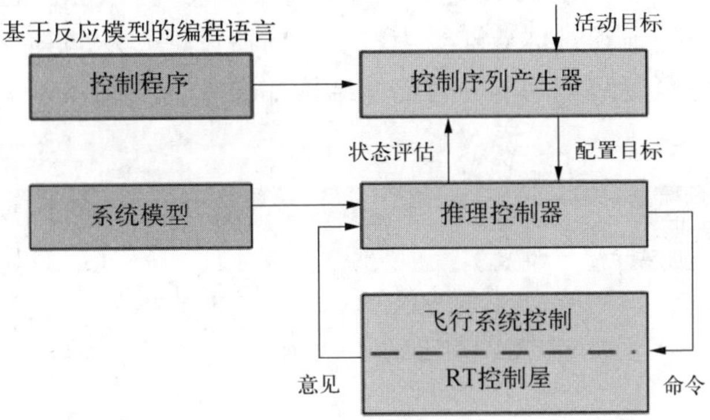

图1.20 Titan结构

a. 控制序列产生器

控制序列产生器获取来自地面或者星载系统级别规划器的任务目标[基于反应式基于模型的语言(Reactive Model-based Programming Language, RMPL)语言描述]以及对当前系统状态的估计,并结合约束规划技术,将系统的任务目标分解成各个子系统的配置目标序列,每个配置目标详细描述了子系统应该达到的期望目标状态。

b. 推理控制器

推理控制器基于系统模型、配置目标序列以及观测序列等信息,如图1.21所示,对系统当前的可能状态进行估计,并发布控制指令实现系统的配置,完成任务目标。系统当前可能状态的估计由ME(Mode Estimation)模块实现,控制指令的发布则由MR(Mode Reconfiguration)模块完成。

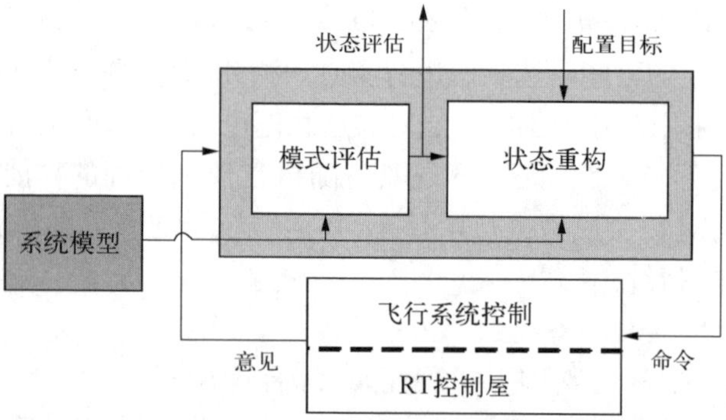

图 1.21　推理控制器结构

此外,针对航天器月球自主着陆问题,Ames 研究中心启动了 ALDER 工程,旨在测试月球自主着陆以及危险规避技术(Autonomous Landing and Hazard Avoidance Technology, ALHAT)。该技术使得航天器能够自主发现并避开危险区域,引导人员或货物安全、精确地在月球着陆。为自主着陆器设计开发的具备任务自主规划、控制,以及自主健康管理等功能的智能体结构如图 1.22 所示。

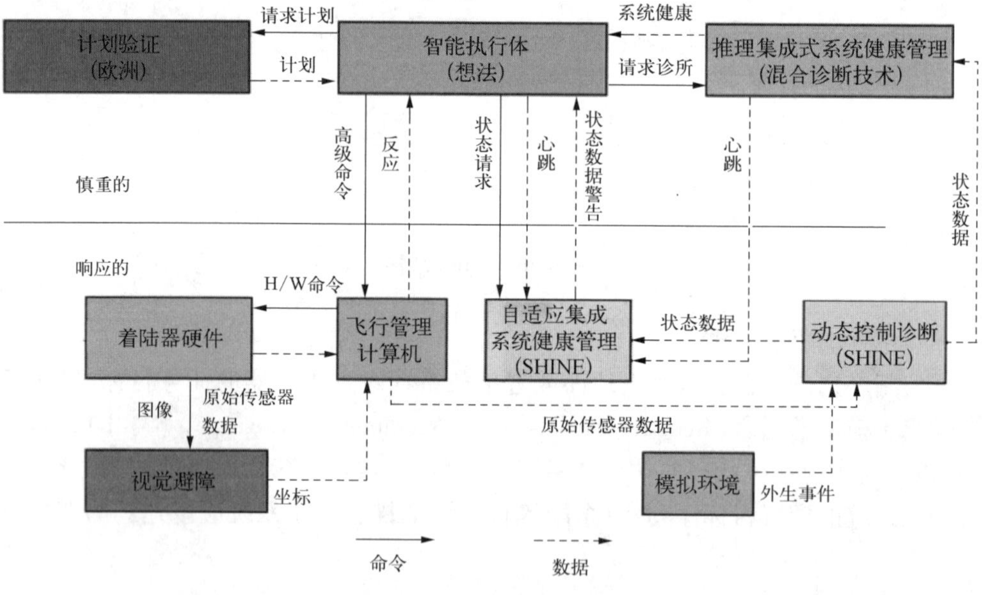

图 1.22　ALDER 智能体结构

另外,Ames 研究中心和约翰逊航天中心(Johnson Space Center)联合开发了下一代 ADS,并将其运用到 ISS 进行测试。ADS 同样是一种基于模型的推理系统,对空间站进行实时检测、隔离以及故障恢复,并在异常分析、任务管理、关键决策等方面为研究者提供一定的支持。

2. 欧空局等其他空间研究机构

欧空局从20世纪70年代开始就一直致力于借助在轨高级无人自主控制技术来赶超美国和苏联,并在1998年启动了著名的PROBA计划。该计划通过发射一系列低成本小卫星来验证新的航天器技术和研究方法,旨在展示航天器在轨自主管理的优点。2001年10月PROBA-1成功发射。该航天器较之DS-1,自主运行技术更加实用。2009年,PROBA-2验证了航天器编队飞行(两个航天器)所需的自主运行技术。同时,针对SMART-1月球探测器地面覆盖和通信时间少(只在每4天的最后一天有8 h的通信时间)等特点,欧空局为其姿控系统设计了先进FDIR(Advanced FDIR, AFDIR)分系统,使得SMART-1具有较高的自主运行能力。此外,法国空间局的斯波特(Satellite pour l'Observation de la Terre, SPOT)系列卫星也通过发展和利用航天器自主控制技术,达到了降低劳动强度、节省经费开支以及增加数据获取能力的目的。

3. 日本

日本也长期致力于航天器自主管理技术的发展并开展了应用研究。日本发射的工程试验卫星-7(Engineering Test Satellite Ⅶ, ETS-Ⅶ),其目的之一是在轨辨识和自适应控制。日本研制的智能卫星控制软件DOCtor(Intelligent Satellite Control Software-DOCtor, ISACS-DOC)是一种地面支持系统,可以在不增加地面控制人员负担的情形下,更加安全地进行地面支持的异常监测与诊断。此外,为了解决深空探测的通信延迟以及监测、诊断可用信息少的问题,日本还为"隼鸟"号行星探测器研制开发了第三代ISACS-DOC健康管理系统。

1.6.2 国内健康管理系统研究进展

21世纪以来,国内学者已逐步认识到健康管理方面工作的重要性和迫切性,对国外相关技术进行了跟踪研究,并在理论方面做了一些研究工作,也开发了部分诊断系统。

北京控制工程研究所研制了卫星控制系统实时故障诊断专家系统原型SCRDES,用于卫星地面检测以及飞行状态的地面在线实时故障诊断。张纯良针对SZ系列飞船的推进子系统,构建了基于知识的诊断专家系统。2001年,重庆英康智能控制工程有限公司与中国航天科技集团共同研制的"载人航天器故障诊断系统"通过验收。西安卫星测控中心在2004年4月发射的"试验卫星一号"的在轨测试中,运用了自主研制开发的卫星管理自动化系统,把以往卫星管理中成功积累的故障预兆、故障处理方案等有效管理模式采集在一起,按特定语法规则录入"在轨长期管理卫星故障诊断平台"。该系统能够自动对卫星遥测数据进行比对、分析,发现故障立即发出语音警报,并提出相应的解决方案。如果卫星故障超出系统诊断或解决能力，则会自动建议由专家解决，确保卫星总体指标始终保持在允许的精度范围之内并满足要求的工作状态。但该系统还是一种类似专家系统的静态方法。目前，国内的DFH－3、"资源21号"等项目中，部分子系统已采用故障隔离、诊断和系统重构等智能化技术，并取得了良好效果。

总的来说，虽然国内近十年来已经开展了航天器故障检测和诊断技术等研究，但对于复杂系统健康管理、自主健康管理等方面的研究仍处在一个比较低的层次上。所开发的大部分故障诊断系统基本上还属于试验型，仍以地面诊断为主，在轨系统多数只能负责冗余硬件的切换，没有实现真正意义上的在轨自主健康管理系统。

我国目前的航天器在轨健康管理发展水平不足，一方面是因为目前我国绝大多数航天器运行于中、低轨道，传统的地面测控及管理模式仍能够基本满足管理要求，不存在这种迫切感；另一方面是我国航天器分系统的设计，主要还是以满足近地轨道航天器的需求为目的，冗余设计较少甚至没有，如DFH－4推进系统基本没有冗余，因此谈检测与诊断尚可，还达不到故障管理的层次。但是随着在轨运行航天器数量急剧增加以及深空探测的开展，传统的航天器测控和管理方式的缺点越来越明显。作为航天器未来发展的一项关键技术，自主健康管理的实现对于全面提高我国的航天器在轨管理水平，弥补地面站的不足，降低预算成本，推进我国航天器技术进一步发展具有十分重要的意义。因此本书所开展的空间推进系统的自主健康管理关键技术研究对提高我国航天器的控制管理水平具有十分重要的理论意义和实践价值。

第 2 章 空间推进系统动力学建模与仿真

2.1 引　言

空间推进系统动力学研究的主要任务是,确定其工作过程(启动、关机、推力调节、故障发生及发展)中的主要状态参数及相互联系,以及这些参数与控制作用、各种内外扰动之间的联系,并作为推进系统设计与分析的依据。系统动力学仿真作为认识推进系统工作过程和辅助推进系统设计、试验的有力工具,对避免推进系统设计缺陷,优化推进系统性能,缩短新型号的研制周期,降低研制、试验费用都具有十分重要的意义。

空间推进系统故障特性的研究,包括故障产生、故障传播、故障效应和故障特征等方面,是开展空间推进系统故障诊断的基础。由于在轨飞行中同一故障的复现率低,而推进系统试验费用较高,且进行专门的故障试验具有一定的危险性,使得飞行和试车数据中故障数据所占的比例小,不足以支持上述故障特性的研究。近年来,随着计算机性能的提高,基于数学模型的推进系统故障仿真研究得到了迅速的发展。由于其良好的经济性、灵活性、可控性和无破坏性,数值仿真技术已成为分析推进系统的故障机理及其过渡特性,获得推进系统的故障样本数据、故障模式和诊断知识的有效途径,在某些情况下甚至是唯一途径。

国内外学者对空间推进系统动力学的建模与仿真研究非常重视,已取得了不少研究成果。但尚存在如下不足:① 研究对象大多经过不同程度的简化,针对具体型号实际供应管路的研究很少,难以准确反映推进系统的实际工作状态;② 研究对象或者是推进剂供应管路,或者是增压气路,对增压气路和推进剂供应管路的耦合仿真较为罕见;③ 研究工作多集中在推进系统启动、关机过程的动态特性,对推进系统长时间、全工况过程的研究,无论是落压式推进系统,还是恒压式推进系统均不多见。当前,空间推进系统动力学建模与仿真研究呈现出如下发展趋势:由单一型号建模转向通用模块化建模、由静态仿真转向动态仿真、由特定工况分析扩展到工作全过程仿真、由流动仿真扩展到多学科动力学仿真。

故障仿真方面,有学者针对液体火箭发动机及其地面试验系统,分别开展了典型故障过渡特性和故障效应的仿真研究,并尝试建立相应的故障模式知识库。针对空间推进系统,开展了故障静动态特性的仿真研究,以及典型故障过渡特性和故障效应的仿真研究。

本章首先介绍空间推进系统模块化建模方法,并将基于 AMESim 平台,逐一建立空间推进系统各组件的动力学模型。以此为基础,建立 DFH 卫星推进系统的系统动力学仿真模型,利用该模型对该推进系统的启动、稳态和关机三种工况进行仿真,分析推进剂主供应管路以及姿控供应管网的动态特性。针对空间推进系统启动和关机的水击现象,本章将重点分析节流孔和弯管对供应管路充填和关机水击的抑制作用,以及管路气枕压力对充填水击的抑制作用。在此基础上,分别仿真分析典型故障模式下推进系统的稳态故障效应和故障过渡特性,并研究其传播机理。

2.2 推进系统模块化建模方法

对于空间推进系统的动力学仿真研究,传统的建模方法往往是针对某一具体系统编制计算程序,计算程序与系统结构密切相关。如果推进系统的构成有所改变,就必须深入到计算程序中做出相应的修改,从而延长系统设计分析周期、提高研制费用,模块化建模方法很好地解决了这一问题。

一般而言,空间推进系统都是由高压气瓶、气路减压阀、推进剂贮箱、气液管路、喷注器、发动机/推力器和控制装置等典型组件组成,对不同型号的推进系统而言,其组件的数学模型在形式上具有一定的相似性和通用性。利用这一特点,可以针对各组件分别建立其仿真模型;组件模型创建后,可以单独调试,然后根据其物理连接组合在一起构成整个系统模型,即可对推进系统进行模块化建模仿真。

空间推进系统模块化建模的基本思想见图 2.1。主要是: ① 将推进系统按照一定的原则,划分为若干典型组件的组合,每个典型组件都具有较强的独立性;② 逐个建立各个典型组件的数值模型,封装成独立的仿真模块,同类组件使用同一个仿真模块,并定义各个模块之间的接口和参数;③ 结合系统构成图,根据不同组件的接口和参数关系,采用对应的仿真模块即可构建整个推进系统的数值仿真模型。如此,即可方便地解决不同构成形式的空间推进系统动力学建模与仿真问题。

图 2.1 中的推进系统被划分为多个模块,根据实际系统需求,不同模块之间可以进行信息传递和交互。模块化仿真中的各模块,都是独立的功能模块,在给定相应的接口输入之后即可独立运行。同一类型的组件可以采用相同的模块,实现了仿真资源的重复利用。

推进系统模块化建模包括如下步骤: ① 推进系统的模块化分解;② 模块模型库和系统资源库的建立;③ 系统数值仿真模型的建立。后续三个小节将逐一进行说明。

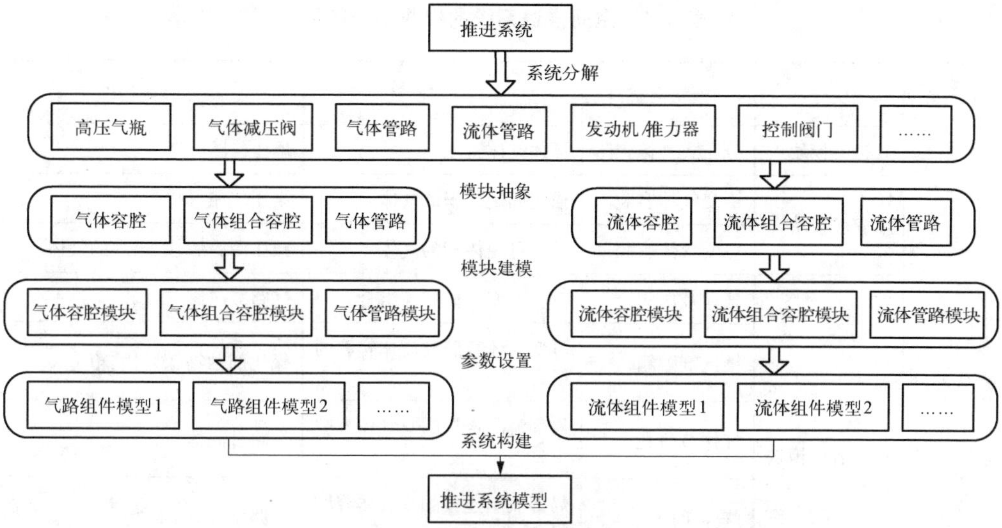

图 2.1　空间推进系统模块化建模的基本思想

2.2.1　推进系统的模块化分解

深入分析推进系统的物理模型,进行合理的模块化分解,是建模的第一步,也是关键的一步。模块化分解之后,模块是组成系统模型的基本单元,系统动态模型的程序由这些基本单元的子程序组成。模块划分的结果应保证系统的分解和模块的连接过程易于进行,同时应使一个模块的删除和插入不给其他模块的组合过程带来影响。

为了实现上述目标,本书按照如下原则进行推进系统的模块划分: ① 模块划分以独立的物理设备或组件为基础,能够完成独立的物理功能,具有清晰的物理边界和足够的物理独立性;② 模块具有高度的数学独立性,描述该组件特性的所有方程都包含在模块内部,模块的输出只需根据模块本身的能量、质量和动量变化,以及结构参数、接口数据来计算;③ 模块具有良好的兼容性,与外部的数据通信有明确一致的边界和接口。

基于上述原则,对于推进系统的各个组件,工质的进、出口就是模块的输入、输出接口,仿真模块的连接关系与实际组件的物理连接关系是直接对应的。按此原则开发的模块化建模与仿真系统软件,用户只需根据推进系统原理图,按照模块之间实际物理边界的连接关系将系统组成模块一一连接,即可完成系统仿真模型的构建。

根据上述原则,空间推进系统模块划分的结果如表 2.1 所示,这些模块即可组合得到空间推进系统的一维仿真模型。推进系统首先根据流体特性分为气路子系统和液路子系统;在气、液两路子系统中,根据分布参数流体管路系统的管路—容腔模块化分解的思想,分别划分为具体的模块。

表 2.1 空间推进系统的模块划分结果

子系统	模块分类	模块名称	模块描述	对应组件
气路	管道类模块	分布式气体管路	描述气体管流	增压气路
	单容腔模块	不变气体容腔	描述固定体积的气体	高压气瓶
		可变气体容腔	描述可变体积的气体	减压阀容腔、贮箱内的气体
	组合容腔模块	气体减压阀	三个可变气体容腔组合	气路减压阀
		推进剂贮箱	可变气体容腔与流体容腔的组合	氧化剂贮箱、燃料贮箱
		气体节流孔	局部流阻连接的双气体容腔组合	气路过滤器
		气体单向阀	局部流阻连接的双气体容腔组合	气路单向阀
		气体可调节流孔	局部流阻连接的双气体容腔组合	气路电爆阀、自锁阀、加/排阀
液路	管道类模块	分布式流体管路	描述不可压流体管流	推进剂供应管路(直管、弯管)
	单容腔模块	不变流体容腔	描述固定容积的流体	液路集液腔
		可变流体容腔	描述可变容积的流体	贮箱内的推进剂
	组合容腔模块	流体节流孔	局部流阻连接的双流体容腔组合	液路过滤器、喷注器
		流体三通管	局部流阻连接的三流体容腔组合	液路三通管
		发动机/推力器	双流体容腔组合	发动机/推力器
		流体可调节流孔	局部流阻连接的双流体容腔组合	液路电爆阀、自锁阀、加/排阀

对于空间推进系统的动态特性仿真,模块化分解过程的主要难点是如何考虑气、液两路子系统的分布参数特性。本书将推进系统的基本组件抽象为管路和容腔两大类模块。管路类模块包括气体管路和液体管路,将管路进行有限体积分割之后,则管路相当于相邻有限个容腔的组合;容腔类模块根据其组成,细分为单容腔模块和组合容腔模块,包括高压气瓶、过滤器、减压阀、贮箱、集液腔、发动机/推力器和各种控制阀门,工质在容腔内的特性按集中参数处理。

考虑到研究对象的特点,管路类模块之间不能直接相连,只能通过在中间设置容腔类模块相连;容腔类模块之间除可以通过喷注器连接外,也不能直接相连,需要在中间设置一个管路类模块相连。如此,管路类模块的工质流动接口边界只有容腔一种形式,容腔类模块的工质流动接口边界即为管路端口边界。

2.2.2　模块的动力学建模

根据模块化建模思想,推进系统的每一个组件均可视为具有一定输入输出关系的基本模块,其动力学模型的数学表述为

$$\begin{cases}\dfrac{\mathrm{d}\boldsymbol{X}}{\mathrm{d}t}=F(\boldsymbol{X},\ \boldsymbol{U},\ D,\ t)\\ \boldsymbol{Y}=G(\boldsymbol{X},\ \boldsymbol{U},\ D,\ t)\end{cases}\tag{2.1}$$

式中,$\boldsymbol{X}=(x_1,\ x_2,\ \cdots,\ x_m)^{\mathrm{T}}$ 为模块的状态变量;$\boldsymbol{U}=(u_1,\ u_2,\ \cdots,\ u_p)^{\mathrm{T}}$ 为模块的输入变量;$\boldsymbol{Y}=(y_1,\ y_2,\ \cdots,\ y_n)^{\mathrm{T}}$ 为模块的输出变量;D 为模块的数学模型参数;$F(\cdot)$ 和 $G(\cdot)$ 为上述参数之间相互联系的函数关系。相应的组件模块如图2.2所示,推进系统各组件之间通过变量 $\boldsymbol{U}$ 和 $\boldsymbol{Y}$ 加以联系。

图2.2　基本组件的模块示意图

模块状态变量的影响因素,除状态变量初始值 $\boldsymbol{X}_0$ 之外,还包括输入变量 $\boldsymbol{U}$ 和数学模型参数 D,这两个因素都可能随时间而变化。其中,输入变量 $\boldsymbol{U}$ 为上游组件的输出和控制输入,而模型参数 D 则是根本的故障影响因素,因此,引入数学模型参数的变化量 $D+\Delta D$ 来描述故障对系统的影响。

当推进系统组件发生故障时,其数学描述为

$$\begin{cases}\dfrac{\mathrm{d}\boldsymbol{X}}{\mathrm{d}t}=F(\boldsymbol{X},\ \boldsymbol{U},\ D+\Delta D,\ t)\\ \boldsymbol{Y}=G(\boldsymbol{X},\ \boldsymbol{U},\ D+\Delta D,\ t)\end{cases}\tag{2.2}$$

通过改变变量 ΔD 的大小,即可模拟该组件的故障程度。对于推进系统的泄漏故障,还需要根据发生泄漏的具体位置,修改或增加方程。

在推进系统故障仿真的相关文献中,通常将组件的数学模型参数乘以一定的系数(称为故障因子),通过修改故障因子的大小,表征组件发生故障的程度。笔者认为,该方法隐含了线性故障假设,仅适用于故障不严重的情况;当被调整的参数为性能参数时,其物理意义不甚明了。针对上述问题,本书通过设置泄漏孔和调整推进系统的结构参数来实现故障仿真,因而物理意义更加明确。

本书3.2节中,表3.7列出了空间推进系统的14种主要故障模式,其中堵、卡、漏是常见故障。推进剂供应管路处于高压工作条件之下,由于疲劳破坏或是振动等,接头处或者密封件易于出现泄漏,阀门关闭不严也会引起推进剂的泄漏,因

此泄漏是首要考虑的故障模式。空间推进系统另一种常见的故障模式是由杂质引起的管路节流孔及过滤网堵塞。阀门开度不正常,以及各种控制及测量仪器的故障也是重要的故障模式。

2.2.3 系统仿真模型的构建

运用模块化方法建立系统动力学仿真模型,还需要解决以下几个问题: ① 提供良好的建模环境,采用合理的数据结构,描述仿真模型各组件之间的连接关系; ② 建立合理的输入输出机制; ③ 选择合理的数值方法,解决数值仿真问题; ④ 提供丰富的接口,具备二次开发的条件。

AMESim 软件为上述问题提供了很好的解决方案。AMESim 具有以下特点。

(1) 建模环境。AMESim 软件采用基本元件的理念和多层次的建模方式,为用户提供了一个时域仿真建模环境,AMESim 软件提供了丰富的元件模型库,可使用已有模型和建立新的元件子模型,能够满足多种类型的复杂系统的建模需要。AMESim 采用易于识别的标准国际标准化组织(International Standards Organization, ISO)图标和简单直观的多端口框图,方便用户建立复杂系统及用户所需的特定应用实例。

(2) 输入输出机制。在 AMESim 软件环境下,用户可设置仿真参数(如仿真时间、仿真精度、数据保存时间间隔等),可设定系统各组件的结构参数以及状态参数的初始值,进行稳态及动态仿真。用户还可在仿真过程中绘制各组件的状态参数曲线,并在仿真结束后分析仿真结果,进行数据后处理,界面友好、操作方便。

(3) 数值方法。软件的智能求解器能够根据用户模型的数学特征,自动从 12 种针对非刚性的 Adams 算法和 5 种针对刚性的 Gear 算法中选择最优积分算法;为缩短仿真时间和提高仿真精度,软件还会根据不同仿真时刻系统模型的特点,动态切换积分算法和调整积分步长。软件内嵌了针对数学不连续性的处理工具,有效地解决了数值仿真中的间断点问题。

(4) 接口与二次开发。AMESim 包含 AMESim、AMESet、AMECustom、AMERun 系列软件平台。其中,AMESim 为图形化开发环境,用于工程系统的建模、仿真和动态性能分析,并提供丰富的软件接口,是软件的主要平台;AMESet 为模型和文档生成器,用于协助开发和维护自己的模型库,具备强大的二次开发功能;AMECustom 为数据库创建工具,用于为组件模型或超级组件模型定制参数设置和用户界面,并在发布之前对涉及技术敏感性的信息进行加密,只允许最终用户访问相关有用的信息;AMERun 为 AMESim 的只运行版本,用户既可以修改模型参数和仿真参数,执行稳态或动态仿真,输出结果曲线和分析结果,也可以通过禁止最终用户修改模型结构和建模假设从而保护模型。

综上所述,AMESim 软件能够满足本书空间推进系统的动力学建模与仿真研究的需要。本章后续将在 AMESim 软件环境下,逐一建立表 2.1 所示的空间推进系统各模块的仿真模型,并构建 DFH 卫星推进系统的动力学仿真模型。

2.3　推进系统的模块化建模

在介绍空间推进系统各个组件的模块化建模过程之前,首先对建模过程中涉及的机械系统模型和传热模型做一个简单说明。

推进系统的建模涉及机械系统中的惯性元件、弹性元件和阻尼元件。推进系统的机械元件受导向机构的约束,大多只沿一个方向运动,因此可以简化为一维质量弹簧阻尼运动方程:

$$M\ddot{x}(t) + C\dot{x}(t) + Kx(t) = F(t) \tag{2.3}$$

式中,$x(t)$为位移;$F(t)$为外力;M 为质量;C 为黏性阻尼系数;K 为弹簧刚度。

热可以通过热传导、热对流及热辐射方式实现传递,由于热辐射只有在温差较大的物体间才比较明显,因此空间推进系统建模与仿真研究通常只考虑热传导和热对流两种方式。

导热过程由傅里叶定律描述,由于空间推进系统相关导热计算主要关心结构导热对流体温度、压力的影响,因此高压气瓶和增压气路均可等效为圆筒壁的导热问题,可用一维稳态导热方程描述:

$$q = -\lambda \frac{\mathrm{d}T}{\mathrm{d}x} \tag{2.4}$$

式中,q 为热流密度;λ 为导热系数。

对流是流体宏观运动发生冷热流体掺混所引起的热量传递,对流换热过程由牛顿冷却公式确定:

$$\delta Q = h_T A(T_{\mathrm{ext}} - T_{\mathrm{w}}) \tag{2.5}$$

式中,h_T 为表面传热系数。

本节后续内容将根据流体特性,分别介绍气路子系统和液路子系统各模块的建模。

2.3.1　气路子系统模块

1. 增压气体模型

推进系统采用氦气作为增压气体,在推进系统工作过程中,增压气体的压力较高,温度变化范围较大,因而不适用理想气体状态方程。雷德利希-邝(Redlich-Kwong)方程用于计算非极性或微极性气体时,在相当广的压力范围内计算结果都令人满意,其应用范围可达到的密度略大于临界密度的一半。本书所研究的增压气体工况满足 Redlich-Kwong 方程的应用范围,因此采用该方程作为气体状态方程,即

$$p = \frac{R_g T}{V_m - b} - \frac{a}{T^{0.5} V_m (V_m + b)} \tag{2.6}$$

式中,a、b 是与物质种类相关的常数。本书采用临界点的数学特征求得:

$$a = \frac{0.427\ 48 R_g^2 T_{cr}^{2.5}}{p_{cr}},\ b = \frac{0.086\ 64 R_g T_{cr}}{p_{cr}} \tag{2.7}$$

2. 气体管路模型

气体管路模型用于对增压气路建模。在推进系统动力学的数值研究中,考虑到实时性和可行性的要求,目前都是采用一维模型,尚未见到二维或三维数学模型的应用。综合考虑计算精度和效率,本书研究中对气体管路模型采用一维数学模型。忽略引力场对气体的影响,气体管路模型各节点内的物性参数由质量、动量、能量三大守恒定律确定,即

$$\begin{aligned} &\frac{\partial \rho}{\partial t} + \frac{\partial \rho u}{\partial x} = q_s \\ &\frac{\partial \rho u}{\partial t} + \frac{\partial \rho u^2}{\partial x} + \frac{\partial p}{\partial x} = \frac{\partial \tau}{\partial x} \\ &\frac{d\rho e}{dt} = -p\frac{\partial u}{\partial x} + R + \Phi + Q \end{aligned} \tag{2.8}$$

式中,q_s 为质量源项;e 为内能;R 为能量源项;Φ 为当地黏性力做功;Q 为管路与环境的换热。

3. 气体减压阀

根据推进系统的实际构成,考虑反向卸荷式气体减压阀,其工作原理如图 2.3(a)所示。在气体减压阀中,由于在阀盘和阀座之间的狭缝中气体速度首先增加,而后在低压腔降低造成工质自身能量的不可逆损失,其压强降低到额定值。可以将减压阀抽象成一个两腔(低压腔、阻尼腔)三端口(入口、出口和内部交流口)的组合件,建立动态模型。

(1) 气体减压阀阀盘运动方程:

$$m_\Sigma \frac{d^2 x}{dt^2} + f_\mu \frac{dx}{dt} + cx = (p_2 - p_H) A_b + \zeta (p_1 - p) A_u \tag{2.9}$$

x 轴原点选在相应于弹簧处在自由状态时的位置,使阻尼腔容积扩大的运动方向为正。式中,m_Σ 为阀盘总质量;f_μ 为阀盘运动阻尼系数;c 为弹簧回复力系数;ζ 为

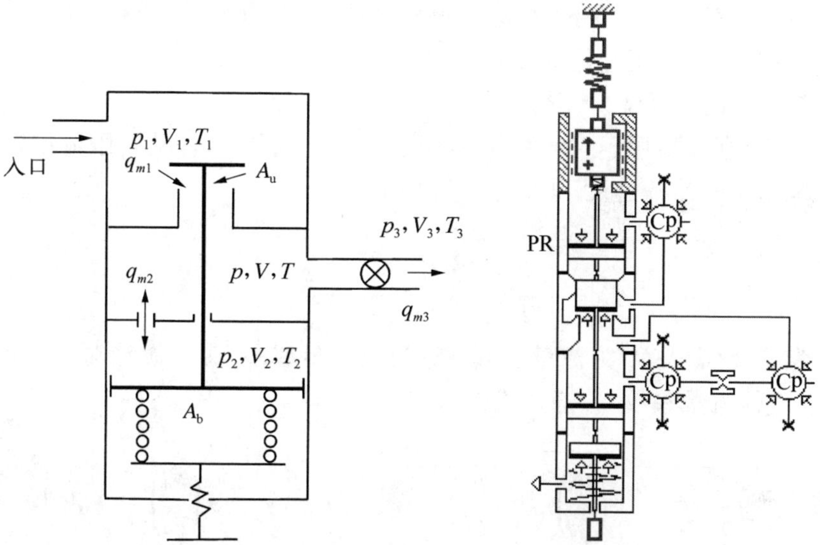

(a) 原理图　　(b) 仿真模型

图 2.3　反向卸荷式气体减压阀原理图与仿真模型

依赖于阀盘行程、压强比 p/p_1 和气体流动方向的系数；p_H 为弹簧室气体压强。

（2）低压气腔。由于气体间扩散过程十分复杂，因此假设开始时腔内的气体和高压气体成分相同。当气体压强满足 $p_1 > p \geqslant p_2$ 及 $p_1 > p \geqslant p_3$ 时，则

$$\frac{\mathrm{d}\rho}{\mathrm{d}t} = \frac{1}{V}(q_{m1} - q_{m2} - q_{m3}) - \frac{\rho}{V}\frac{\mathrm{d}V}{\mathrm{d}t} \tag{2.10}$$

$$\frac{\mathrm{d}p}{\mathrm{d}t} = \frac{kp_1}{V\rho_1}q_{m1} - \frac{kp}{V\rho}q_{m2} - \frac{kp}{V\rho}q_{m3} - \frac{kp}{V}\frac{\mathrm{d}V}{\mathrm{d}t} \tag{2.11}$$

$$\frac{\mathrm{d}V}{\mathrm{d}t} = A_b\frac{\mathrm{d}x}{\mathrm{d}t} \tag{2.12}$$

式中，气体流量 q_{m1}、q_{m2} 和 q_{m3} 由气路过滤器模型确定。当气体压强满足 $p_2 > p$ 时，q_{m2} 符号取负。

（3）阻尼气腔。当气体压强满足 $p_1 > p \geqslant p_2$ 时，则

$$\begin{aligned}
\frac{\mathrm{d}\rho_2}{\mathrm{d}t} &= \frac{1}{V_2}q_{m2} - \frac{\rho_2}{V_2}\frac{\mathrm{d}V_2}{\mathrm{d}t} \\
\frac{\mathrm{d}p_2}{\mathrm{d}t} &= \frac{kp}{V\rho}q_{m2} + \frac{kp}{V}\frac{\mathrm{d}V}{\mathrm{d}t} \\
\frac{\mathrm{d}V_2}{\mathrm{d}t} &= -\frac{\mathrm{d}V}{\mathrm{d}t}
\end{aligned} \tag{2.13}$$

当气体压强满足 $p_2 > p$ 时，q_{m2} 符号取负。图 2. 3(b)所示为在 AMESim 软件环境下建立的气体减压阀仿真模型。

4. 气体节流孔模型

气体节流孔模型用于对气路过滤器进行建模。假定气体流过限流位置时流动等熵，忽略节流孔来流速度，则流量计算如下：

$$\dot{m} = A \cdot C_q \cdot C_m \frac{p_{\mathrm{u}}}{\sqrt{T_{\mathrm{u}}}} \tag{2.14}$$

式中，A 为流孔面积；C_q 为流量系数；C_m 为流量参数；p_{u} 为上游绝对压力；T_{u} 为上游温度。气体流量参数 C_m 通过式(2. 15)求得，即

$$\begin{cases} C_m = \sqrt{\dfrac{2\gamma}{r(\gamma-1)}} \sqrt{\left(\dfrac{p_{\mathrm{d}}}{p_{\mathrm{u}}}\right)^{\frac{2}{\gamma}} - \left(\dfrac{p_{\mathrm{d}}}{p_{\mathrm{u}}}\right)^{\frac{\gamma+1}{\gamma}}}, & f\left(\dfrac{p_{\mathrm{d}}}{p_{\mathrm{u}}}\right) > p_{\mathrm{cr}}(\text{亚声速}) \\ C_m = \sqrt{\dfrac{\gamma}{r}\left(\dfrac{2}{(\gamma-1)}\right)^{\frac{\gamma+1}{\gamma-1}}} = \sqrt{\dfrac{2\gamma}{r(\gamma-1)}}\left(\dfrac{2}{\gamma+1}\right)^{\frac{1}{\gamma-1}}, & f\left(\dfrac{p_{\mathrm{d}}}{p_{\mathrm{u}}}\right) \leqslant p_{\mathrm{cr}}(\text{超声速}) \end{cases} \tag{2.15}$$

式中，$p_{\mathrm{cr}} = [2/(\gamma+1)]^{\frac{\gamma}{\gamma-1}}$ 为临界压力比；γ 为比热比。

5. 气体可调节流孔模型

气体可调节流孔的数学模型与气体节流孔模型基本相同，差别仅在于，前者具有一个接口，可由控制信号调节节流孔的直径。气体可调节流孔模型用于对增压气路的自锁阀、常闭电爆阀、常开电爆阀、加注/排放阀的开关过程进行建模。

6. 不变气体容腔模型

不变气体容腔模型可用于对高压气瓶进行建模。假定容腔内压力场、温度场均匀分布，其质量和能量守恒方程为

$$\frac{\mathrm{d}m}{\mathrm{d}t} = \frac{\mathrm{d}}{\mathrm{d}t}(\rho V) = \rho \frac{\mathrm{d}V}{\mathrm{d}t} + V \cdot \left[\left(\frac{\partial \rho}{\partial p}\right)_T \cdot \frac{\mathrm{d}p}{\mathrm{d}t} + \left(\frac{\partial \rho}{\partial T}\right)_p \cdot \frac{\mathrm{d}T}{\mathrm{d}t}\right] \tag{2.16}$$

$$\left[\left(m \cdot \left(\frac{\partial h}{\partial p}\right)_T - V\right)\right] \cdot \frac{\mathrm{d}p}{\mathrm{d}t} + m \cdot \left(\frac{\partial h}{\partial T}\right)_p \cdot \frac{\mathrm{d}T}{\mathrm{d}t} = \sum \dot{m}_i \cdot h_i - \sum \dot{m}_i \cdot h + \delta Q \tag{2.17}$$

式中，$\sum \dot{m}_i \cdot h_i$ 为端口的焓流量(输入为正)；δQ 为控制体积的换热量。

7. 可变气体容腔模型

可变气体容腔模型的数学模型与不变气体容腔模型的数学模型类似，不同之

处仅在于,前者的体积是可变的。该模型可用于对减压阀三个容腔,以及贮箱内的气枕进行建模。

8. 气体单向阀

气体单向阀的压差方程为

$$\Delta p = p_2 - p_1 - p_{\text{crack}} \tag{2.18}$$

式中,p_2 为入口端压力,p_1 为出口端压力。当 $\Delta p > 0$ 时,单向阀开启;反之,单向阀关闭。为防止单向阀在 $p_2 \approx p_1$ 时出现颤动,设定开启压力 p_{crack} 为 0.10 MPa。

表 2.2 给出了空间推进系统气路子系统的组件模块库。表中除减压阀之外都是基本组件,表中还给出了基本组件相应的输入输出接口。

表 2.2　空间推进系统气路子系统组件模块库

模块名称	模块模型	模块名称	模块模型
氦气模型	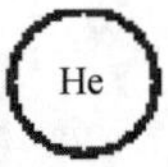	不变气体容腔模型	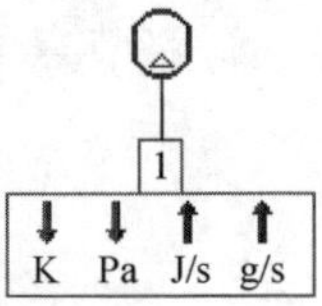
气体节流孔模型	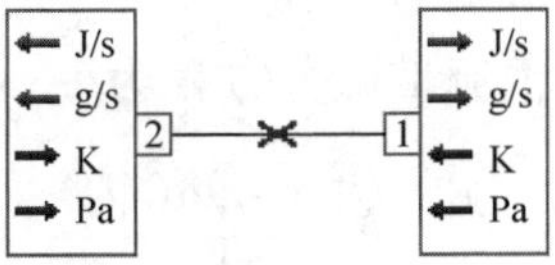	气体管路模型	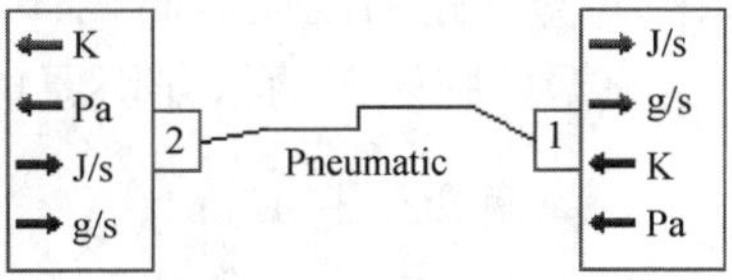
单向阀模型	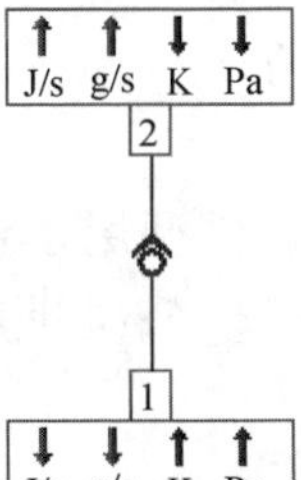	气体可调节流孔模型	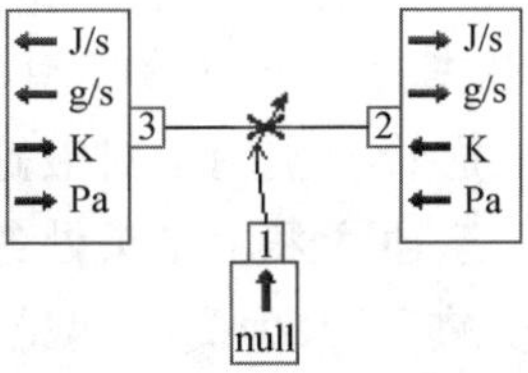
可变气体容腔模型	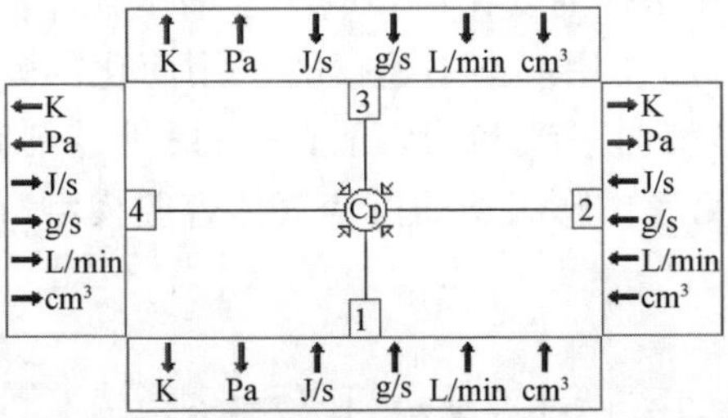		

2.3.2 液路子系统模块

1. 推进剂模型

根据空间推进系统的工作条件，按照表 2.3 设定推进剂物性参数。

表 2.3 推进剂物性参数

推 进 剂	密度/(kg/m^3)	体积弹性模量/MPa	绝对黏度/cP *
MON	1 458	1 300	0.422 7
MMH	870	2 019	0.850 0

* 1 cP = 10^{-3} Pa · s。

2. 流体管路模型

流体管路模型用于推进剂供应管路建模。综合考虑计算精度和速度，本书对推进剂供应管路的建模采用了一维分布参数模型，采用拉克斯-温德罗夫(Lax-Wendroff)格式求解。管路节点的压力导数如式(2.19)所示，即

$$\frac{\partial p}{\partial t} = -\frac{B}{A}\frac{\partial Q_\nu}{\partial x} \tag{2.19}$$

式中，A 为管路的流通截面积；B 为管路的有效体积弹性模量。

根据控制体积动量守恒原理，管路节点的体积流量微分方程为

$$\frac{\partial Q_\nu}{\partial t} = \frac{A}{\rho}\frac{\partial p}{\partial x} - 9.81A\sin(\theta) - \nu\frac{\partial Q_\nu}{\partial x} - \frac{f_\mathrm{f} \cdot Q_\nu^2 \cdot \mathrm{sign}(Q_\nu)}{2DA} \tag{2.20}$$

式中，ρ 为流体密度；V 为管路体积；θ 管路与水平方向的夹角；f_f 为摩擦系数。

3. 流体三通管和弯管模型

流体三通管模型用于对液路三通管进行建模，流体弯管模型用于对液路弯管进行建模。三通管采用接头处各支路压力相等、流量平衡来建模；推进剂供应管路包括了大量的弯管，为简化起见，本书中全部采用 90°弯管。

4. 推进剂贮箱模型

对于推进剂贮箱，液面上方气枕压强的变化主要取决于增压气体流入速度、推进剂流出速度以及贮箱内的传热传质作用。本书建模时采用简化的贮箱模型，认为贮箱内气枕和推进剂的状态均是瞬时一致和均匀的，不考虑推进剂和贮箱壁面对气枕的传热传质，则气枕模型即为考虑膨胀功的可变气体容腔模型，该模型在气体管路模型中已介绍，不再赘述。

5. 流体节流孔模型

流体节流孔模型用于液路节流孔和喷注器建模，其流量方程为

$$q = C_q \cdot A \cdot \sqrt{\frac{2|\Delta p|}{\rho}} \tag{2.21}$$

式中，$\Delta p = p_2 - p_1$；q 为体积流量；C_q 为流量系数；A 为等效流通面积。

如果 C_q 为常数，则初始时刻 Δp 的微分梯度为无穷大，这给仿真计算带来了困难。为了解决这一问题，假定某一时刻雷诺数为

$$Re = \frac{D}{\nu}\sqrt{\frac{2|\Delta p|}{\rho}} \tag{2.22}$$

式中，D 为等效直径；ν 为比体积。

而流量系数可由式(2.23)得到，即

$$C_q = C_q^{\max}\tanh\left(\frac{2Re}{Re_{\text{crit}}}\right) \tag{2.23}$$

由此，将 C_q 处理为可变量，从而计算出端口的体积流量。

6. 流体可调节流孔模型

流体可调节流孔的数学模型与流体节流孔模型类似，不同之处在于，前者具有一个接口，可由控制信号调节节流孔的直径。流体可调节流孔模型用于对推进剂供应管路的自锁阀、常闭/常开电爆阀、加注/排放阀的开关过程进行建模。

7. 流体不变容腔模型

流体不变容腔模型用于对液路集液腔进行建模，容腔内压力由式(2.24)确定：

$$\frac{\mathrm{d}p}{\mathrm{d}t} = \frac{B_{\text{eff}} \cdot (q_1 + q_2)}{V} \tag{2.24}$$

式中，V 为集液腔容积；q_1、q_2 分别为入口、出口流量，流入为正，流出为负；B_{eff} 为有效体积弹性模量，由式(2.25)确定：

$$\frac{1}{B_{\text{eff}}} = \frac{1}{B_{\text{fluid}}} + \frac{1}{B_{\text{wall}}} \tag{2.25}$$

8. 发动机/推力器模型

将发动机/推力器模型分为燃烧室和喷管，分别建立其数学模型。

(1) 燃烧室分区模型。将燃烧室分成两个区：第一区为燃烧区，推进剂在燃烧区经过一个时滞后瞬时燃烧完毕；第二区为流动区，同喷管一起为准一维平衡流燃气流动管路。对燃烧区做如下假设：推进剂喷入燃烧室到转换为燃气要经过一个常数时滞 τ_0；生成的燃气与燃烧区滞留燃气瞬时均匀混合，达到温度、组分平衡；燃烧产物为完全气体；忽略燃烧区液相推进剂所占体积。

(2) 喷管动态模型。考虑喷管内燃气流动过程是为了计算非稳态、非设计工

况下的发动机推力和冲量，本书将喷管内的气体流动视为准稳态的一维等熵流动（激波区除外），在喷管膨胀比和喷管出口背压确定的情况下，喷管内的流动工况由燃烧室压强决定。

喷管流动存在两个分界室压，可分为三种工况。第一个分界室压为喷管喉部达到临界状态的燃烧室最低压强，记为 p_{cr1}，室压低于 p_{cr1} 时，整个喷管内的流动都是亚音速的，喷管出口压强刚好等于反压，燃气流量受反压控制；第二个分界室压是喷管出口截面出现正激波时的燃烧室压强，记为 p_{cr2}，室压高于 p_{cr1} 而低于 p_{cr2} 时，喷管喉部仍是临界流动，但喷管扩张段内出现激波；室压高于 p_{cr2} 时，整个扩张段内是完全膨胀的超音速流。

表 2.4 列出了空间推进系统液路子系统组件的模块库，表中均是基本组件，并给出了相应的输入输出接口。

表 2.4 空间推进系统液路子系统组件模块库

模块名称	模 块 模 型	模块名称	模 块 模 型
推进剂模型		直管模型	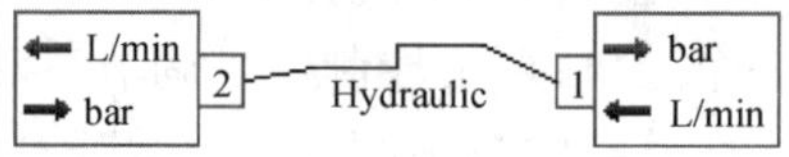
控制阀模型	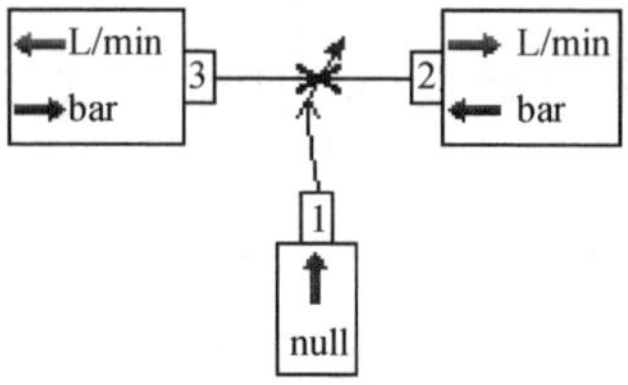	过滤器模型	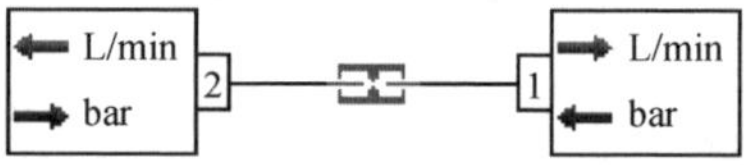
弯管模型	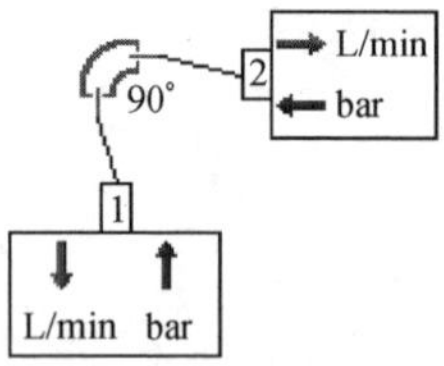	三通管模型	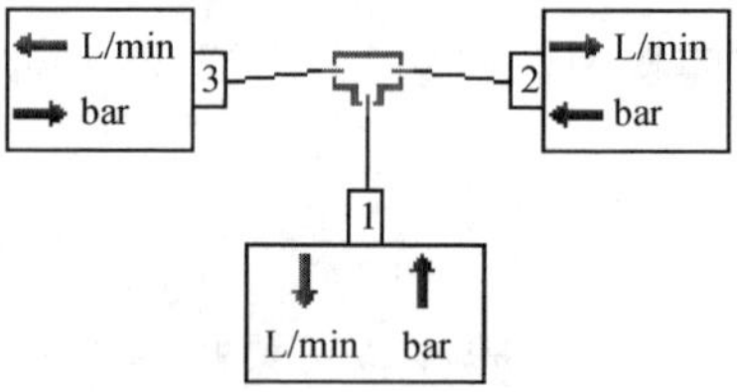
喷注器模型	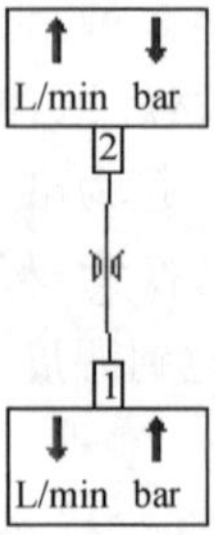	集液腔模型	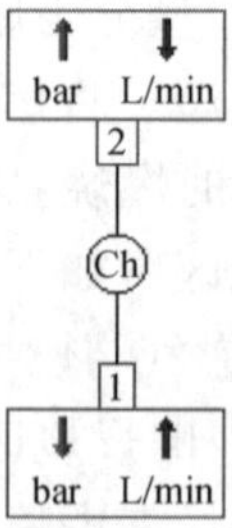

续　表

模块名称	模块模型	模块名称	模块模型
贮箱模型	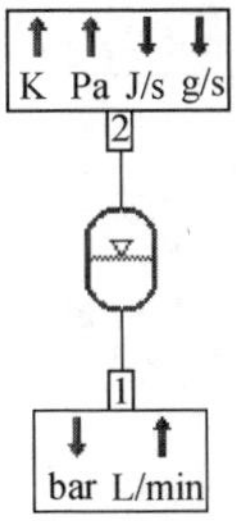	双组元发动机模型	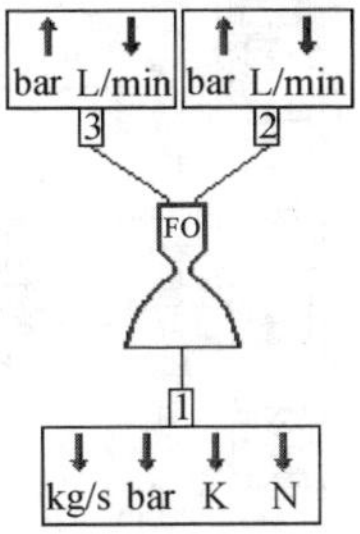

2.4　推进系统动力学仿真分析

2.4.1　推进系统动力学仿真模型及其验证

在 AMESim 软件环境下，利用表 2.1 所示的空间推进系统各组件仿真模块，根据推进系统实际组件的物理连接关系，构建了 DFH 卫星推进系统的动力学仿真模型，如图 2.4 所示。图中 NOPV 为常开电爆阀，NCPV 为常闭电爆阀，MV 为加泄阀，LV 为自锁阀，F 为过滤器，PR 为减压阀，CV 为单向阀，TP 为试验接口。

仿真模型的参数设置如下：① 增压气路。多个气瓶并联，每个气瓶容积 50 L，初始压力为 30.00 MPa（本书中气体压力均采用绝对压力）；电爆阀响应时间为 1 ms，高压自锁阀响应时间为 10 ms；气体管路内径均为 4 mm，长度按照系统设计参数设定；与气瓶直接连通的气路初始压力与气瓶相同，电爆阀 NCPV1 至减压阀高压腔的气路初始压力为 4.00 MPa，减压阀低压腔下游至单向阀的气路初始压力为 1.80 MPa。② 贮箱。设定贮箱容积为 1 000 L，其中 5%为气枕，气枕初始压力为 1.55 MPa。高压气瓶和气体管路的材质均为 TC4，据此设定导热系数。③ 推进剂管路。设定主发动机供应管路内径为 8 mm；姿控推力器供应管路内径为 6 mm，长度按照系统设计参数设定；电爆阀响应时间为 1 ms，电磁阀响应时间为 10 ms；模型中添加了 28 个三通管、36 个弯管。为简化起见，所有弯管全部等效为 90°弯管。④ 主发动机和姿控推力器的参数按照设计参数设定。

采用上述仿真模型对 DFH 主发动机变轨过程进行全过程仿真，表 2.5 给出了仿真结果与设计参数的对比。由表可见，推进系统主要参数的仿真结果与飞行遥测数据、设计参数基本吻合，表明所建立的仿真模型能够较好地模拟 DFH 卫星推进系统的工况，验证了模型的适用性。

图 2.5 给出了该型主发动机变轨过程的气瓶温度和压力曲线。由图 2.5 可见，随着增压气体的排放，气瓶的温度和压力均持续下降。气瓶压力基本呈线性

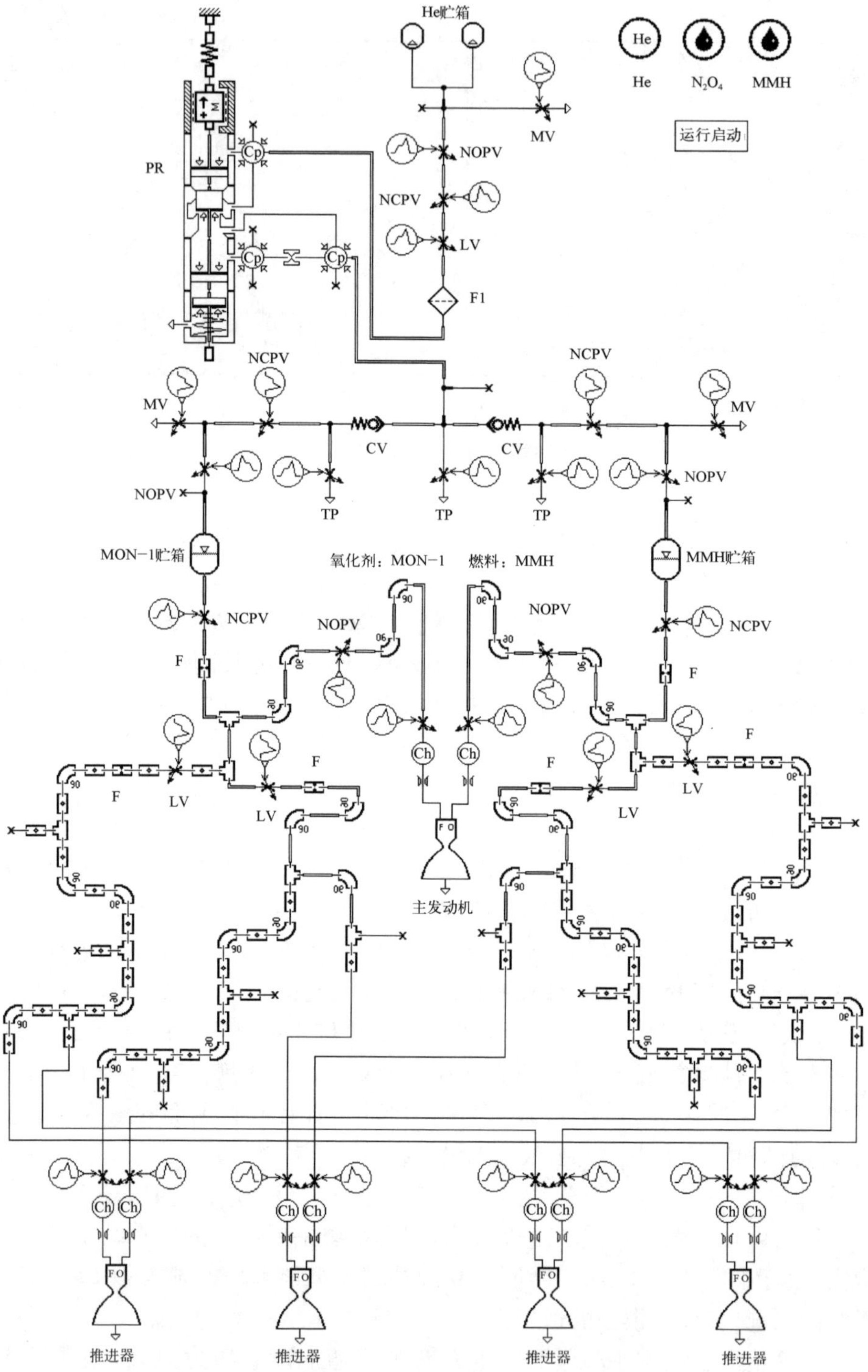

图 2.4　DFH 卫星推进系统动力学仿真模型

表 2.5　推进系统变轨过程仿真结果与设计参数的对比(数据已归一化)

组　件	参　　数	遥测参数	设计参数	变轨过程开始	变轨过程结束
气瓶	压力	1.000	—	1.000	1.011
	温度	1.000	—	1.000	0.992
减压阀	出口压力	—	1.000	1.002	1.022
MMH 贮箱	气枕压力	—	1.000	1.000	1.023
主发动机	MMH 电磁阀入口压力	—	1.000	1.001	1.036
	MON 电磁阀入口压力	—	1.000	1.008	1.032
	MMH 流量	—	1.000	1.009	1.030
	MON 流量	—	1.000	1.003	1.026
	推力	—	1.000	1.003	1.023
	出口压力	—	1.000	0.990	1.009
	混合比	—	1.000	1.004	1.003

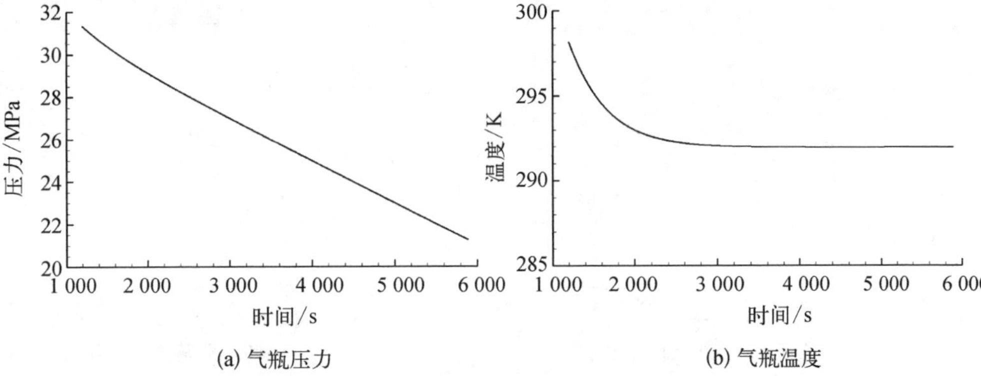

图 2.5　推进系统变轨过程的气瓶温度和压力曲线

下降,表明在影响气瓶压力的因素中,气体的排放占据主导地位。在影响气瓶温度的因素中,气体的排放在前期占据主导地位,因而气瓶温度在前期下降较快,之后气瓶与环境的换热占据主导,气瓶温度趋于稳定。

在对系统动力学研究的已有文献中,对增压气路的动态特性研究均假定推进剂供应管路的流量恒定,对推进剂供应管路的动态特性研究均假定增压气体的流量恒定,这些假定在短时间内是成立的。但是随着增压过程的进行,气瓶压力逐渐下降,而减压阀出口压力缓慢上升(本算例中约为 2%),这将引起下游推进剂供应管路的各个参数均相应变化。因此,准确模拟 DFH 主发动机的变轨过程中系统参数的相互影响,应采用增压气路和推进剂供应管路相耦合的仿真。

2.4.2 推进系统主供应管路的动态特性分析

采用图 2.4 所示的 DFH 卫星推进系统仿真模型,对该推进系统主发动机供应管路的充填和关机过程进行了仿真。设定贮箱初始压强为 1.45 MPa(本书中推进剂压力均为表压),管路充填过程管路气枕压力为 0.10 MPa,管路充填 0.8 s 后,主发动机开始工作,工作至 1.2 s 关机,主发动机电磁阀响应时间为 10 ms。

图 2.6 所示为推进系统启动过程中的主要参数响应。如图 2.6(a)所示,气瓶

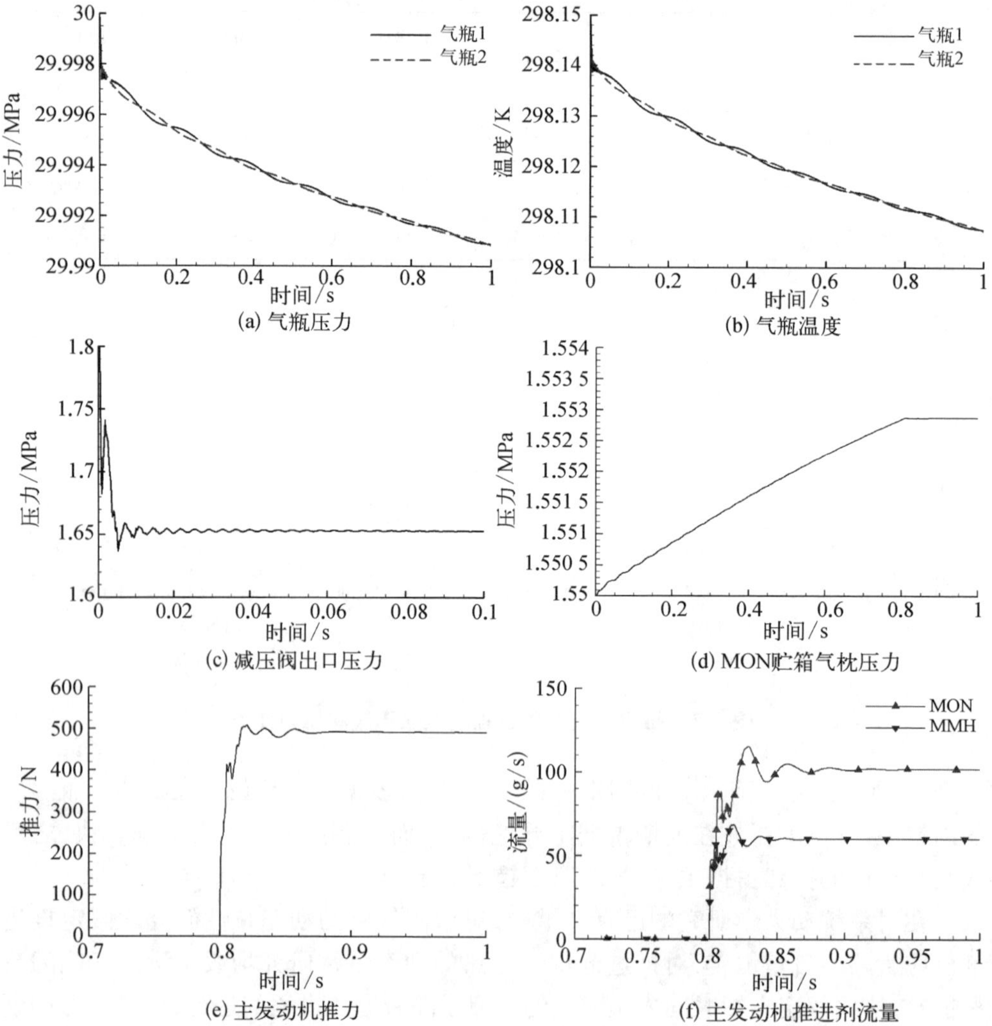

图 2.6 推进系统启动过程中的主要参数响应

压力曲线呈现出微弱的中低频振荡，并且由于气瓶的增压管路长度有所不同，两个气瓶的压力变化并不完全一致；气瓶温度呈现出类似的波动，如图 2.6(b)所示。图 2.6(c)所示为减压阀出口压力曲线，该参数经过短暂的波动之后，迅速达到稳态。MON 贮箱气枕压力如图 2.6(d)所示，随着气路对贮箱的增压，贮箱气枕压力缓慢上升，0.8 s 之后主发动机开始工作，由于推进剂的消耗，贮箱气枕压力趋于稳定。主发动机工作之后，其推力经过约 0.1 s 的波动之后达到稳态，如图 2.6(e)所示；推进剂流量经过约 0.1 s 的波动之后也达到稳态，但是由于两种推进剂物性不同，其流量峰值并不同时到达，如图 2.6(f)所示。

国内外多年的飞行经验表明，推进系统充填、关机过程中的水击现象是造成密封失效和推进剂泄漏的重要原因，而推进剂泄漏会进而影响航天器的正常工作，降低推进系统可靠性。研究推进剂供应管路的水击现象和压力瞬变规律，对改进推进系统管路设计，抑制水击对管路系统的危害，提高推进系统的可靠性具有重要的意义。

因阀门响应时间短、管路尺寸小、管路分段较多等原因，在主发动机充填和关机过程中，推进剂供应管路的压力和流量均出现了显著的水击现象，表 2.6 列出了推进系统充填和关机过程中不同位置的水击峰值压力。由表 2.6 可知：① 在本书设定的管路充填背压下，MON 管路和 MMH 管路的充填水击峰值压力均显著低于关机过程；② 主发动机电磁阀入口处的关机水击压力峰值最高，MON 路水击峰值压力达到了 3.58 MPa，MMH 路水击峰值压力 3.47 MPa，均远高于贮箱压力 1.45 MPa，MON 管路内的关机水击较 MMH 管路内相同位置的水击更加严重，原因在于两种推进剂的物性不同；③ 由于流阻等耗散因素，越往上游，水击峰值越小，贮箱出口处的水击峰值压力并不高。

表 2.6　推进系统充填和关机过程中不同位置的水击峰值压力　（单位：MPa）

	管路位置	主发动机电磁阀入口	NOPV 入口	三通接口入口	NCPV 入口	贮箱出口
充填过程	MON 管路	2.92	2.79	2.69	2.38	1.53
	MMH 管路	2.95	2.83	2.71	2.39	1.53
关机过程	MON 管路	3.58	3.38	2.43	2.42	1.59
	MMH 管路	3.47	3.31	2.34	2.34	1.58

图 2.7 与图 2.8 所示分别为主发动机充填和关机过程中的水击现象。0.8 s 后主发动机开始工作，因此出现了新的压力振荡，但随着发动机开始工作，该振荡迅速衰减。

由图 2.7 与图 2.8 可知：① 充填和关机过程中的水击现象显著不同，充填过

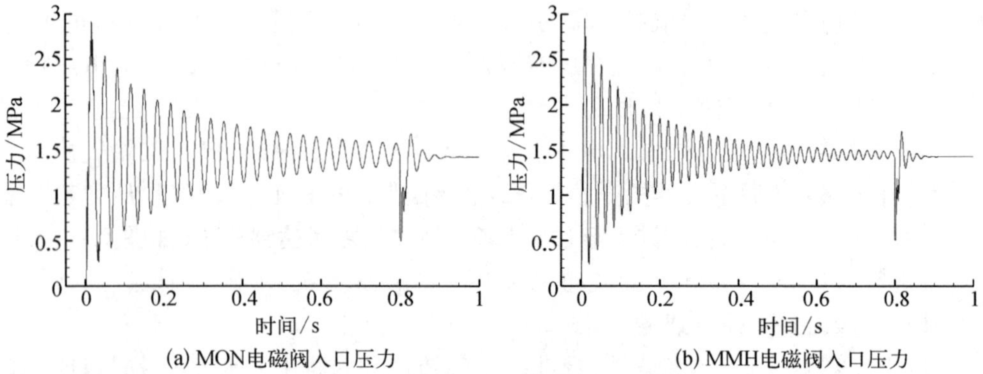

图 2.7 主发动机充填过程中的水击现象

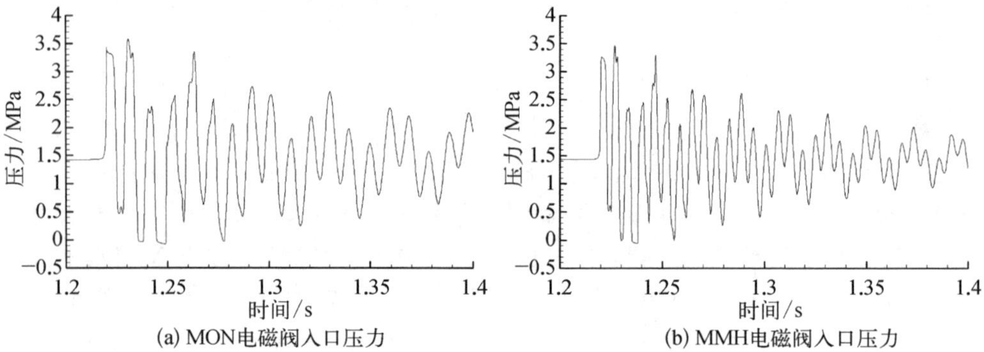

图 2.8 主发动机关机过程中的水击现象

程中的水击以低频振荡为主(MON 路约为 30 Hz,MMH 路约为 47.5 Hz),而关机过程中的水击频率高于充填过程(MON 路约为 106 Hz,MMH 路约为 167 Hz);② 无论是充填过程还是关机过程,MON 管路内的水击频率均低于 MMH 路,其水击能量的衰减也更慢,原因还是在于两种推进剂的物性不同;③ 关机过程中,MON 路电磁阀入口压力最低达到了 −0.07 MPa,MMH 路电磁阀入口压力最低也达到了 −0.06 MPa,说明出现了汽穴现象;注意到汽穴现象出现的位置并非第一个压力波谷,其原因在于不同频率水击波的叠加。

2.4.3 推进系统姿控管网的动态特性分析

采用图 2.4 所示的 DFH 卫星推进系统仿真模型,对该推进系统的充填和关机过程进行了仿真,该系统包括一台主发动机和数台姿控推力器。在实际工作中,主发动机和多个姿控推力器可以组合成多种不同的工作状态,这里不可能、也没有必要对各种组合工作状态一一进行分析。设定一对姿控推力器(7A、7B)与主发动机同时工作,其余参数设置与 2.4.2 小节相同。

图 2.9 所示为推进系统供应管网不同于仅有主发动机供应管路的启动动态特性。图 2.9(a)所示为主发动机 MON 电磁阀入口压力,对比图 2.7(a)可见,由于姿控推力器供应管网的分流,主发动机供应管路充填过程中水击峰值压力显著减小,峰值压力约为 2.23 MPa,减小 23.6%;并且水击波动衰减较快,压力振荡衰减 90%的时间由原来的 0.76 s 缩短为 0.28 s。图 2.9(b)所示的主发动机 MMH 电磁阀入口压力也呈现出相似的结果,峰值压力约为 2.45 MPa,减小 16.9%,压力振荡衰减 90%的时间由原来的 0.58 s 缩短为 0.17 s。

图 2.9(c)对比了有无姿控推力器供应管网条件下,主发动机 MON 电磁阀入口流量,姿控推力器供应管网的分流使得流量波动很快衰减,主发动机启动后的流

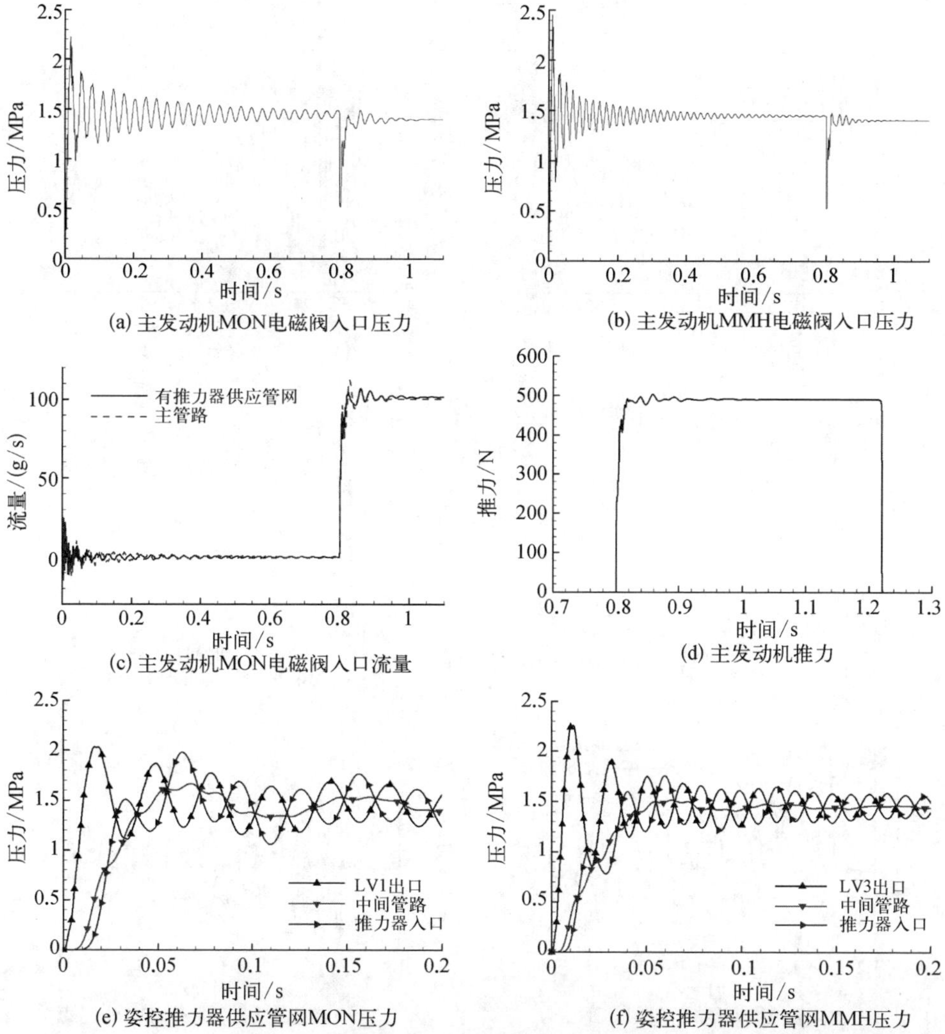

(a) 主发动机MON电磁阀入口压力　(b) 主发动机MMH电磁阀入口压力

(c) 主发动机MON电磁阀入口流量　(d) 主发动机推力

(e) 姿控推力器供应管网MON压力　(f) 姿控推力器供应管网MMH压力

图 2.9　推进系统管网的启动动态特性

量峰值也有所下降。图 2.9(d)所示为主发动机推力,对比图 2.6(e)可见,主发动机与两个推力器同时工作,降低了主发动机启动过程的压力峰值,但是也同时延长了主发动机达到稳定工况的时间。图 2.9(e)和图 2.9(f)所示为姿控推力器供应管网的压力,充填过程中,主供应管路的水击波传播到推力器供应管路,未能形成叠加,能量逐渐耗散,距离三通管越远,压力波动越小。与此同时,推力器供应管网也产生了充填水击,两种效果共同作用,使得自锁阀 LV1、LV3 和推力器电磁阀入口处水击峰值压力较大,而中段管网的水击峰值压力较小。

图 2.10 所示为推进系统供应管网不同于仅有主发动机供应管路的关机动态特性。图 2.10(a)和图 2.10(b)所示为主发动机电磁阀入口压力,对比图 2.8 可见,由于姿控推力器供应管网的分流,主发动机供应管路关机过程中水击波动加快

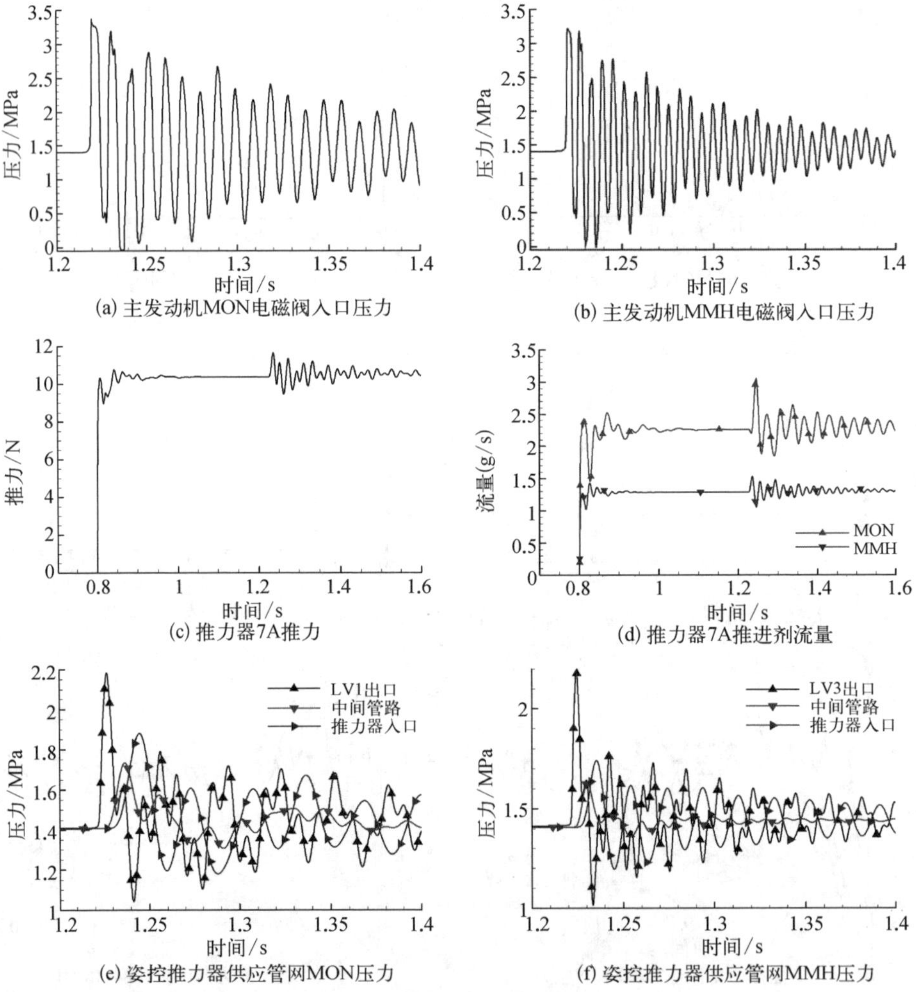

图 2.10 推进系统管网的关机动态特性

衰减;但是姿控推力器流量相对主发动机很低,因此关机水击的衰减效果有限。图 2.10(c)和图 2.10(d)所示分别为推力器 7A 的推力和推进剂流量,主发动机关机水击传播到姿控推力器供应管路,推力器的推力和推进剂流量均产生振荡,但逐渐趋于稳定,注意到 MMH 管路的水击衰减更快。图 2.10(e)和图 2.10(f)所示为姿控推力器供应管网的压力,主发动机关机后,水击沿推进剂供应管路传播,由图 2.10(e)和图 2.10(f)可见,距离主发动机越远,水击响应越晚。

综上所述,空间推进系统主发动机与姿控推力器(7A、7B)同时工作,由于姿控推力器供应管网的分流,在充填过程和关机过程中,推进剂主路的水击峰值压力显著削弱,衰减时间显著缩短。该结果更接近推进系统的实际工作过程。

2.4.4　推进系统水击的抑制方法

空间推进系统的水击抑制方法很多,包括节流孔、文氏管、管路气枕压力,无论是理论分析还是工程应用都已有研究。文氏管主要用于大型液体火箭发动机的流量控制,这里不再讨论。

本节将在前述推进系统充填和关机过程水击仿真的基础上,分析节流孔和弯管对充填和关机水击的抑制作用,以及管路气枕压力对充填水击的抑制作用。

1. 节流孔的抑制效应分析

节流孔的位置和孔径对水击的抑制具有重要作用。戴佳已讨论了节流孔位置对水击的抑制作用。针对本书的研究对象,节流孔选择在贮箱常闭电爆阀 NCPV 的下游。减小节流孔的孔径,可削弱水击峰值,加速水击振荡的衰减,但为保证最小的流量损失,如图 2.11(a)所示,以及合理的压降,如图 2.11(b)所示,需要合理选择节流孔的孔径。在本书的参数设定条件下,选择节流孔直径为 4 mm。

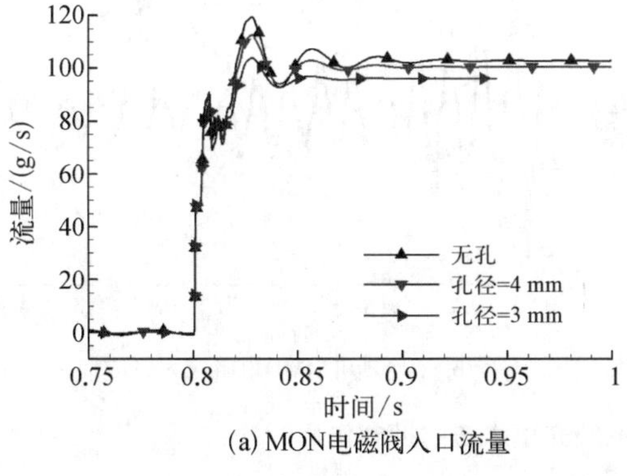

(a) MON电磁阀入口流量

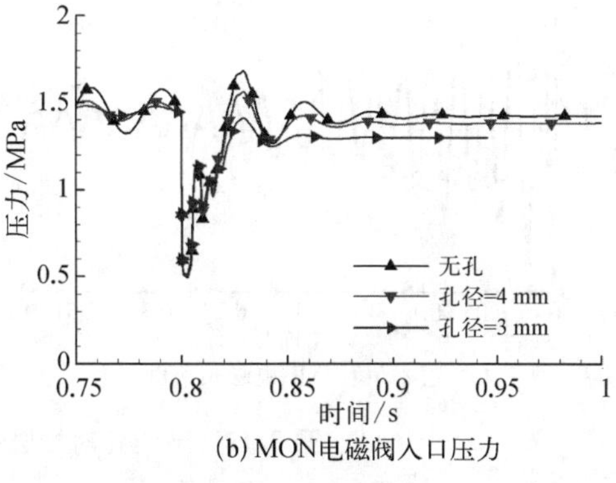

(b) MON电磁阀入口压力

图 2.11　不同节流孔孔径对推进系统充填水击的影响

在前述仿真模型的基础上,分别在 MON 和 MMH 的主供应管路常闭电爆阀 NCPV 下游增加节流孔 F2 和 F3,其余组件及其参数不变,进行对比仿真。

表 2.7 列出了推进系统增加节流孔之后，充填和关机过程中不同位置的水击峰值压力。对比表 2.6 和表 2.7 可见，对于该推进系统的充填过程，节流孔对其下游的水击具有非常显著的抑制作用，推进系统各个位置的水击峰值压力均被显著削弱；但节流孔对于关机过程水击的抑制效果较弱。

表 2.7 推进系统增加节流孔之后不同位置的水击峰值压力 （单位：MPa）

	管路位置	主发动机电磁阀入口	NOPV 入口	三通接口入口	NCPV 入口	贮箱出口
充填过程	MON 管路	2.74	2.63	2.53	2.26	1.52
	MMH 管路	2.83	2.71	2.61	2.31	1.52
关机过程	MON 管路	3.51	3.32	2.37	2.37	1.59
	MMH 管路	3.43	3.28	2.31	2.31	1.58

图 2.12 对比了有无节流孔条件下，推进系统充填过程水击的典型参数，图 2.12(a)和图 2.12(b)所示分别为主发动机 MMH 电磁阀入口压力和流量。由图可见：① 节流孔可显著削弱充填过程中的压力和流量振荡，水击的最大压力振幅由 0.26~2.92 MPa 缩小为 0.52~2.74 MPa，0.05 s 后最大流量振幅由−5.1~4.8 g/s 缩小为−3.8~3.5 g/s；② 压力振荡衰减 90%的时间，也由原来的 0.58 s 缩短为 0.41 s；③ 节流孔并不改变充填过程中的水击频率。MON 供应管路的压力和流量也呈现出相似的抑制效果，不同之处在于其衰减时间更长。

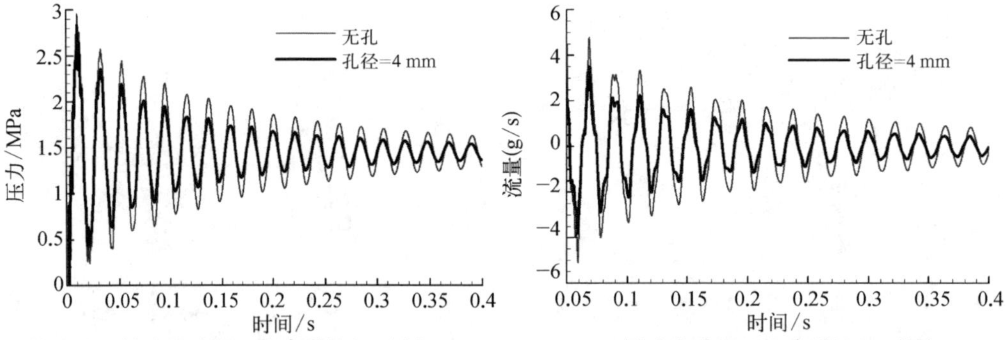

(a) 主发动机MMH电磁阀入口压力　(b) 主发动机MMH电磁阀入口流量

图 2.12 节流孔对推进系统充填水击的抑制作用

综上所述，在保证最小流量损失和合理压降的条件下，合理选择节流孔孔径，可削弱充填过程中的压力和流量峰值，加速水击振荡的衰减；但节流孔对关机过程中的压力和流量振荡的抑制作用较弱。

2. 弯管的抑制效应分析

在增加直径为 4 mm 节流孔的仿真模型基础上，分别取消 MON 和 MMH 管路节流孔 F2、F3 至主发动机之间的 4 段弯管，添加同等长度的直管，其余组件及其参数不变，对比分析其仿真结果。

表 2.8 列出了推进系统取消弯管之后，充填和关机过程中不同位置的水击峰值压力。对比表 2.7 和表 2.8 可见，对于该推进系统的充填过程，弯管对其下游的水击同样具有显著的抑制作用，推进系统各个位置的水击峰值压力均被显著削弱；弯管对于关机过程的抑制效果较弱。

表 2.8　推进系统取消弯管后不同位置的水击峰值压力　（单位：MPa）

	管路位置	主发动机电磁阀入口	NOPV 入口	三通接口入口	NCPV 入口	贮箱出口
充填过程	MON 管路	2.90	2.82	2.57	2.39	1.53
	MMH 管路	2.93	2.83	2.58	2.39	1.53
关机过程	MON 管路	3.43	3.26	3.36	3.18	1.59
	MMH 管路	3.36	3.20	3.29	3.10	1.58

图 2.13 对比了有无弯管条件下，推进系统充填过程水击的典型参数，图 2.13(a)和图 2.13(b)所示分别为主发动机 MMH 电磁阀入口压力和流量。由图 2.13 可见：① 弯管的存在，降低了充填过程和关机过程中的水击振荡频率，MON 路水击频率由 55 Hz 下降至 30 Hz，MMH 路水击频率由 88.8 Hz 下降至 47.5 Hz；② 弯管可显著削弱充填过程中的低频压力和流量振荡，水击的最大压力振幅由−0.01～2.93 MPa 缩小为 0.43～2.40 MPa，最大流量振幅由−22～25 g/s 缩小为−8.3～14.5 g/s；③ 弯管对缩短水击的衰减时间作用很小，原因在于尽管弯管可以削弱

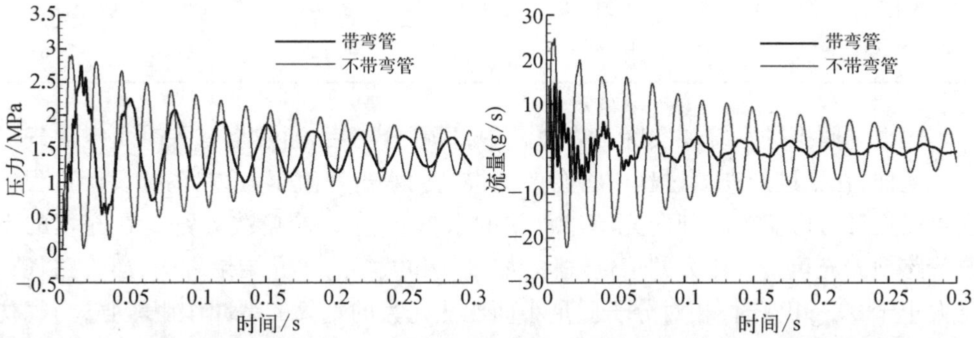

(a) 主发动机MMH电磁阀入口压力　(b) 主发动机MMH电磁阀入口流量

图 2.13　弯管对推进系统充填水击的抑制作用

压力和流量振荡,但直管更高的振荡频率亦可削弱振荡,在充填过程仿真过程中(0.8 s)两种效应效果相当。MON 供应管路的压力和流量也呈现出相似的抑制效果。

综上所述,弯管可明显削弱充填过程中的压力和流量振荡,对流量振荡的抑制效果尤为显著,并降低充填过程中的水击振荡频率;但弯管对缩短充填水击衰减时间的作用很小,且对于关机水击的抑制效果较弱。

3. 管路气枕压力的抑制效应分析

表 2.9 列出了不同的管路气枕压力下,推进系统充填过程中不同位置的水击峰值压力。由表 2.9 可知,随着气枕压力的下降,主发动机电磁阀入口的水击峰值压力快速上升;当气枕压力为 0.01 MPa 时,主发动机电磁阀入口的水击峰值压力高达 5.96 MPa,几乎是贮箱出口压力的 4 倍。研究表明,当管路气枕压力低于推进剂蒸汽压时,将会在推进剂充填流动的液面前端出现气液两相流,仿真计算将变得更加复杂。

表 2.9 不同管路气枕压力下推进系统充填过程中不同位置的水击峰值压力

(单位: MPa)

管路位置	管路气枕压力	主发动机电磁阀入口	NOPV入口	三通接口入口	NCPV入口	贮箱出口
MON 管路	0.100	2.836	2.736	2.637	2.357	1.620
MMH 管路	0.100	2.917	2.817	2.700	2.396	1.621
MON 管路	0.050	3.607	3.352	2.840	2.395	1.639
MMH 管路	0.050	3.884	3.694	2.979	2.424	1.678
MON 管路	0.020	4.465	4.215	3.174	2.956	1.756
MMH 管路	0.020	5.207	4.835	3.344	3.169	1.827
MON 管路	0.010	4.945	4.730	3.203	3.213	1.819
MMH 管路	0.010	5.957	5.639	4.124	4.047	1.962

国内空间推进系统在实际工作过程中,星箭分离后,通常都有一个真空放气过程。这样,在推进剂充填过程中将会产生很高的水击峰值压力,在系统设计过程中应予以充分考虑。为了削弱充填过程中的水击效应,一个解决方案是在充填的下游管路预先充填一定压力的惰性气体,如氮气和氦气。研究结果表明,当管路气枕压力小于 0.3 MPa 时,相对分子质量小而比热比大的氦气的缓冲作用较强,当气枕压力超过贮箱压力的三分之一以后,再提高气枕压力对降低水击峰压的效果就不显著了。

2.5 推进系统故障仿真分析

2.5.1 推进系统稳态故障效应分析

为弥补在轨飞行和试车数据的不足,产生各种故障状态下的动态数据,用于验证故障检测与诊断方法,需要对推进系统进行故障仿真研究。而推进系统一旦出现故障,如果遥测数据不能提供充分的故障检测和诊断依据,也往往需要专家经验和仿真手段(包括实物仿真和数值仿真),为故障诊断提供支持。为研究特定故障对推进系统的影响,并评价特定故障状态下各性能参数的变化和敏感性,需要对推进系统进行故障效应分析,同时这也是从理论上认识和把握故障的基本途径。

1. 增压气路故障

1) 增压气路泄漏故障

增压气路由于疲劳破坏或是振动等,可能会在接头处或者焊缝处出现泄漏,阀门关闭不严也会引起增压气体的泄漏。泄漏故障引起管路内增压气体的流量不平衡,仿真时应在流量平衡方程中加入泄漏流量的影响。

故障描述:增压气路在气瓶出口发生泄漏故障,泄漏孔等效直径为 0.21 mm,并且泄漏一直持续下去,1 200 s 推进系统主发动机开机,工作至 5 528 s 关机。在 AMESim 软件环境下,通过在气瓶出口增加节流孔模型,并设置其等效直径,实现对泄漏故障的仿真。

当增压气体泄漏量较小时,推进系统主要参数的故障效应如图 2.14 所示。在上述仿真条件下,气瓶出口发生泄漏之后,泄漏流量为 0.087 g/s,约为故障后气体总流量 0.441 g/s 的 19.7%,如图 2.14(a)所示;但是增压气体泄漏对系统性能的影响很弱,如图 2.14(b)~图 2.14(d)所示。因此,增压气体泄漏故障通常难以通过检测系统性能参数得到。然而,增压气体泄漏的长期积累效应,将加速增压气体的损失,引起高压气瓶压力和温度的过快下降,如图 2.14(e)和图 2.14(f)所示,导致推进剂供应管路各个组件的参数偏离设计值,进而影响变轨过程推进系统的性能,并导致推进系统寿命缩短。

对于严重泄漏故障,增压气体将很快消耗完毕,导致气路不再对液路增压。在这种情况下,液路实际上已经由恒压工作模式变成了落压工作模式,将导致主发动机性能严重下降,不能完成转移轨道机动。

2) 增压气路堵塞故障

增压气路的电爆阀启动可能产生碎片,这些碎片可能堵塞过滤器中的过滤网以及小孔。过滤器堵塞后导致流通面积减小,对管路流动的影响主要表现为流阻的增大。

故障描述:1 200 s 推进系统主发动机开机,增压气路过滤器发生堵塞,在 1 s

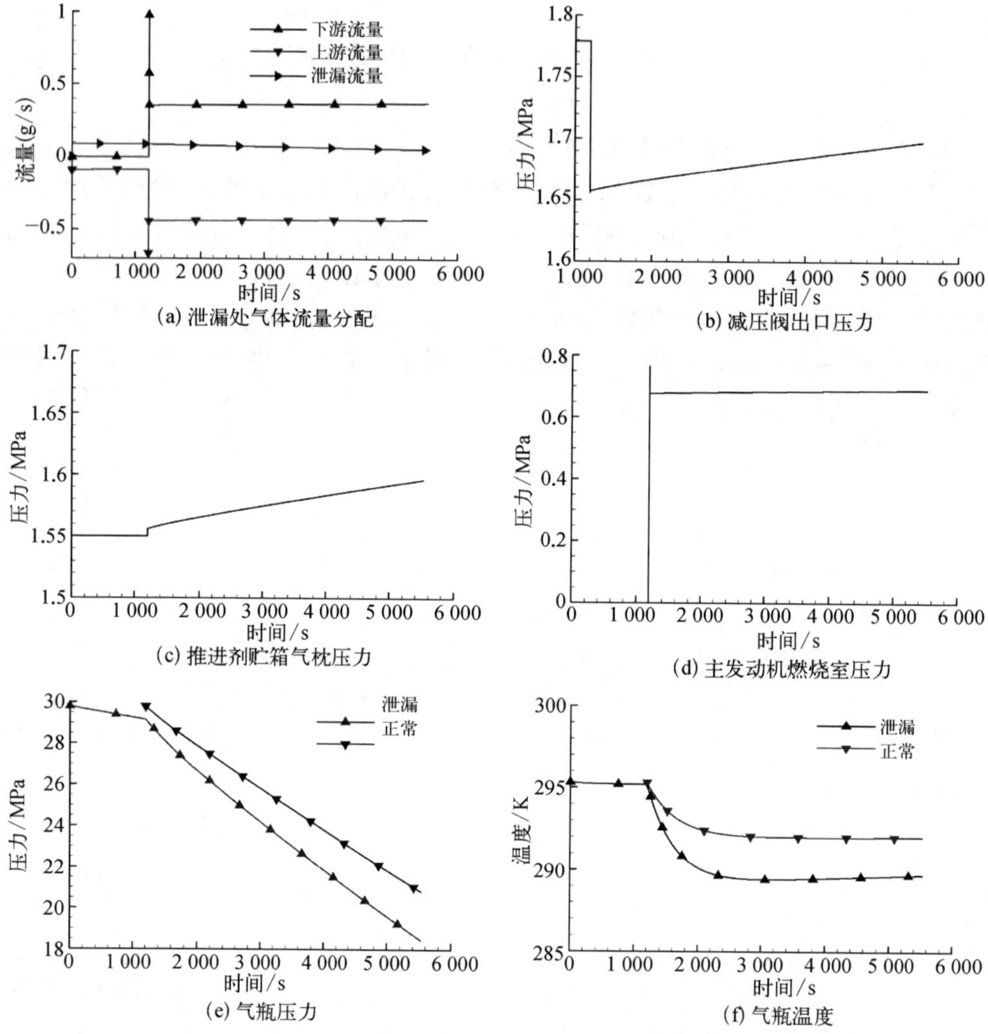

(a) 泄漏处气体流量分配　(b) 减压阀出口压力

(c) 推进剂贮箱气枕压力　(d) 主发动机燃烧室压力

(e) 气瓶压力　(f) 气瓶温度

图 2.14　增压气路泄漏的故障效应

内堵塞造成等效直径缩小至原来的 6.3%，并且堵塞一直持续下去。在 AMESim 软件环境下，通过调整节流孔模型的时变输入信号，即可描述过滤器流通面积的变化规律，实现对堵塞故障的仿真。

增压气路过滤器堵塞，使得整个推进系统的多个参数产生了显著的故障效应，如图 2.15 所示。过滤器堵塞后，气体流通面积大幅缩小，导致增压气体在过滤器出现壅塞，如图 2.15(a)所示，增压气体流量下降，如图 2.15(b)所示，反馈到上游气路和下游液路，产生如下效应：① 气瓶压力下降较慢，如图 2.15(c)所示；② 下游减压阀出口压力和 MON 贮箱气枕压力，在最初的上升之后，随着推进剂的消耗而迅速下降，如图 2.15(d)和图 2.15(e)所示；③ 主发动机燃烧室压力下降，进而

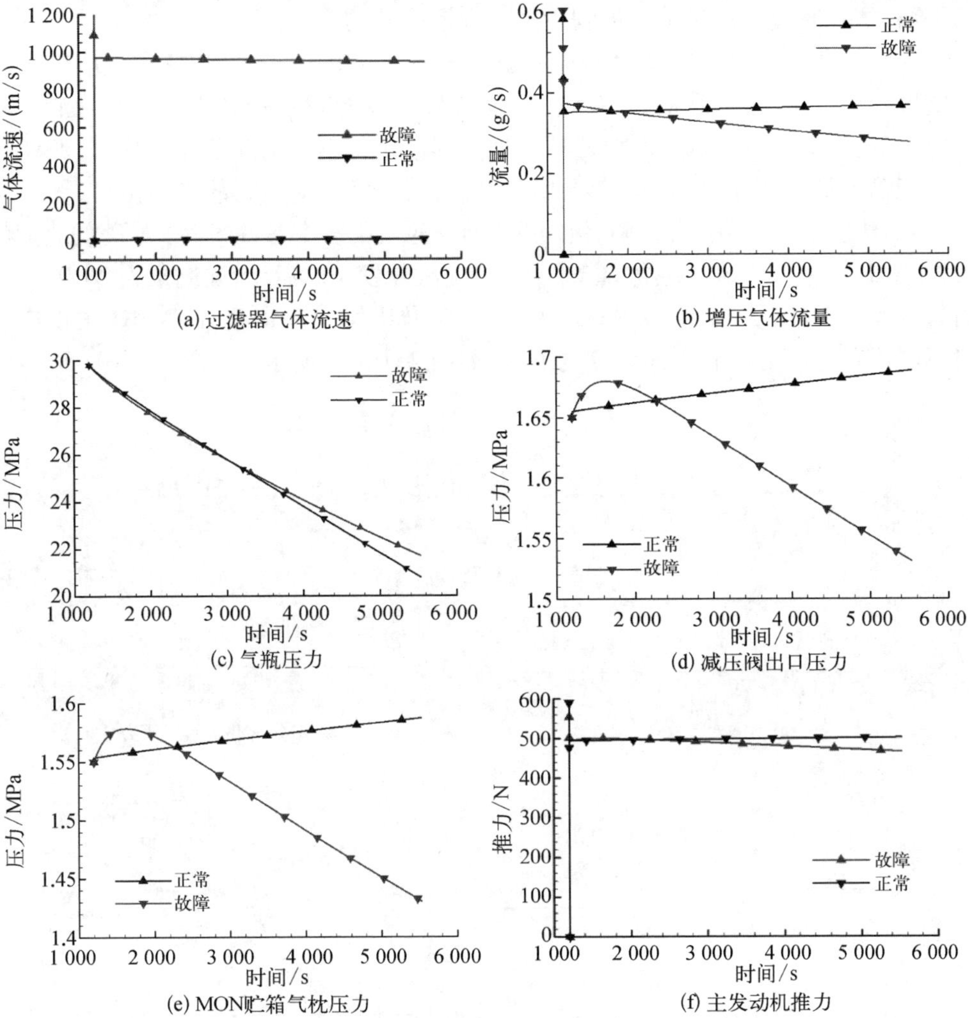

图 2.15　增压气路堵塞的故障效应

将导致主发动机性能下降,如图 2.15(f)所示。

对比可见,增压气路的堵塞和泄漏故障,均导致对液路的增压不足;严重堵塞和严重泄漏故障下,液路的各个压力参数均低于额定参数迅速下降。不同之处在于,堵塞故障下,增压气体消耗量低于额定工况,泄漏组件的上游压力一直高于额定工况;而泄漏故障下,增压气体消耗量高于额定工况,泄漏组件的上游压力均低于额定工况。

2. *推进剂供应管路故障*

1) MMH 主供应管路泄漏故障

推进剂供应管路由于疲劳破坏或是振动等,可能会在接头处或者焊缝处出现泄漏,阀门关闭不严也会引起推进剂的泄漏。泄漏故障引起管路内推进剂流量的不平衡,仿真时应在流量平衡方程中加入泄漏流量的影响。

故障描述: 0 s 推进系统主发动机正常开机,工作 35 s 时 MMH 主供应管路常开电爆阀 NOPV5 发生泄漏,在 2 s 内泄漏孔发展到等效直径为 1 mm,并且泄漏一直持续下去。在 AMESim 软件环境下,通过泄漏组件下游增加节流孔模型,并调整其时变输入信号描述泄漏孔的等效直径变化规律,实现对泄漏故障的仿真。

MMH 主供应管路泄漏故障,使得整个推进系统的多个参数产生了显著的故障效应,如图 2.16 所示。在上述仿真条件下,泄漏故障发生之后,泄漏流量为 26.97 g/s,约为故障后 MMH 总流量 86.86 g/s 的 31.0%,如图 2.16(a)所示;MMH 主供应管路不同位置的压力均有不同程度的下降,如图 2.16(b)所示。

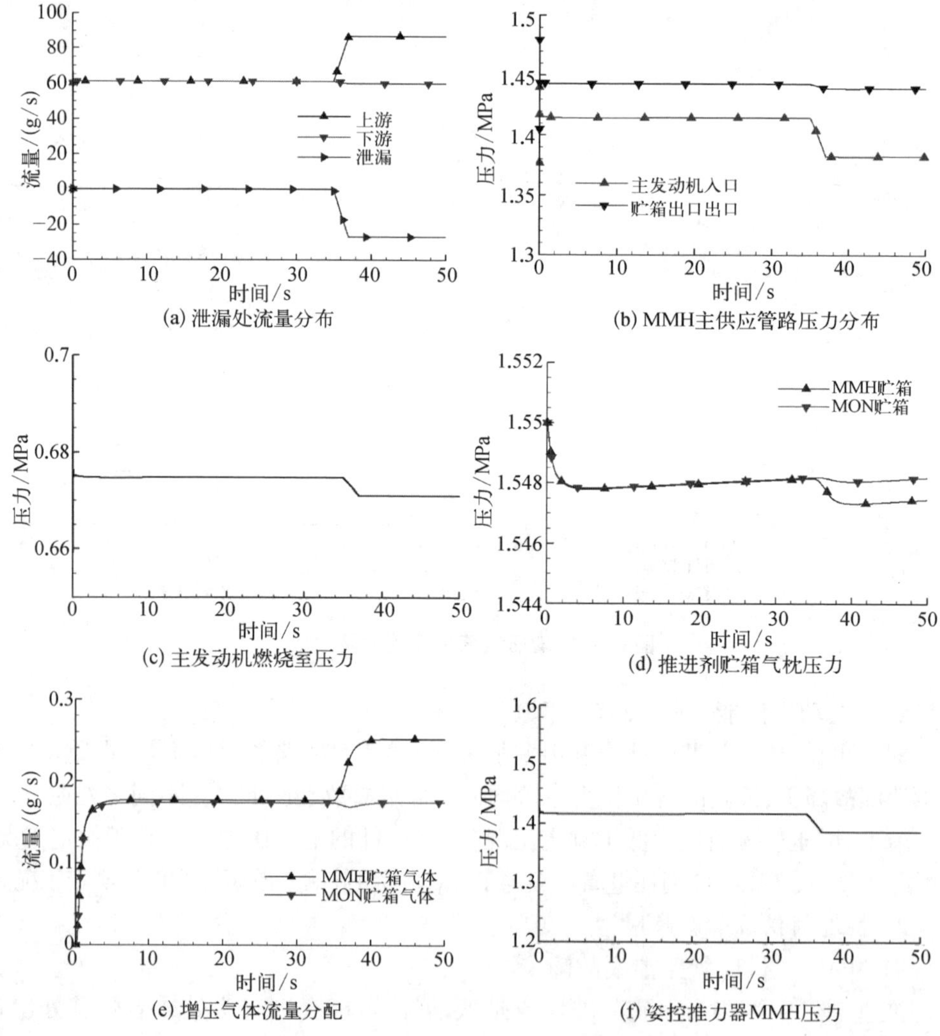

图 2.16 MMH 主供应管路泄漏的故障效应

MMH 外漏之后，其流量和压力的下降影响到下游，也反馈到上游和 MON 液路，产生如下故障效应：① 进入主发动机的 MMH 流量减少，压力降低，导致主发动机燃烧室压力降低，如图 2.16(c)所示，主发动机混合比由 1.64 上升至 1.68；② MMH 贮箱出口流量增加，压力下降，如图 2.16(d)所示；③ 进而引起上游增压气体流量在 MON 路和 MMH 路的重新分配，如图 2.16(e)所示；④ 在主供应管路流量增大和贮箱压力减小的共同作用下，姿控推力器 MMH 压力下降，如图 2.16(f)所示，导致推力器性能下降。

仿真结果还表明，液路泄漏故障发生后，该液路和气路许多参数的响应，与气路小量泄漏故障的参数响应类似；不同之处在于，液路泄漏对另一路推进剂流量和压力的影响可以忽略。

2）MOH 主供应管路堵塞故障

推进剂中可能含有杂质，电爆阀启动也可能产生碎片，这些杂质与碎片容易堵塞过滤器中的过滤网以及小孔。过滤器堵塞后导致流通面积减小，对管路流动的影响主要表现为流阻的增大。

故障描述：0 s 推进系统主发动机正常开机，工作 50 s 时 MON 主供应管路发生堵塞，在 1 s 内堵塞造成等效截面积缩小至原来的 10%，并且堵塞一直持续下去。在 AMESim 软件环境下，通过调整节流孔模型的时变输入信号，即可描述过滤器流通面积的变化规律，实现对堵塞故障的仿真。

MON 主供应管路过滤器堵塞故障，使得整个推进系统的多个参数产生了显著的变化，如图 2.17 所示。在上述仿真条件下，MON 过滤器堵塞之后，MON 电磁阀入口流量显著下降（从 100.60 g/s 下降约 11.7%至 88.83 g/s），如图 2.17(a)所示；压力显著降低（从 1.41 MPa 下降约 14.7%至 1.20 MPa），如图 2.17(b)所示；过滤器的 MON 流速显著增加，如图 2.17(c)所示。

MON 流量和压力的下降影响到下游，也反馈到上游和 MON 液路，产生如下效应：① 主发动机和姿控推力器的燃烧室压力下降，进而导致推力下降，如图 2.17(d)所示；② 上游 MON 贮箱出口流量下降，在增压气体的作用下，MON 贮箱的压力有些许上升，如图 2.17(e)所示；③ 燃烧室压力下降，导致 MMH 供应管路的压力重新进行了分配，压差的增加也导致了 MMH 流量有所增加；④ 在效应①和③共同作用下，主发动机混合比从 1.64 下降至 1.41，如图 2.17(f)所示。

对比仿真结果可知，堵塞故障和泄漏故障均引起推进剂的不平衡供应，导致故障组件下游压力低于额定工况，发动机燃烧室压力降低、主发动机混合比偏离设计值，推进系统性能下降。不同之处在于：① 从推进剂消耗量的角度，堵塞引起该供应管路的推进剂消耗低于额定工况，而泄漏则引起该供应管路的推进剂消耗高于额定工况；② 从供应管路压力变化的角度来看，堵塞故障下，泄漏组件的上游压力一直高于额定工况，而泄漏故障下，泄漏组件的上游压力低于额定工况。但是，上

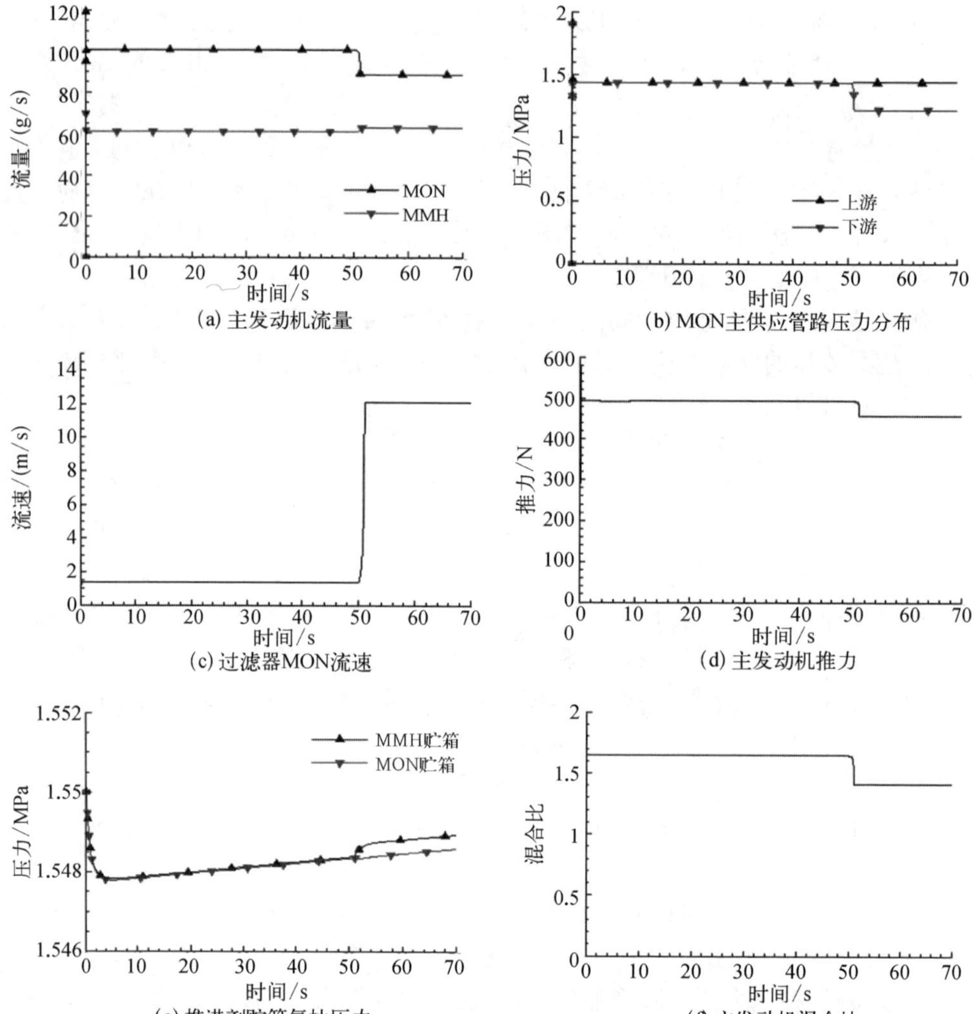

(a) 主发动机流量　(b) MON主供应管路压力分布　(c) 过滤器MON流速　(d) 主发动机推力　(e) 推进剂贮箱气枕压力　(f) 主发动机混合比

图 2.17　MON 主供应管路过滤器堵塞的故障效应

述故障的压力变化不大，尚需配合别的参数才能确认。

3. 阀门故障

空间推进系统中的阀门，包括电磁阀、电爆阀、加注/排放阀、自锁阀、单向阀等。电爆阀的主要故障模式是误动作或无动作，其故障效应非常显著，这里不再进行仿真研究。而加注/排放阀、自锁阀和单向阀的主要故障模式是泄漏，可由前述气路或液路的相应泄漏故障进行模拟。电磁阀的主要故障模式是开度不正常，其故障效应相当于改变了阀门的流通面积。阀门打开不到位可以由堵塞故障进行模拟，而阀门关闭不到位则可以由泄漏故障进行模拟。

MMH 阀门打开不到位的故障描述：0 s 推进系统主发动机正常开机，工作

50 s 时 MMH 主供应管路阀门发生堵塞,在 1 s 内堵塞造成等效截面积缩小至原来的 5%倍,并且堵塞一直持续下去。在 AMESim 软件环境下,通过调整节流孔模型的时变输入信号,即可描述阀门流通面积的变化规律,实现对堵塞故障的仿真。

主供应管路 MMH 阀门打开不到位故障,使得整个推进系统的多个参数产生了显著的故障效应,如图 2. 18 所示。由图可见,在上述仿真条件下,MMH 主供应管路阀门打开不到位后的故障效应,与图 2. 17 所示的 MON 主供应管路堵塞的故障效应类似,这里不再详细分析。

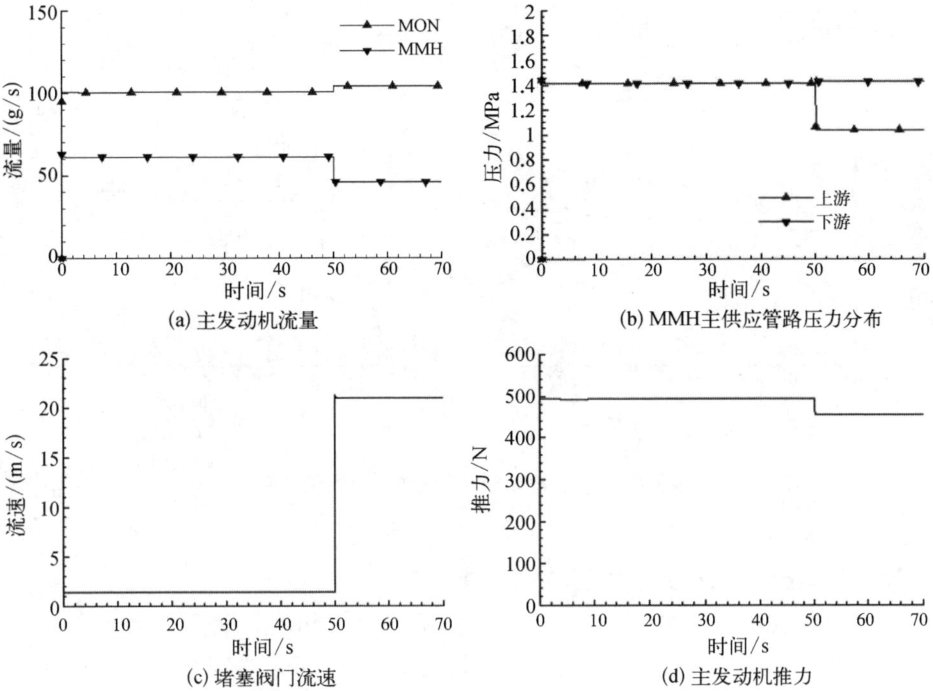

图 2. 18　主发动机 MMH 阀门打开不到位的故障效应

4. 发动机/推力器故障

空间推进系统的发动机/推力器故障包括喷注器堵塞、喷注器烧蚀、燃烧室壁烧蚀和喷管喉部烧蚀等。喷注器堵塞故障可以通过动态调整喷注器等效直径进行描述。

主发动机喷管喉部烧蚀的故障描述: 0 s 推进系统主发动机正常开机,工作 45 s 时喷管喉部发生烧蚀,造成等效直径扩大至原来的 1. 1 倍。在 AMESim 软件环境下,通过调整喷管喉部的直径,即可实现对堵塞故障的仿真。

主发动机喷管喉部烧蚀的故障效应如图 2. 19 所示。随着喷管喉部的烧蚀,主发动机流量增加,如图 2. 19(a)所示;而燃烧室压力下降,如图 2. 19(b)所示。上述故障效应还传递到推进系统液路上游和增压气路，导致 MON 贮箱压力下降，如图 2.19(c)所示，以及增压气体流量增加，如图 2.19(d)所示。

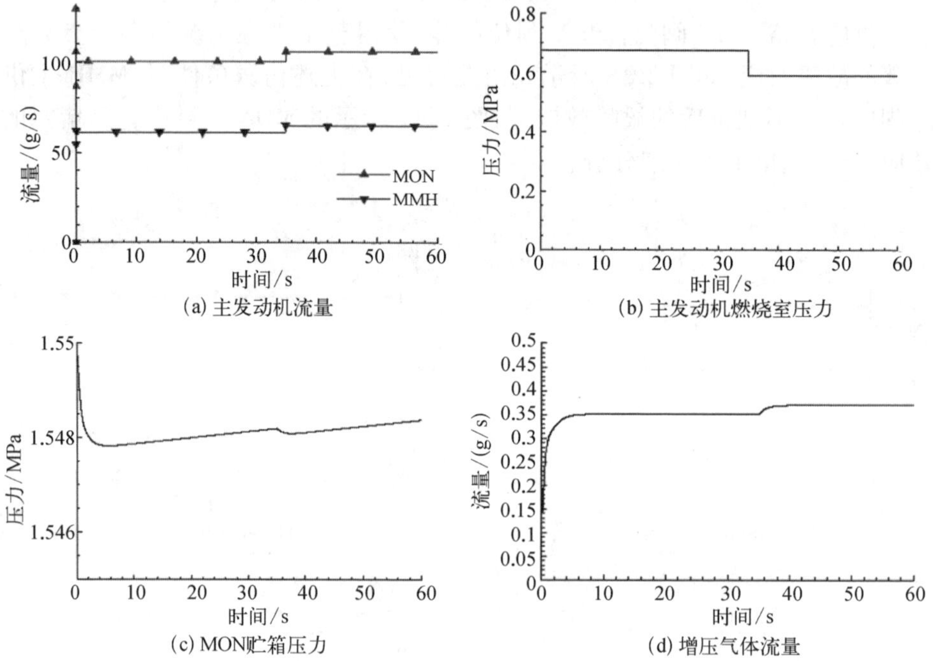

图 2.19 主发动机喉部烧蚀的故障效应

2.5.2 推进系统故障过渡特性分析

用分布参数描述的系统动态仿真模型，不仅可以仿真推进系统供应管路的充填和关机过程的瞬变特性，在引入故障模块之后，同样可以进行推进系统故障过渡特性的仿真。其中短时间内出现较大程度的堵塞和泄漏故障，可由前述稳态模型中的方法类似引入；而贮箱压力波动的影响，则可通过在模型的入口压力上叠加一波动方程实现。

1. MON 主供应管路泄漏

故障描述：推进剂供应管路充填 0.8 s 后，主发动机开始工作，电磁阀响应时间为 10 ms，工作至 1.2 s 时 MON 主供应管路电磁阀后突然发生泄漏，在 0.01 s 内泄漏孔发展到等效直径为 1 mm，并且泄漏一直持续下去。

MON 泄漏的故障过渡特性，如图 2.20 所示。故障发生后，主发动机 MON 流量迅速下降，如图 2.20(a)所示；引起燃烧室压力、温度等下降，进而引起主发动机性能参数变化，如图 2.20(b)所示。然而，随着推进系统达到新的平衡，上述故障过渡特性逐渐被系统所补偿。故障的积累效应与稳态故障效应类似，如图 2.20

(c)和图 2.20(d)所示。

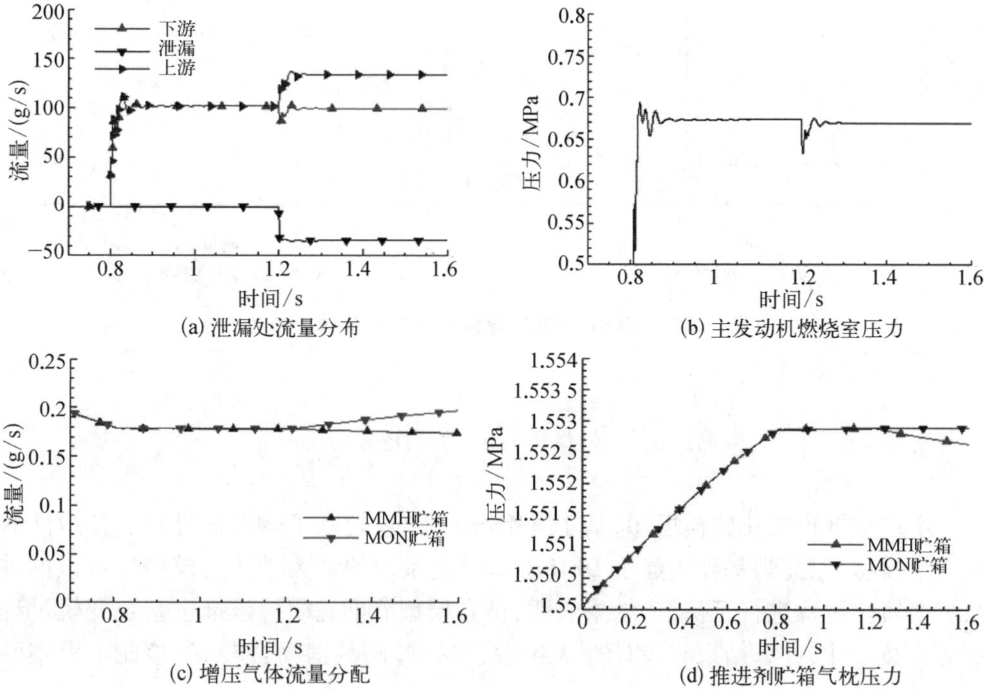

(a) 泄漏处流量分布　(b) 主发动机燃烧室压力

(c) 增压气体流量分配　(d) 推进剂贮箱气枕压力

图 2.20　MON 主供应管路泄漏的故障过渡特性

2. MON 主供应管路堵塞

故障描述：推进剂供应管路充填 0.8 s 后，主发动机开始工作，电磁阀响应时间为 10 ms，工作至 1.2 s 时 MON 主供应管路突然发生堵塞，在 0.01 s 内堵塞造成等效截面积缩小至原来的 10%，并且堵塞一直持续下去。

MON 主供应管路堵塞的故障过渡特性，如图 2.21 所示。堵塞故障的过渡特性与前述稳态效应比较类似，这里不再赘述。

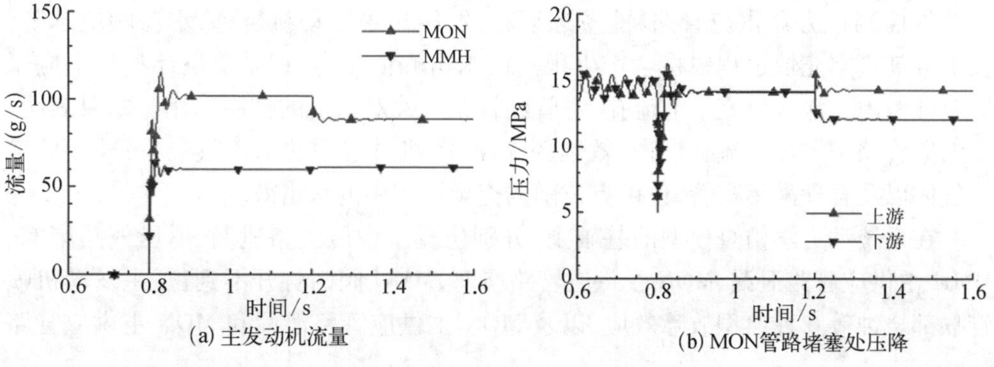

(a) 主发动机流量　(b) MON管路堵塞处压降

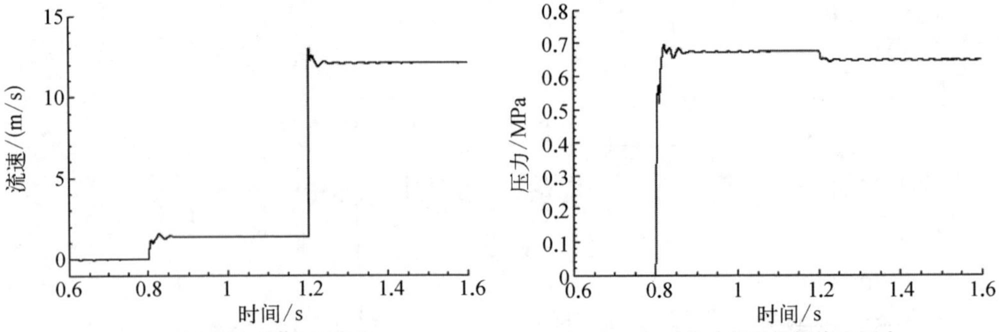

(c) 堵塞处MON流速

(d) 主发动机燃烧室压力

图 2.21 MON 主供应管路堵塞的故障过渡特性

2.6 结论

本章根据模块化建模思想，基于 AMESim 平台，建立了空间推进系统各组件的动力学模型，以此为基础构建了 DFH 卫星推进系统的动力学仿真模型。对该推进系统变轨全过程进行了仿真，结果表明，仿真模型能准确模拟该推进系统变轨过程中的参数变化，计算结果与设计性能参数、飞行遥测数据吻合较好，验证了模型的适用性。

利用该模型进行了 DFH 卫星推进系统启动和关机过程的动态仿真，分别研究了推进剂主供应管路和姿控管网的动态特性。结果表明，在主发动机充填和关机过程中，推进系统的不同位置均出现了显著的水击现象，由于推进剂的物性差异，其水击峰值、振荡频率均有所不同；充填过程的水击频率显著低于关机过程。由于姿控管网的分流，主供应管路充填过程中水击峰值压力和衰减时间均比其独立工作时显著减小，MON 峰值压力约为 2.23 MPa，减小 23.6%，MMH 峰值压力约为 2.45 MPa，减小 16.9%；水击压力振荡衰减 90%的时间，MON 路由原来的 0.76 s 缩短为 0.28 s，MMH 路由原来的 0.58 s 缩短为 0.17 s。充填过程中，主供应管路的水击波传播到推力器供应管路，能量逐渐耗散，距离主发动机越远，水击响应越晚。在推进剂真空充填过程中将会产生很高的水击峰值压力，在系统设计过程中应予以充分考虑。深入研究了节流孔、弯管和管路气枕对水击的抑制作用。结果表明，在供应管路中增加节流孔，可有效削弱充填、关机过程中的水击效应；另外充填惰性气体以及合理采用弯管，也可有效削弱充填过程中的水击效应。

在系统动力学仿真模型的基础上，分别仿真了增压气路泄漏、增压气路堵塞、MMH 主供应管路泄漏、MON 主供应管路堵塞、MMH 阀门打开不到位、主发动机喷管喉部烧蚀等 6 种典型故障效应，以及 MON 主供应管路泄漏和 MON 主供应管路堵塞 2 种典型故障过渡特性。结果表明，增压气路的堵塞和泄漏故障，均导致对液路的增压不足，严重堵塞和严重泄漏故障下，液路各处压力均迅速下降；而推进剂堵塞故障和泄漏故障都引起推进剂的不平衡供应，导致主发动机燃烧室压力降低、混合比偏离设计值，推进系统性能下降。不同之处在于：① 从推进剂消耗量的角度，堵塞引起该供应管路的推进剂消耗低于额定工况，而泄漏则引起该供应管路的推进剂消耗高于额定工况；② 从供应管路压力变化的角度，堵塞故障下，泄漏组件的上游压力一直高于额定工况，而泄漏故障下，泄漏组件的上游压力低于额定工况。但是，上述故障的压力变化不大，尚需配合其他参数才能确认。通过故障仿真，得到了推进系统典型故障的稳态效应和过渡特性，为后续故障诊断研究提供了数据支持。

第3章
推进系统故障模式与可诊断性分析

故障模式与效应分析(failure mode and effect analysis, FMEA)所获得的各种经验和知识,是选择检测参数的基本依据,也是开展空间推进系统故障诊断、传感器优化配置、系统重构与自主管理技术研究的前提。FMEA 以规范的表格形式,列举出系统每个组件的故障模式、分析故障发生时对系统的影响。在充分了解推进系统的构成和工作过程的基础上,通过 FMEA 可以确定诊断对象的故障模式、故障传播途径、故障源、故障严重等级等。

故障可诊断性分析与设计是进行航天器故障诊断的重要基础和前提,目前国内外航天器领域故障可诊断性分析与设计的研究成果很少,我国在航天器设计中虽然也考虑到部分在轨故障的诊断功能,但主要凭经验进行设计,缺乏相应的理论与方法指导。1999 年,王巍[119]提出了基于解析模型的残差生成和故障诊断方法,对线性系统的故障可检测性与可隔离性分别进行了研究,并指出,基于残差生成的故障可诊断性分析,特别强调诊断是在某一诊断模型和某一指定精度下进行的。2011 年,刘文静等[120]结合解析模型和定性模型,对航天器动量轮的故障可诊断性进行了分析评价。总体而言,国内航空航天领域学者对故障可诊断性的研究还很少,针对空间推进系统的相关研究几乎还是空白,亟待进行深入的研究。

本章针对空间推进系统,以 DFH 卫星推进系统和 SZ 推进舱推进子系统为研究对象,在分别介绍其构成和工作过程的基础上,分析总结上述两类空间推进系统变轨过程和姿控过程的故障模式,并从故障诊断的角度,筛选和归纳其典型故障模式;针对故障诊断中的可诊断性这一重要指标,研究发展空间推进系统的故障可诊断性(包括可检测性和可隔离性)分析与评价方法,并针对上述两个空间推进系统,进行故障可诊断性的对比分析。

3.1 典型推进系统的构成及工作过程

3.1.1 DFH 卫星推进系统构成及工作过程

DFH 卫星推进系统设计寿命为 15 年,除推进剂和主发动机以外,整个系统是全冗余结构[121]：系统有 14 个 10 N 推力器，分为两组，互为备份；8A、8B 作为滚动姿态控制的备份推力器；多个 10 N 推力器可作为主发动机的备份；10 N 电磁阀、气体试验接口、单向阀和加排阀采用双密封冗余设计，常闭电爆阀采用双阀并联，高压自锁阀与常闭电爆阀并联。其构成如图 3.1 所示。

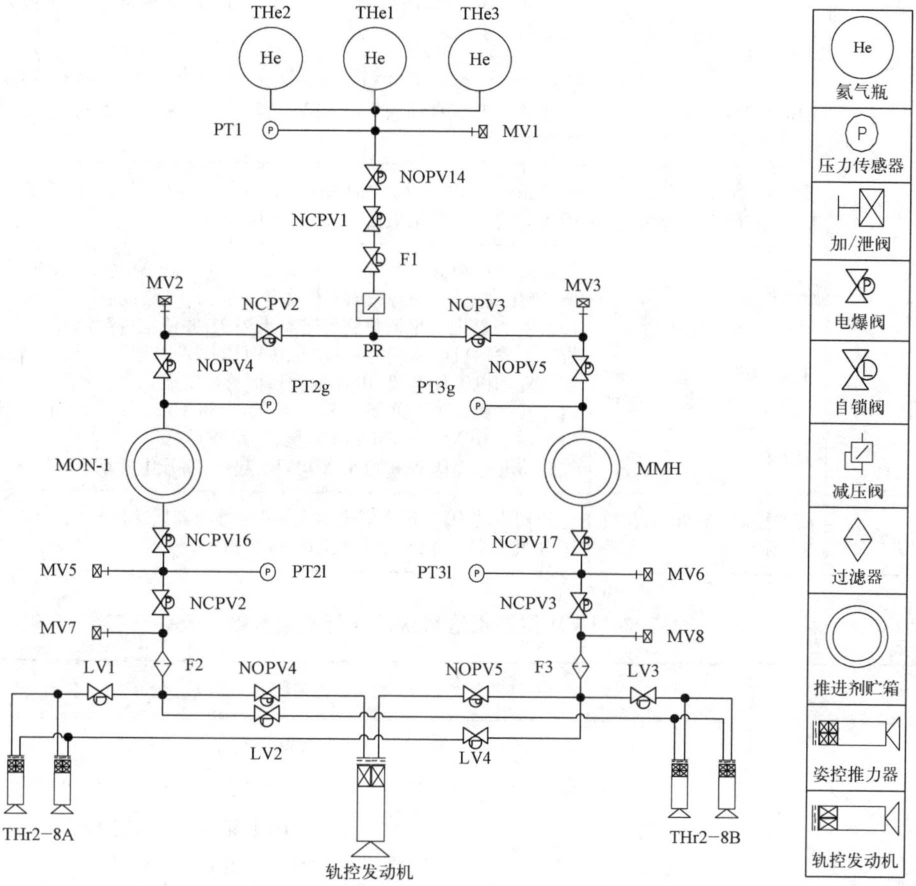

图 3.1　DFH 卫星推进系统构成图

该推进系统全寿命期间包含两种工作模式：① 恒压工作模式，即高压气瓶向贮箱增压，使得贮箱压力维持定值，该模式仅在主发动机工作期间采用；② 落压工作模式，即高压气瓶不提供氦气，系统维持正常工作的压力完全由贮箱中的气枕提供，该模式在星箭分离后到气路系统接通前，以及主气路断开至卫星寿命结束的工作期间采用。该推进系统工作过程如表 3.1 所示。

该推进系统的飞行测量参数包括 5 个压力参数（表 3.2），这些压力参数主要用于监测推进剂供应状况，进而判定推进系统工作状态。同时，还可以根据贮箱压力，计算推进剂剩余量，预估推进系统的剩余寿命。

表 3.1 DFH 卫星推进系统工作过程

工作段	功能	工作过程
转移轨道	液路管路排气	星箭分离后,打开液路低压自锁阀 LV1~LV4 和所有 10 N 推力器电磁阀,进行真空排气; 排气结束后,关闭液路低压自锁阀 LV1~LV4 和所有 10 N 推力器电磁阀
	推进剂充填	液路常闭电爆阀 NCPVL2、NCPVL3 和 NCPVL16、NCPVL17 起爆,打开液路低压自锁阀 LV1~LV4,推进剂充填至发动机/推力器电磁阀前
	消除星箭分离干扰、完成太阳捕获、建立姿态	打开相应的 10 N 推力器电磁阀,10 N 推力器按落压模式工作; 10 N 推力器工作结束后,关闭相应自锁阀
	主发动机工作	气路高压自锁阀 LV5 打开,气路常闭电爆阀 NCPV1~NCPV3 起爆,减压阀工作,保持贮箱工作在额定压力,气路接通; 10 N 推力器把卫星调整到稳定点火姿态,并使推进剂沉底; 打开主发动机电磁阀,主发动机按恒压模式工作,完成轨道转移; 在主发动机工作期间,10 N 推力器保持稳定点火姿态; 轨道转移结束后,关闭气路高压自锁阀 LV5,气路常开电爆阀 NOPV4、NOPV5 和 NOPV14 起爆,气路断开; 气路常开电爆阀 NOPVL4、NOPVL5 起爆,断开主发动机
同步轨道	姿态控制、东西/南北位置保持	打开相应的 10 N 推力器电磁阀,10 N 推力器按落压模式工作; 10 N 推力器工作结束后,关闭相应自锁阀

表 3.2 DFH 卫星推进系统的飞行测量参数

序号	参数代号	参数名称
1	p_{T1}	气瓶出口压力
2	p_{T2g}	MON 贮箱入口增压气体压力
3	p_{T3g}	MMH 贮箱入口增压气体压力
4	p_{T2l}	MON 贮箱出口压力
5	p_{T3l}	MMH 贮箱出口压力

3.1.2 SZ 推进系统构成及工作过程

SZ 飞船推进舱推进子系统(以下简称“SZ 推进系统”)为飞船在轨飞行提供变轨机动、轨道保持、姿态稳定、姿态调整及姿态定向等所需的冲量,为飞船脱离飞行轨道返回地面提供制动及姿态控制所需冲量,还用于发射段抛掉整流罩后的逃逸救生动力等。

SZ 推进系统的构成如图 3.2 所示。整个推进系统除气瓶和贮箱外,均采用了冗余配置,分主、副两组工作。但是推进系统所装载的增压氦气量和推进剂量对于

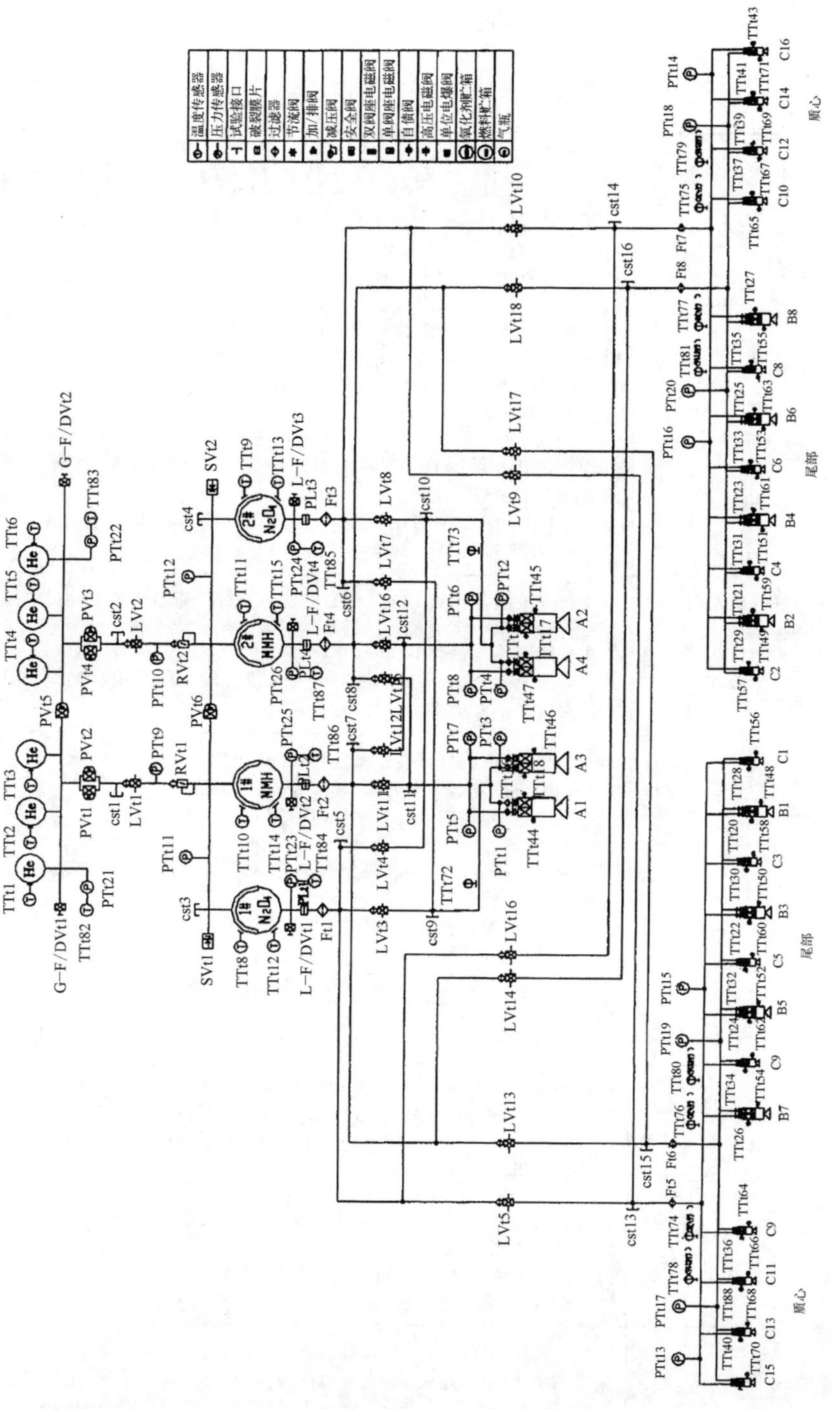

图 3.2　SZ 推进系统构成图

完成全部飞行任务不是冗余的。因此,系统正常工作时,6 只气瓶和 4 只推进剂贮箱均全部投入工作。系统工作过程如表 3.3 所示。

表 3.3 SZ 推进系统工作过程

飞船工作段	功 能	工 作 过 程
主动段	应急逃逸(如有必要)	打开全部气路电爆阀 PVt1~PVt6 和高压自锁阀 LVt1~LVt2; 打开液路自锁阀 LVt1~LVt18; 打开主发动机 A1~A4 电磁阀,进行四机 2 500 N 应急逃逸
	真空放气	电磁阀供电母线接通,依次打开液路自锁阀 LVt3~LVt18,打开姿控发动机 B1~B8 和主发动机 A1~A4; 真空放气结束,关闭姿控发动机 B1~B8,关闭主发动机 A1~A4,依次关闭液路自锁阀 LVt3~LVt18
	贮箱增压	打开气路电爆阀 PVt1~PVt4,打开气路高压自锁阀 LVt1~LVt2,主路和副路同时对贮箱进行增压; 破裂膜片 PLt1~PLt4 自动破裂,4 只贮箱的推进剂相应充填至液路自锁阀 LVt3~LVt18 前
	推进剂充填	依次打开液路自锁阀 LVt3~LVt18,推进剂继续充填至各发动机电磁阀前
	故障检测	依次关闭液路自锁阀 LVt3~LVt18 进行系统自检; 如发生泄漏,需永久关闭上游对应交叉供应的二路系统自锁阀,相应地,将该路的全部发动机工作切换至另一路
	姿控发动机工作	箭船分离前,依次打开姿控系统自锁阀; 打开相应姿控发动机电磁阀,相应姿控发动机点火; 工作完毕,关闭相应姿控发动机电磁阀
轨道运行段	主发动机工作	主发动机 A1~A4 主、备份加热器加电,对推力室头部进行加热; 提前一小时,依次打开主路自锁阀; 加热结束,主发动机 A1~A4 主、备份加热器断电; 姿控发动机 B1、B3、B5、B7 点火,推进剂沉底; 主发动机 A1、A3 点火,飞船变轨开始,姿控发动机 B1、B3、B5、B7 关机,推进剂沉底结束; 飞船变轨结束后,主发动机 A1、A3 关机,一分钟后依次关闭主路自锁阀
	姿控发动机工作	打开相应姿控发动机电磁阀,相应姿控发动机点火; 工作完毕,关闭相应姿控发动机电磁阀
	……	姿控发动机按要求工作
	返回制动准备	主发动机 A1~A4 主、备份加热器加电,对推力室头部进行加热; 依次打开主路自锁阀; 打开气路电爆阀 PVt5、PVt6,供气交叉、平衡; 加热结束,主发动机 A1~A4 主、备份加热器断电
返回制动段	返回制动	姿控发动机 B1、B3、B5、B7 点火,推进剂沉底; 主发动机 A1、A3 点火,飞船制动开始; 飞船变轨结束后,主发动机 A1、A3 关机,依次关闭主路自锁阀

SZ 推进系统地面试车时检测的参数共有 82 个，其中压力参数 62 个，温度参数 12 个，压差参数 4 个，流量参数 4 个。飞船在轨飞行时检测 26 个压力参数，覆盖了 SZ 推进系统推进剂供应部分的全部，如表 3.4 所示。此 26 个压力参数主要用于监测整个推进系统推进剂供应状况，进而判定推进系统工作状态。

表 3.4　SZ 推进系统的飞行检测参数

序　号	参数代号	参数名称
1	PTtl	A1 发动机(2 500 N)氧化剂入口压强
2	PTt2	A2 发动机(2 500 N)氧化剂入口压强
3	PTt3	A3 发动机(2 500 N)氧化剂入口压强
4	PTt4	A4 发动机(2 500 N)氧化剂入口压强
5	PTt5	A1 发动机(2 500 N)燃料入口压强
6	PTt6	A2 发动机(2 500 N)燃料入口压强
7	PTt7	A3 发动机(2 500 N)燃料入口压强
8	PTt8	A4 发动机(2 500 N)燃料入口压强
9	PTt9	减压阀 Rvt1 入口压强
10	PTt10	减压阀 Rvt2 入口压强
11	PTt11	减压阀 Rvt1 出口压强
12	PTt12	减压阀 Rvt2 出口压强
13	PTt13	质心主份姿控推力器(150 N)氧化剂环形管压强
14	PTt14	质心备份姿控推力器(150 N)氧化剂环形管压强
15	PTt15	尾部主份姿控推力器(25 N)氧化剂环形管压强
16	PTt16	尾部备份姿控推力器(25 N)氧化剂环形管压强
17	PTt17	质心主份姿控推力器(150 N)燃料环形管压强
18	PTt18	质心备份姿控推力器(150 N)燃料环形管压强
19	PTt19	尾部主份姿控推力器(25 N)燃料环形管压强
20	PTt20	尾部备份姿控推力器(25 N)燃料环形管压强
21	PTt21	Ⅰ组气瓶压强
22	PTt22	Ⅱ组气瓶压强
23	PTt23	Ⅰ号氧化剂贮箱出口压强
24	PTt24	Ⅱ号氧化剂贮箱出口压强
25	PTt25	Ⅰ号燃料贮箱出口压强
26	PTt26	Ⅱ号燃料贮箱出口压强

其余参数包括：

(1) 辅助检测参数 16 个。包括推进剂贮箱静压参数 8 个：Pgo1、Pgo2、Pgf1、Pgf2、Pdo1、Pdo2、Pdf1、Pdf2；贮箱膜片压差参数 4 个：ΔPo1、ΔPo2、ΔPf1、ΔPf2；贮箱推进剂剩余量参数 4 个：Qo1、Qo2、Qf1、Qf2。

(2) 备份检测参数 40 个。包括主发动机室压 4 个参数：PcA1、PcA2、PcA3、PcA4；B 类姿控发动机室压参数 8 个：PcB1、PcB2、PcB3、PcB4、PcB5、PcB6、PcB7、PcB8；C 类姿控发动机室压参数 16 个：PcC1、PcC2、PcC3、PcC4、PcC5、PcC6、PcC7、PcC8、PcC9、PcC10、PcC11、PcC12、PcC13、PcC14、PcC15、PcC16；温度检测参数 12 个：T1、T2、T3、T4、T5、T6、T7、T8、T9、T10、T11、T12。

16 个辅助检测参数和 40 个备份检测参数仅在地面试车时使用，在轨飞行时不监测。

3.2 推进系统故障模式与效应分析

FMEA 包含故障模式分析和故障效应分析两部分内容。故障模式是指故障的具体表现形式，同一组件可能含有一个或多个故障模式，当出现多个故障模式时，需要判别出最主要和最可能发生的那些故障模式。航天器推进系统的试验和使用经验表明，要具体确定每种故障模式必须对测量结果、组件结构和系统总体设计等进行专门研究，其中包括对测量结果的分析、结构残骸的外观检查和故障检查、组件生产工艺过程的检查、故障特性数值模拟和硬件故障模拟试验等。故障效应分析是指对已经发生或可能发生故障的推进系统组件进行研究，鉴别其故障模式、故障原因，分析故障机理，估计该故障模式对推进系统可能产生的影响，以便采取措施，提高推进系统的可靠性。

完整的 FMEA 还包括故障严酷度分析和故障频度分析，因与本书的关联度较低，故不作介绍。FMEA 的最终目标，是全面而有序地在系统内可能存在的大量故障模式中检查和发现潜在故障源，并在设计上采取必要的防范措施。

通过对空间推进系统进行 FMEA，可达到如下目的：① 确保推进系统所有组件的各种故障模式与效应都已经过全面分析，为评价系统设计提供参考和依据；② 找出对推进系统性能有重大影响的组件故障及模式，并分析其影响程度，为制订故障对策提供相应依据；③ 揭示系统设计、生产工艺过程中的缺陷和薄弱环节，为设计和工艺的进一步改进和质量控制提供依据；④ 帮助设计者和决策者从各种方案中选择满足推进系统可靠性要求的最佳方案；⑤ 在试验和测试中，为传感器测点设置、故障诊断提供相应依据和信息。

表 3.5 和表 3.6 分别总结了 DFH 卫星推进系统和 SZ 推进系统 FMEA 的结果。

表 3.5　DFH 卫星推进系统故障模式与效应

组件名称	故障模式	故障原因	故障效应及表现	
			对本身	对分系统
气路加注/排放阀	漏气	密封面损伤 环境应力 壳体破损	氦气外漏	气瓶、贮箱压力下降 寿命损失，严重时卫星不能定点
液路加注/排放阀	漏液	密封面损伤 环境应力 壳体破损	推进剂外漏	推进剂损失 污染星体
气瓶	漏气	焊缝缺陷 壳体材料缺陷	氦气外漏	气瓶压力下降，氦气损失，严重时卫星不能定点
推进剂贮箱	壳体破损	材料焊缝缺陷 环境应力	推进剂外漏	推进剂外漏 污染星内设备
	推进剂管理装置损坏	环境应力 加注过程不当	排放效率下降 推进剂夹气	影响卫星寿命 推力不稳定
	推进剂管理装置网污染	清洁控制不当 真空干燥不当	排放效率下降 推进剂夹气	影响卫星寿命 推力不稳定
高压自锁阀	内漏	阀座污染	—	不能切断高压气
	外漏	材料焊缝缺陷	氦气外漏	气瓶压力下降，寿命损失
	阀门不动作	驱动线圈失效 衔铁卡死 驱动线路失效	阀门不能开启或不能关闭	高压气路不通，或不能切断高压气路
气体试验接口	漏气	密封面损伤 环境应力 壳体破损	氦气外漏	气瓶、贮箱压力下降 寿命损失，严重时卫星不能定点
液体过滤器	局部堵	污染	压降增大	流量减小
	全部堵死	污染	不通	无流量、分支失效
气体过滤器	局部堵	污染	压降增大	流量减小
低压自锁阀	内漏	阀座污染		不能切断故障分支
	外漏	材料焊缝缺陷	推进剂外漏	寿命损失
	阀门不动作	驱动线圈失效 衔铁卡死 驱动线路失效	阀门不能开启或不能关闭	该分支失效或故障时不能切断
减压阀	内漏	阀座污染 密封垫失效	指标超压	出口压力慢爬升，贮箱压力增大、破裂
	外漏	材料缺陷 焊缝缺陷 膜片破裂	氦气外漏	气瓶压力下降，寿命损失

续 表

组件名称	故障模式	故障原因	故障效应及表现	
			对本身	对 分 系 统
主发动机	冲量小	发动机局部堵 推进剂夹气 混合比偏差	推力减小 推力不稳 推力减小	性能降低
	无冲量	电磁阀打不开 发动机堵死	—	发动机失效
10 N 推力器	冲量小	推力器局部堵 推进剂夹气 混合比偏差	推力减小 推力不稳 推力减小	性能降低
	无冲量	电磁阀打不开 推力器堵死	—	推力器失效
单向阀	反向内漏	阀座污染	—	氧、燃两阀同时大泄漏时会爆炸
	外漏	材料缺陷 焊缝缺陷	氦气外漏 推进剂蒸汽外漏	寿命损失，氧、燃两阀同时泄漏时会爆炸
	打不开	卡死	—	推进剂管路不通，系统失效
常闭电爆阀（增压气路）	无动作	电爆管失效 未加电	阀关闭	无氦气供应，系统失效
	误动作	电爆管失效 干扰信号	阀打开	高压氦气路提前通
常闭电爆阀（贮箱上游）	无动作	电爆管失效 未加电	阀关闭	贮箱无增压氦气供应
	误动作	电爆管失效 干扰信号	阀打开	贮箱提前增压
常开电爆阀（贮箱上游）	无动作	电爆管失效 未加电	阀打开	卫星定点后无法切断贮箱增压氦气；当 PV7、PV9 同时不能关闭时有爆炸危险
	误动作	电爆管失效 干扰信号	阀关闭	提前切断贮箱增压供气，影响卫星定点
常开电爆阀（主发动机上游）	无动作	电爆管失效 未加电	阀打开	卫星定点后无法切断主发动机
	误动作	电爆管失效 干扰信号	阀关闭	提前切断主发动机，卫星不能定点
压力传感器	接口密封损坏	机械损伤	推进剂或氦气泄漏	损失氦气、推进剂，污染星上设备
	壳体破损	环境应力		
	输出信号异常	元器件失效	信号输出异常	缺少系统状态判据

表 3.6　SZ 推进系统故障模式与效应

组件名称	故障模式	故障原因	故障效应及表现	
			局部影响	对分系统
气体管路	漏气	接头或其他组件泄漏	增压气量不足	不能获得足够冲量，提前返回
减压阀	启动和小流量超压	负载特性差	贮箱压力偏高，姿控推力器推力偏大	无明显影响
	调节压力偏大	调节性能差	发动机推力偏大，影响寿命	轨道可能发生变化，提前返回
	调节压力偏小	调节性能差	发动机推力偏小，工作时间延长	无明显影响
	调节压力极低	阀头压死	主发动机不能正常工作	不能进行轨道机动
气路高压自锁阀	启动冲击关闭	阀闭力不足	系统不启动	不能进行轨道机动
贮箱	泄漏	贮箱的金属膜片开裂	推进剂供应不均衡	推进剂不足量，影响航天员安全
	不平衡输出	不同贮箱的金属膜片压降相差较大	推进剂供应不均衡	质心变化产生不正常的干扰力矩，提前返回
液路自锁阀（主路）	不能打开	阀杆卡住 供电不正常 阀线圈失效	推进剂不平衡输出	质心变化产生不正常的干扰力矩，提前返回
	不能关闭	阀杆卡住 供电不正常 阀线圈失效	不能隔离故障发动机和相应管路	推进剂消耗，产生干扰力矩
液路自锁阀（姿控）	不能打开	阀杆卡住 供电不正常 阀线圈失效	该路发动机不能正常工作	提前返回
	不能关闭	阀杆卡住 供电不正常 阀线圈失效	不能隔离故障发动机和相应管路	推进剂消耗，产生干扰力矩
控制驱动器	芯片失效	芯片质量问题	控制驱动器失效，发动机不能按指令工作	可能危及航天员安全
传感器	输出信号异常	元器件失效 电连接器失效	信号输出异常	地面控制中心难以判断系统状态

总结上述两种双组元统一推进系统故障模式的分析结果，可以将该类空间推进系统在运行过程中（包括变轨过程和姿控过程）的组件故障模式归结为 18 种，每

种故障模式还包含不同的细分模式。为了达到实时检测与快速诊断的目的，本书根据故障频率和故障危害程度，将针对表 3.7 所示 14 种主要故障模式（姿控过程的故障模式已完全包含在变轨过程的故障模式中）开展研究。

表 3.7 中包含了 14 种主要故障模式，但是对于空间推进系统而言，并不是所有的故障模式都能得到准确检测和诊断，这与参数测量传感器的配置密切相关。由于可靠性和经济性方面的考虑，无论是地面试验还是执行空间飞行任务，推进系统的传感器测点往往都非常有限。3.3 节将在给定推进系统传感器配置的条件下，进行推进系统的故障可诊断性分析。

表 3.7 空间推进系统主要故障模式

故障序号	故障组件	主要故障模式	飞行时间段
f_1	气体加注/排放阀/试验接口	漏气	变轨过程
f_2	气瓶	漏气	
f_3	气路高压自锁阀	卡住/漏气	
f_4	气路减压阀	漏气	
f_5	单向阀	卡住/漏气	
f_6	气体过滤器	堵塞	
f_7	气路（常闭/常开）电爆阀	无动作/误动作	
f_8	液体过滤器	堵塞	
f_9	液路（常闭/常开）电爆阀	无动作/误动作	
f_{10}	推进剂贮箱	漏液	
f_{11}	液体加注/排放阀	漏液	
f_{12}	液路低压自锁阀	卡住/漏液	
f_{13}	姿控推力器	冲量小/无冲量	
f_{14}	主发动机	冲量小/无冲量	
f_{15}	液体过滤器	堵塞	姿控过程
f_{16}	液路（常闭/常开）电爆阀	无动作/误动作	
f_{17}	推进剂贮箱	漏液	
f_{18}	液体加注/排放阀	漏液	
f_{19}	液路低压自锁阀	卡住/漏液	
f_{20}	姿控推力器	冲量小/无冲量	

3.3　推进系统故障可诊断性分析

故障可诊断性主要指当系统及其组件发生一个或多个故障时，能在给定的时间内检测出故障的发生并识别出故障原因的能力，主要包括故障可检测性和故障可隔离性。

定义 3.1　故障可检测性，即使存在扰动，也可利用系统在故障发生后有限时间内的输入与输出信息，确定系统是否出现故障。

定义 3.2　故障可隔离性，即针对给定集合中的不同故障，利用系统及其输出参数表现出的不同特性，能够区分不同的故障类型和位置。

在上述定义下，故障可诊断性是系统属性，取决于系统动力学、故障动力学、传感器测点配置和扰动分布，而与采用的故障诊断方法无关。本书主要针对表 3.7 所示的空间推进系统典型故障，开展故障可诊断性研究。

系统可以采用解析模型或定性模型进行描述，因而其故障可诊断性分析也可从基于解析模型和基于定性模型两个角度进行。基于解析模型的故障可诊断性分析，易于计算机实现，但它非常依赖精确的数学模型，且对于不能采用解析模型描述的可用信息无能为力，因而该方法适合于评价解析方法的故障可诊断性。而基于定性模型的故障可诊断性分析能够充分考虑故障效应，从更深层次分析故障可诊断性，但它要求设计人员对系统结构和故障传播特性与影响关系非常熟悉，因而该方法更适合于评价系统的故障可诊断性。

本节将重点从基于定性模型的角度进行推进系统的故障可诊断性（包括故障可检测性和故障可隔离性）分析。

3.3.1　故障可诊断性评价方法

对于采用定性模型描述的系统，为了分析其故障可诊断性，需根据系统结构和工作原理建立其定性模型，并据此建立故障因果图或关联矩阵；或研究故障影响的所有变量，通过分析故障效应是否在可测信息中反映，给出故障的可诊断性条件。以下分别介绍基于故障因果图和关联矩阵的故障可诊断性分析。

1. 基于故障因果图的可诊断性分析

由故障源及其影响变量构成的定性图论模型，称为故障因果图。基于故障因果图的故障可检测性的评价过程如下：在故障因果图中，搜索故障 i 到所有可测点是否存在至少一条可达路径；如果存在，则故障 i 具有可检测性，反之亦然，即

$$\begin{cases} p_i \neq \varnothing，\text{故障 } i \text{ 具有可检测性} \\ p_i = \varnothing，\text{故障 } i \text{ 不具有可检测性} \end{cases} \tag{3.1}$$

式中，p_i 为故障 i 到所有可测点的可达路径；$\varnothing$ 表示空集。

故障可隔离性的评价过程如下：在故障因果图中，分析故障 i 和故障 j 到可测点的所有可达路径包含的可测点是否完全相同。如果不完全相同，则故障 i 和故障 j 具有可隔离性；反之，则不具有可隔离性，即

$$\begin{cases} S(p_i) \cup S(p_j) - S(p_i) \cap S(p_j) \neq \varnothing, \text{故障具有可隔离性} \\ S(p_i) \cup S(p_j) - S(p_i) \cap S(p_j) = \varnothing, \text{故障不具有可隔离性} \end{cases} \tag{3.2}$$

式中，$S(p_i)$ 为故障 i 对应可达路径包含的所有可测点。

上述基于故障因果图的可诊断性分析方法，不便于直接采用计算机处理，通常采用人工处理的方法。但是，对于复杂系统而言，随着系统复杂度的增加，其故障因果图的复杂度相应迅速增加，人工处理的方法难以胜任。

2. 基于关联矩阵的可诊断性分析

定义系统故障集为 $F = \{f_i: i = 1, \cdots, N\}$，系统测点集合为 $S = \{s_k: k = 1, \cdots, K\}$，则故障 f_i 与可测点 s_k 之间的关联关系可表示为关联矩阵 $S \times F \rightarrow \boldsymbol{Q}$：

$$\boldsymbol{Q} = \begin{bmatrix} q_{11} & \cdots & q_{1N} \\ \vdots & \ddots & \vdots \\ q_{K1} & \cdots & q_{KN} \end{bmatrix} \tag{3.3}$$

矩阵中的元素 $Q(i, s)$ 表示当故障 f_i 发生时，可测点 s_k 表现出来的值或值的集合，矩阵中各元素满足：

$$\begin{cases} Q(i, k) \neq 0, \text{故障 } i \text{ 对测点 } k \text{ 的影响} \\ Q(i, k) = 0, \text{故障 } i \text{ 对测点 } k \text{ 没有影响} \end{cases} \tag{3.4}$$

实际上，矩阵 $\boldsymbol{Q}$ 表示了 N 个列向量 $\boldsymbol{Q}(i:)$，该列向量由故障 f_i 的所有测点赋值组成，表示了系统故障 f_i 的故障特征。

利用故障关联矩阵 $\boldsymbol{Q}$，故障可检测性的评价准则为：如果列向量 $\boldsymbol{Q}(i:)$ 中存在非零元素，则故障可检测；反之，则故障不可检测，即

$$\begin{cases} Q(i:) \neq \mathbf{0}, \text{故障 } i \text{ 可检测} \\ Q(i:) = \mathbf{0}, \text{故障 } i \text{ 不可检测} \end{cases} \tag{3.5}$$

故障可隔离性的评价准则如下。

定义 3.3 故障 f_i 和故障 f_j 是可隔离的，当且仅当满足：

$$\exists_{s_k \in S} [Q(k, i) \cap Q(k, j) = \varnothing] \tag{3.6}$$

式中，$Q(k, i)$ 为矩阵 $\boldsymbol{Q}$ 中第 k 行第 i 列的元素。

定义 3.4 故障 f_i 和故障 f_j 是不可隔离的，当且仅当满足：

$$Q(k,\ i) = Q(k,\ j),\ \forall s_k \in S \tag{3.7}$$

从上述定义可见，不可隔离故障的故障特征是完全一样的。

定义 3.5 故障 f_i 和故障 f_j 是条件可隔离的，当且仅当满足：

$$\underset{s_k \in S}{\forall}[Q(k,\ i) \cap Q(k,\ j) \neq \varnothing] \wedge \underset{s_m \in S}{\exists}[Q(m,\ i) \neq Q(m,\ j)] \tag{3.8}$$

故障 f_i 和故障 f_j 是条件可隔离的，是指在某些条件下，故障 f_i 和故障 f_j 是可隔离的；而在另外不同的条件下，故障 f_i 和故障 f_j 可能是不可隔离的。在设计故障诊断系统时，需要特别注意条件可隔离的故障。值得注意的是，条件可隔离并不是传递关系，即故障 f_i 和故障 f_j 是条件可隔离的，故障 f_j 和故障 f_k 是条件可隔离的，不能得到故障 f_i 和故障 f_k 也是条件可隔离的。

基于关联矩阵的可诊断性分析方法，易于转换为方便计算机处理的方式进行描述，因而适用于进行复杂系统的相应分析。

3.3.2 故障可诊断性的度量指标

通过对故障可诊断性的评价可给出系统可检测故障集、可隔离故障集以及不可隔离故障集等，但衡量不同系统的故障可诊断性性能，仍需要相关的定量指标予以评价。

定义 3.6 系统的故障可检测度(fault detection rate, FDR)

空间推进系统的故障集分为可检测故障集 DF 和不可检测故障集 UF，定义单个故障的可检测度为

$$d_{f,\ j} = \begin{cases} 1,\ f_j \in \mathrm{DF} \\ 0,\ f_j \in \mathrm{UF} \end{cases} \tag{3.9}$$

则系统的故障可检测度 FDR 为

$$\mathrm{FDR} = \frac{\sum_{j=1}^{m_d} \lambda_j \omega_j d_{f,\ j}}{\sum_{i=1}^{m} \lambda_i \omega_i} \times 100\% \tag{3.10}$$

式中，$m = |\mathrm{DF}| + |\mathrm{UF}|$ 为系统故障模式总数，而 $|A|$ 为集合 A 中元素的个数，m_d 为具有可检测性的故障个数，λ_i 为故障 f_i 的发生概率，而 ω_i 为故障 f_i 的危害程度。对于故障完全可检测的系统，$\mathrm{FDR} = 1$；对于故障部分可检测的系统，$0 < \mathrm{FDR} < 1$。

定义 3.7 系统的故障可隔离度(fault isolation rate, FIR)

由于故障可隔离性分为可隔离、条件可隔离以及不可隔离等，将系统故障集分

为可隔离故障集 IF = ∀DF − UIF 和不可隔离故障集 UIF = {UIF_1, UIF_2, …, UIF_p}，其中 p 为不可隔离故障集的个数。定义单个故障的可隔离度为

$$\gamma_i = \begin{cases} 1, f_i \in \text{IF} \\ \dfrac{1}{|\text{UIF}|}, f_i \in \text{UIF} \end{cases} \tag{3.11}$$

则系统的故障可隔离度 FIR 为

$$\text{FIR} = \frac{\sum_{j=1}^{m} \lambda_j \omega_j \gamma_j}{\sum_{i=1}^{m} \lambda_i \omega_i} \times 100\% \tag{3.12}$$

当各故障的发生概率 λ_i 和危害程度 ω_i 相同时，式(3.12)可简化为

$$\text{FIR} = \frac{1}{m}\sum_{j=1}^{m} \gamma_j \times 100\% \tag{3.13}$$

系统故障隔离越准确，则故障可隔离度越接近 1。

定义 3.8 系统可隔离等级

若故障 f_i 与故障 f_j 不具有可隔离性，则两个故障处于相同的可隔离层(D-class)，因此系统可隔离等级 D_s 定义为可隔离层的个数。对具有不可隔离故障集合 UIF = {UIF_1, UIF_2, …, UIF_p} 的系统，可分离等级 D_s 定义为

$$D_s = |\text{IF}| + p \tag{3.14}$$

定义 3.9 系统可诊断度 d_s 为

$$d_s = \frac{D_s}{|F|} \tag{3.15}$$

当各故障的发生概率 λ_i 和危害程度 ω_i 相同时，系统可诊断度 d_s 与故障可分离度 FIR 是等价的。

3.3.3 推进系统可诊断性实例分析

1. 故障可诊断性评价

1) DFH 卫星推进系统的故障可诊断性评价

对于表 3.7 所示的空间推进系统典型故障模式，在 DFH 卫星推进系统工作过程中，主要故障模式如表 3.8 所示，令其集合为 F。由于空间推进系统主发动机和姿控推力器的故障，通常都是由姿控系统的遥测参数计算得到的，因此本书的后续分析不再考虑主发动机和姿控推力器的故障。

表 3.8　DFH 卫星推进系统主要故障模式集

故障源	故障组件	故障模式	故障源	故障组件	故障模式
$f_{\mathrm{He1,\,2,\,3}}$	气瓶	漏气	f_{FE}	燃料贮箱	漏液
$f_{\mathrm{MV1,\,\cdots,\,4}}$	气路加/排阀	漏气	$f_{\mathrm{MV5,\,\cdots,\,8}}$	液路加/排阀	漏液
f_{NOPV14}	气常开电爆阀	不动作/误动作	$f_{\mathrm{NCPV16,\,17}}$	液常闭电爆阀	不动作/误动作
f_{PR}	减压阀 PR	漏气	$f_{\mathrm{NCPVL2,\,3}}$	液常闭电爆阀	不动作/误动作
$f_{\mathrm{NCPV1,\,2,\,3}}$	气常闭电爆阀	不动作/误动作	$f_{\mathrm{NOPVL4,\,5}}$	液常开电爆阀	不动作/误动作
f_{LV5}	气路自锁阀	卡住/漏气	$f_{\mathrm{F2,\,\cdots,\,7}}$	液路过滤器	堵塞
f_{F1}	气路过滤器	堵塞	$f_{\mathrm{LVL1,\,\cdots,\,4}}$	液路自锁阀	卡住/漏液
$f_{\mathrm{TP1,\,2,\,3}}$	试验接口	漏气	$f_{A_t\mathrm{ME}}$	主发动机	喉部烧蚀
$f_{\mathrm{CV1,\,2}}$	单向阀	卡住/漏气	$f_{\eta\mathrm{ME}}$	主发动机	燃烧效率低
$f_{\mathrm{NOPV4,\,5}}$	气常开电爆阀	不动作/误动作	$f_{A_t\mathrm{Thr}}$	姿控推力器	喉部烧蚀
f_{OX}	氧化剂贮箱	漏液	$f_{\eta\mathrm{Thr}}$	姿控推力器	燃烧效率低

根据前述各种评价条件,对 DFH 卫星推进系统的故障可诊断性进行分析,最终结果如表 3.9 所示。表 3.9 中, $\forall\{\cdot\}$ 表示在集合中任取一个元素, $\{\forall\{A\},\forall\{B\}\}$ 表示分别在集合 A、B 中任取一个元素组成的二元组。由表 3.9 可见,在表 3.2 的飞行测量参数下,该推进系统并不能检测出增压气路和推进剂供应管路的所有故障,即系统故障并非完全可检测的。与此同时,两个传感器之间的组件故

表 3.9　DFH 卫星推进系统故障可诊断性分析结果

故障集合	分　析　结　果
不可检测故障集合	$\mathrm{UF}=\left\{\begin{array}{l} f_{\mathrm{MV7}},f_{\mathrm{MV8}},\{f_{\mathrm{F}i},\ i=2,\cdots,7\},f_{\mathrm{NCPVL2}},f_{\mathrm{NCPVL3}},\\ \{f_{\mathrm{LVL}i},\ i=1,\cdots,4\},f_{\mathrm{NOPVL4}},f_{\mathrm{NOPVL5}} \end{array}\right\}$
可检测的故障集合	$\mathrm{DF}=F-\mathrm{UF}=\left\{\begin{array}{l} \{f_{\mathrm{He}i},\ i=1,2,3\},\{f_{\mathrm{MV}i},\ i=1,\cdots,6\},\{f_{\mathrm{NCPV}i},\ i=1,2,3\},\\ f_{\mathrm{NOPV14}},f_{\mathrm{PR}},f_{\mathrm{LV5}},f_{\mathrm{F1}},\{f_{\mathrm{TP}i},\ i=1,\cdots,3\},f_{\mathrm{CV1}},f_{\mathrm{CV2}},\\ f_{\mathrm{NOPV4}},f_{\mathrm{NOPV5}},f_{\mathrm{OX}},f_{\mathrm{FE}},f_{\mathrm{NCPVL16}},f_{\mathrm{NCPVL17}} \end{array}\right\}$
不可隔离故障集合	$\mathrm{UIF}=\left\{\begin{array}{l} \{f_{\mathrm{He1}},f_{\mathrm{He2}},f_{\mathrm{He3}},f_{\mathrm{MV1}}\},\{f_{\mathrm{NOPV14}},f_{\mathrm{NCPV1}}\},\{f_{\mathrm{MV4}},f_{\mathrm{LV5}},f_{\mathrm{F1}},f_{\mathrm{PR}},f_{\mathrm{TP1}}\},\\ \{f_{\mathrm{CV1}},f_{\mathrm{TP2}},f_{\mathrm{MV2}}\},\{f_{\mathrm{CV2}},f_{\mathrm{TP3}},f_{\mathrm{MV3}}\},\{f_{\mathrm{OX}},f_{\mathrm{MV5}}\},\{f_{\mathrm{FE}},f_{\mathrm{MV6}}\} \end{array}\right\}$
条件隔离故障集合	$\mathrm{CIF}=\left\{\begin{array}{l} \{\forall\{f_{\mathrm{OX}},f_{\mathrm{NCPV16}},f_{\mathrm{MV5}}\},\ \forall\{f_{\mathrm{FE}},f_{\mathrm{NCPV17}},f_{\mathrm{MV6}}\}\},\\ \{\forall\{f_{\mathrm{CV1}},f_{\mathrm{TP2}},f_{\mathrm{MV2}}\},\ \forall\{f_{\mathrm{CV2}},f_{\mathrm{TP3}},f_{\mathrm{MV3}}\}\} \end{array}\right\}$
可隔离的故障集合	$\mathrm{IF}=\mathrm{DF}-\mathrm{UIF}=\{\{f_{\mathrm{NCPV}i},\ i=2,3\},f_{\mathrm{NOPV4}},f_{\mathrm{NOPV5}},f_{\mathrm{NCPVL16}},f_{\mathrm{NCPVL17}}\}$

障，通常是难以隔离的；但是，增压气路不同支路的组件故障，以及不同推进剂供应管路的组件故障，是条件可隔离的。

2）SZ 推进系统的故障可诊断性评价

针对 SZ 推进系统进行同样的分析，其 SDG 故障形式如表 3.10 所示，令其集合为 F。同样地，本书的后续分析不再考虑 SZ 推进系统主发动机和姿控发动机的故障。

表 3.10　SZ 推进系统主要故障模式集

故障源	故障组件	故障模式	故障源	故障组件	故障模式
$f_{\mathrm{He1},\cdots,6}$	气瓶	漏气	$f_{\mathrm{cst5},\cdots,16}$	液路试验接口	漏液
$f_{\mathrm{GFDVt1},2}$	气路加/排阀	漏气	$f_{\mathrm{Ft1},\cdots,4}$	液路大过滤器	堵塞
$f_{\mathrm{NCPVt1},\cdots,6}$	常闭电爆阀	不动作/误动作	$f_{\mathrm{Ft5},\cdots,8}$	液路小过滤器	堵塞
$f_{\mathrm{cst1},\cdots,4}$	气路试验接口	漏气	$f_{\mathrm{LVt3},\cdots,18}$	液路自锁阀	卡住/漏液
$f_{\mathrm{LVt1},2}$	气路自锁阀	卡住/漏气	$f_{A_t\mathrm{A1},\cdots,4}$	主发动机	喉部烧蚀
$f_{\mathrm{RVt1},2}$	气路减压阀	漏气	$f_{\eta\mathrm{A1},\cdots,4}$	主发动机	燃烧效率低
$f_{\mathrm{SVt1},2}$	气路安全阀	卡住	$f_{A_t\mathrm{B1},\cdots,8}$	姿控发动机	喉部烧蚀
$f_{\mathrm{OX1},2}$	氧化剂贮箱	漏液	$f_{\eta\mathrm{B1},\cdots,8}$	姿控发动机	燃烧效率低
$f_{\mathrm{MMH1},2}$	燃料贮箱	漏液	$f_{A_t\mathrm{C1},\cdots,16}$	姿控发动机	喉部烧蚀
$f_{\mathrm{LFDVt1},\cdots,4}$	液路加/排阀	漏液	$f_{\eta\mathrm{C1},\cdots,16}$	姿控发动机	燃烧效率低

根据前述各种评价条件，对 SZ 推进系统的故障可诊断性进行分析，最终结果见表 3.11。同样地，表中 $\forall\{\cdot\}$ 表示在集合中任取一个元素，$\{\forall\{A\},\ \forall\{B\}\}$ 表示分别在集合 A、B 中任取一个元素组成的二元组。

表 3.11　SZ 推进系统故障可诊断性分析结果

故障集合	分析结果
不可检测故障集合	$\mathrm{UF} = \varnothing$
可检测的故障集合	$\mathrm{DF} = F - \mathrm{UF} = \left\{\begin{array}{l}\{f_{\mathrm{He}i},\ i=1,\cdots,6\},f_{\mathrm{GFDVt1}},f_{\mathrm{GFDVt2}},\{f_{\mathrm{PVt}i},\ i=1,\cdots,6\},f_{\mathrm{RVt1}},\\ f_{\mathrm{RVt2}},\{f_{\mathrm{cst}i},\ i=1,\cdots,16\},\{f_{\mathrm{LVt}i},\ i=1,\cdots,18\},f_{\mathrm{SVt1}},f_{\mathrm{SVt2}},f_{\mathrm{OX1}},\\ f_{\mathrm{OX2}},f_{\mathrm{MMH1}},f_{\mathrm{MMH2}},\{f_{\mathrm{LFDVt}i},\ i=1,\cdots,4\},\{f_{\mathrm{Ft}i},\ i=1,\cdots,8\}\end{array}\right\}$

续 表

故障集合	分析结果
不可隔离故障集合	$\mathrm{UIF}=\left\{\begin{array}{l}\{f_{\mathrm{He1}}, f_{\mathrm{He2}}, f_{\mathrm{He3}}, f_{\mathrm{GFDVt1}}\},\ \{f_{\mathrm{PVt1}}, f_{\mathrm{PVt2}}, f_{\mathrm{LVt1}}\},\ \{f_{\mathrm{OX1}}, f_{\mathrm{LFDVt1}}\}, \\ \{f_{\mathrm{He4}}, f_{\mathrm{He5}}, f_{\mathrm{He6}}, f_{\mathrm{GFDVt2}}\},\ \{f_{\mathrm{PVt3}}, f_{\mathrm{PVt4}}, f_{\mathrm{LVt2}}\},\ \{f_{\mathrm{OX2}}, f_{\mathrm{LFDVt3}}\}, \\ \{f_{\mathrm{MMH1}}, f_{\mathrm{LFDVt2}}\},\ \{f_{\mathrm{Ft1}}, f_{\mathrm{cst5}}\},\ \{f_{\mathrm{Ft3}}, f_{\mathrm{cst6}}\},\ \{f_{\mathrm{LVt3}}, f_{\mathrm{LVt7}}, f_{\mathrm{cst9}}\}, \\ \{f_{\mathrm{MMH2}}, f_{\mathrm{LFDVt4}}\},\ \{f_{\mathrm{Ft2}}, f_{\mathrm{cst7}}\},\ \{f_{\mathrm{Ft4}}, f_{\mathrm{cst8}}\},\ \{f_{\mathrm{LVt4}}, f_{\mathrm{LVt8}}, f_{\mathrm{cst10}}\}, \\ \{f_{\mathrm{LVt11}}, f_{\mathrm{LVt15}}, f_{\mathrm{cst11}}\},\ \{f_{\mathrm{LVt5}}, f_{\mathrm{LVt9}}, f_{\mathrm{cst13}}, f_{\mathrm{Ft5}}\},\ \{f_{\mathrm{LVt13}}, f_{\mathrm{LVt17}}, f_{\mathrm{cst15}}, f_{\mathrm{Ft6}}\}, \\ \{f_{\mathrm{LVt12}}, f_{\mathrm{LVt16}}, f_{\mathrm{cst12}}\},\ \{f_{\mathrm{LVt6}}, f_{\mathrm{LVt10}}, f_{\mathrm{cst14}}, f_{\mathrm{Ft7}}\},\ \{f_{\mathrm{LVt14}}, f_{\mathrm{LVt18}}, f_{\mathrm{cst16}}, f_{\mathrm{Ft8}}\}\end{array}\right\}$
条件隔离故障集合	$\mathrm{CIF}=\left\{\begin{array}{l}\{\forall\{f_{\mathrm{He1}}, f_{\mathrm{He2}}, f_{\mathrm{He3}}, f_{\mathrm{GFDVt1}}\},\ \forall\{f_{\mathrm{He4}}, f_{\mathrm{He5}}, f_{\mathrm{He6}}, f_{\mathrm{GFDVt2}}\}\}, \\ \{\forall\{f_{\mathrm{PVt1}}, f_{\mathrm{PVt2}}, f_{\mathrm{LVt1}}\},\ \forall\{f_{\mathrm{PVt3}}, f_{\mathrm{PVt4}}, f_{\mathrm{LVt2}}\}\}, \\ \{\forall\{f_{\mathrm{cst1}}, f_{\mathrm{LVt1}}\},\ \forall\{f_{\mathrm{cst2}}, f_{\mathrm{LVt2}}\}\},\ \{\forall\{f_{\mathrm{OX1}}, f_{\mathrm{LFDVt1}}\},\ \forall\{f_{\mathrm{OX2}}, f_{\mathrm{LFDVt3}}\}\}, \\ \{\forall\{f_{\mathrm{MMH1}}, f_{\mathrm{LFDVt2}}\},\ \forall\{f_{\mathrm{MMH2}}, f_{\mathrm{LFDVt4}}\}\}, \\ \{\forall\{f_{\mathrm{Ft1}}, f_{\mathrm{cst5}}\},\ \forall\{f_{\mathrm{Ft2}}, f_{\mathrm{cst7}}\}\},\ \{\forall\{f_{\mathrm{Ft3}}, f_{\mathrm{cst6}}\},\ \forall\{f_{\mathrm{Ft4}}, f_{\mathrm{cst8}}\}\}, \\ \{\forall\{f_{\mathrm{LVt3}}, f_{\mathrm{LVt7}}, f_{\mathrm{cst9}}\},\ \forall\{f_{\mathrm{LVt4}}, f_{\mathrm{LVt8}}, f_{\mathrm{cst10}}\}\}, \\ \{\forall\{f_{\mathrm{LVt11}}, f_{\mathrm{LVt15}}, f_{\mathrm{cst11}}\},\ \forall\{f_{\mathrm{LVt12}}, f_{\mathrm{LVt16}}, f_{\mathrm{cst12}}\}\}, \\ \{\forall\{f_{\mathrm{LVt5}}, f_{\mathrm{LVt9}}, f_{\mathrm{cst13}}, f_{\mathrm{Ft5}}\},\ \forall\{f_{\mathrm{LVt6}}, f_{\mathrm{LVt10}}, f_{\mathrm{cst14}}, f_{\mathrm{Ft7}}\}\}, \\ \{\forall\{f_{\mathrm{LVt13}}, f_{\mathrm{LVt17}}, f_{\mathrm{cst15}}, f_{\mathrm{Ft6}}\},\ \forall\{f_{\mathrm{LVt14}}, f_{\mathrm{LVt18}}, f_{\mathrm{cst16}}, f_{\mathrm{Ft8}}\}\}\end{array}\right\}$
可隔离的故障集合	$\mathrm{IF}=\mathrm{DF}-\mathrm{UIF}=\{\{f_{\mathrm{PV}ti}, i=5,6\}, f_{\mathrm{RVt1}}, f_{\mathrm{RVt2}}, \{f_{\mathrm{cst}i}, i=1,\cdots,4\}, f_{\mathrm{SVt1}}, f_{\mathrm{SVt2}}\}$

对比表 3.9 和表 3.11 可见：① 不同于 DFH 卫星推进系统，在表 3.2 的飞行测量参数下，SZ 推进系统增压气路和推进剂供应管路的故障，可以完全检出；② SZ 推进系统中不可隔离故障与条件隔离故障的比例显著降低，而可隔离的故障比例显著提高。原因固然有推进系统设计的差别，但主要原因还是 SZ 推进系统设置了远多于 DFH 卫星推进系统的传感器，这与后续第 4 章中的诊断结论也是一致的。

2. 故障可诊断性的度量指标

1）DFH 卫星推进系统的可诊断性度量指标

假定各故障的发生概率 λ_i 和危害程度 ω_i 相同，利用表 3.9 所示的 DFH 卫星推进系统故障可诊断性分析结果开展计算，即可得到表 3.12 所示的 DFH 卫星推进系统的组件故障可诊断性度量指标。

表 3.12　DFH 卫星推进系统的组件故障可诊断性度量指标

故障源	可检测度	可隔离度	故障源	可检测度	可隔离度
$f_{\mathrm{He1,2,3}}$	1	1/4	f_{NCPV1}	1	1/2
f_{MV1}	1	1/4	f_{MV4}	1	1/5
f_{NOPV14}	1	1/2	f_{LV5}	1	1/5

续 表

故障源	可检测度	可隔离度	故障源	可检测度	可隔离度
f_{F1}	1	1/5	$f_{\mathrm{MV5,6}}$	1	1/2
f_{PR}	1	1/5	$f_{\mathrm{NCPVL2,3}}$	0	/
f_{TP1}	1	1/5	$f_{\mathrm{MV7,8}}$	0	/
$f_{\mathrm{CV1,2}}$	1	1/3	$f_{\mathrm{NOPVL4,5}}$	0	/
$f_{\mathrm{TP2,3}}$	1	1/3	$f_{\mathrm{F2,\cdots,7}}$	0	/
$f_{\mathrm{MV2,3}}$	1	1/3	$f_{\mathrm{LVL1,\cdots,4}}$	0	/
$f_{\mathrm{NCPV2,3}}$	1	1	$f_{A_t\mathrm{ME}}$	0	/
$f_{\mathrm{NOPV4,5}}$	1	1	$f_{\eta\mathrm{ME}}$	0	/
f_{OX}, f_{FE}	1	1/2	$f_{A_t\mathrm{Thri}}$	0	/
$f_{\mathrm{NCPVL16,17}}$	1	1	$f_{\eta\mathrm{Thri}}$	0	/

计算各故障集合的元素个数,则有

$$|\mathrm{UF}| = 16,\ |\mathrm{DF}| = 27,\ |\mathrm{IF}| = 6,\ p = |\mathrm{UIF}| = 7 \tag{3.16}$$

据此,则有

$$\mathrm{FDR} = \frac{|\mathrm{DF}|}{|F|} = \frac{|\mathrm{DF}|}{|\mathrm{DF}| + |\mathrm{UF}|} = 62.8\% \tag{3.17}$$

$$D_s = |\mathrm{IF}| + p = 13 \tag{3.18}$$

$$d_s = \frac{D_s}{|F|} = 30.2\% \tag{3.19}$$

最终得到该推进系统的可诊断性度量指标如表 3.13 所示。由表 3.12 和表 3.13 可见,在表 3.2 的传感器配置下,DFH 卫星推进系统的故障可检测度约为 62.8%,原因在于推进系统传感器数量较少。相对于故障可检测性,故障可隔离性对传感器测量信息的要求高很多。由表 3.12 可见,该推进系统多数组件的可隔离度均低于 1,进而导致推进系统的故障可诊断度较低,d_s 约为 30.2%,大多数潜在故障源都只能隔离到推进系统的某个区域。

表 3.13 DFH 卫星推进系统的故障可诊断性度量指标

故 障 集 合	分 析 结 果
系统的故障可检测度 FDR	27/(27+16)= 62.8%
系统的故障可隔离度 FIR	30.2%

续　表

故障集合	分析结果
系统可隔离等级 D_s	13
系统可诊断度 d_s	15/42=30.2%

2）SZ推进系统的可诊断性度量指标

假定各故障的发生概率 λ_i 和危害程度 ω_i 相同，利用表3.11所示的SZ推进系统的故障可诊断性分析结果开展运算，即可得到表3.14所示的SZ推进系统的组件故障可诊断性度量指标。

表3.14　SZ推进系统的组件故障可诊断性度量指标

故障源	可检测度	可隔离度	故障源	可检测度	可隔离度
$f_{\mathrm{He1},\cdots,6}$	1	1/4	$f_{\mathrm{cst5},\cdots,8}$	1	1/2
$f_{\mathrm{GFDVt1,2}}$	1	1/4	$f_{\mathrm{LVt3,4,7,8,11,12,15,16}}$	1	1/3
$f_{\mathrm{NCPVt1},\cdots,4}$	1	1/3	$f_{\mathrm{cst9},\cdots,12}$	1	1/3
$f_{\mathrm{NCPV5,6}}$	1	1	$f_{\mathrm{LVt5,6,9,10,13,14,17,18}}$	1	1/4
$f_{\mathrm{cst1},\cdots,4}$	1	1	$f_{\mathrm{cst13},\cdots,16}$	1	1/4
$f_{\mathrm{LVt1,2}}$	1	1/3	$f_{\mathrm{Ft5},\cdots,8}$	1	1/4
$f_{\mathrm{RVt1,2}}$	1	1	$f_{A_t\mathrm{A1},\cdots,4}$	0	/
$f_{\mathrm{SVt1,2}}$	1	1	$f_{\eta\mathrm{A1},\cdots,4}$	0	/
$f_{\mathrm{OX1,2}}$	1	1/2	$f_{A_t\mathrm{B1},\cdots,8}$	0	/
$f_{\mathrm{MMH1,2}}$	1	1/2	$f_{\eta\mathrm{B1},\cdots,8}$	0	/
$f_{\mathrm{LFDVt1},\cdots,4}$	1	1/2	$f_{A_t\mathrm{C1},\cdots,16}$	0	/
$f_{\mathrm{Ft1},\cdots,4}$	1	1/2	$f_{\eta\mathrm{C1},\cdots,16}$	0	/

计算各故障集合的元素个数，则有

$$|\mathrm{UF}| = 0,\ |\mathrm{DF}| = 68,\ |\mathrm{IF}| = 6,\ p = |\mathrm{UIF}| = 20 \tag{3.20}$$

据此，则有

$$\mathrm{FDR} = \frac{|\mathrm{DF}|}{|F|} = \frac{|\mathrm{DF}|}{|\mathrm{DF}| + |\mathrm{UF}|} = 100\% \tag{3.21}$$

$$D_s = |\mathrm{IF}| + p = 26 \tag{3.22}$$

$$d_s = \frac{D_s}{|F|} = 38.2\% \tag{3.23}$$

最终得到SZ推进系统的可诊断性度量指标如表3.15所示。由表3.14和表3.15可见，在表3.4的飞行检测参数对应的传感器配置下，SZ推进系统的故障可检测度为100%，即可全部检出，原因在于该推进系统布置了大量的传感器。由表3.14可见，该推进系统多数组件的可隔离度均为1，进而提高了推进系统的可诊断度，d_s约为38.2%。

上述DFH卫星推进系统和SZ推进系统的故障可诊断性分析表明，传感器布置的数量和位置，对推进系统的故障可诊断性具有重要影响。增加传感器测点数量，可以提高推进系统组件和整个系统的故障可诊断性。然而，出于成本、可靠性的考虑，空间推进系统的星上资源有限，如何合理布置各种传感器，可靠、高效地检测出故障，进而提高推进系统的故障可检测度和可隔离度，成为一个值得深入研究的问题，本书将在第4章进行研究。

表3.15　SZ推进系统的故障可诊断性度量指标

故障集合	分析结果
系统的故障可检测度FDR	100%
系统的故障可隔离度FIR	38.2%
系统可隔离等级D_s	26
系统可诊断度d_s	26/68=38.2%

3.4　结　　论

本章针对空间推进系统，以DFH卫星推进系统和SZ推进系统为研究对象，在分别介绍其结构和工作过程的基础上，分析总结了上述两个推进系统在变轨过程和姿控过程中的故障模式，并根据故障频率和故障危害程度，筛选和归纳了14种主要故障模式，为后续的故障诊断研究奠定了基础。

针对故障诊断中可诊断性这一重要指标，研究并发展了空间推进系统的故障可诊断性（包括可检测性和可隔离性）评价方法，并分别针对DFH卫星推进系统和SZ推进系统，进行了故障可诊断性的对比分析。结果表明，对于只有5个飞行遥测参数的DFH卫星推进系统，其故障可检测度约为62.8%，故障可诊断度约为30.2%；而对于具有26个飞行遥测参数的SZ推进舱推进子系统，其故障可检测度为100%，故障可诊断度约为38.2%。可见，传感器的数量和位置，对推进系统的可诊断性具有重要的影响；相对于可检测性，故障可隔离性对传感器测量信息的要求更高。

第4章 基于符号有向图的诊断方法研究

4.1 引　言

空间推进系统是一个复杂的管网—流体—热动力系统,任何一个组件的异常或故障都可能导致推进系统的故障,进而影响航天任务的完成。因此,在系统运行过程中,需要实时监测关键参数,及时发现故障,确定故障源,并采取相应的故障对策或容错控制。当推进系统处于故障状态时,很多参数都会偏离正常值,这些参数的变化都是由于一个或几个故障源所引起的。空间推进系统故障诊断的目的,就是要确定这些故障源,为推进系统的故障对策提供依据。

SDG 模型是一种深层知识模型,它用图形的方式表示系统变量间的因果关系,具备包容大规模潜在信息的能力,能够为系统的构成提供一个直观的描述。SDG 模型具有简单、清晰的优点,适用于大规模系统的局部关系描述,特别是对于系统的故障定位与传播分析有着重要的作用。利用 SDG 模型包含的信息,结合因果分析法,搜寻可能的故障源,可以有效识别系统扰动的根本原因。此方法的优势在于只需要相对较少的信息,即可构造 SDG 模型并用于诊断,因而非常适用于空间推进系统这种检测参数较少而故障诊断任务又很重要的情况。

目前,基于 SDG 模型的诊断方法在化工和电力领域已有较广泛的研究,并在石油化工领域得到了工程化应用。该方法在国内外航天领域故障诊断中的研究和应用报道不多,在空间推进系统故障诊断中的研究还有待深入。

对于航天器这样的复杂系统,变量和潜在故障源众多,如何在资源有限的条件下,合理布置各种传感器,可靠、高效地检测出故障征兆,进而提高系统的故障可诊断性,已成为一个值得深入研究的关键问题。为了解决传感器测点优化配置问题,需要与系统描述方法很好地结合。对大型复杂系统而言,状态方程等传统描述方法的局限性比较突出,而 SDG 模型以图的形式,可以直观、清晰地建立故障、变量及其因果传递关系,适用于大型复杂系统的故障可诊断性分析。

1999 年,Raghuraj 等[122]基于有向图(digraph, DG)模型,研究了在故障可诊断性(包括可检测性和可隔离性)准则下的传感器配置问题。2000 年,Bhushan

等[123]将该方法发展到 SDG 模型，分别讨论了单故障源和多故障源假设下的传感器配置问题。2002 年，Bhushan[124]进一步发展了可靠性准则下的传感器配置问题，从系统可靠性最薄弱的环节入手，来解决系统整体的可靠性问题，采用的准则主要考虑了系统故障概率、传感器故障概率以及传感器配置成本等三个因素。2006 年，王强[125]针对化工系统进行了单故障源和多故障源假设下，基于可诊断性的传感器优化配置研究。2006 年，杨帆等[126]针对热能系统进行了基于可靠性的传感器优化配置研究。2008 年，杨帆等[127]把时间延迟或故障传递时间引入 SDG 模型中，提出了与时间因素相关的传感器布置方案。

在航空航天领域，国内学者也进行一些相关研究。2009 年，陈仲生等[128]针对直升机齿轮箱，进行了基于可靠性的嵌入式传感器优化配置研究。2009 年，宋其江[89]基于 SDG 模型，综合考虑可检测性与可靠性，进行了卫星一次电源系统的传感器分布优化设计。2011 年，刘文静等[129]采用 Dulmage-Mendelsohn 分解技术分析动量轮的解析冗余关系，研究了动量轮的测点优化配置问题。总体而言，国内航空航天领域学者针对传感器优化配置的研究很少，针对空间推进系统的研究几乎还是空白，亟待进行深入的研究。

本章首先介绍 SDG 模型、SDG 建模分析方法和基于 SDG 模型的诊断策略；再结合流程图和数学模型的建模方法，建立 DFH 卫星推进系统的 SDG 模型；然后采用正向、反向混合推理的策略，在单故障源假设下进行该卫星推进系统基于 SDG 模型的定性诊断分析；最后基于故障可诊断性分析的思想，结合 SDG 模型进行该推进系统的传感器优化配置研究。

4.2 推进系统的 SDG 建模

4.2.1 SDG 模型简介

SDG 模型采用节点和支路表征物理系统的因果关系。其中，节点表示系统中的物理量（如流量、温度、压力等）以及故障源，节点之间的有向支路表示故障传播方向和定性影响关系。

通过设定上限和下限阈值，可以确定观测节点的定性状态。其中，“+”号表示节点的测量值超过了上限阈值，“-”号表示节点的测量值超过了下限阈值，“0”符号表示测量值在上、下限阈值之间，处于正常状态。在某一瞬时时刻，SDG 模型中所有节点的状态观测值的集合称为一个样本（pattern）。如果样本只包括“+”“-”和“0”三种状态符号，则称为三级 SDG 样本。

支路上游节点称为初始节点（initial node），支路下游节点称为终止节点（terminal node）。如果初始节点变量的增加（或减少）导致终止节点变量也增加（或减少），则支路影响称为正影响（positive influence），在 SDG 模型中用实线箭头相连。反之,则称为负影响(negative influence),在 SDG 模型中用虚线箭头相连。

各节点相对正常值的偏离,以及此偏离在系统中所有可能的传播路径,均能够在 SDG 模型中定性地表达出来。对于一个样本,在 SDG 模型中可以搜索到已经发生偏离的节点及传播路径。这种由产生一致影响的若干支路形成的通路,称为相容通路(consistent path)或故障传播路径(fault propagation pathway)。消去与相容通路无关的节点和支路后,余下的部分称为该样本的因果图(cause effect graph, CEG)。

下面以图 4.1 所示的一个简化空间推进系统为例,说明 SDG 模型的构成。该系统由气瓶、贮箱、减压阀、推力器、管路和压力传感器 p_1、p_2、p_3 组成。

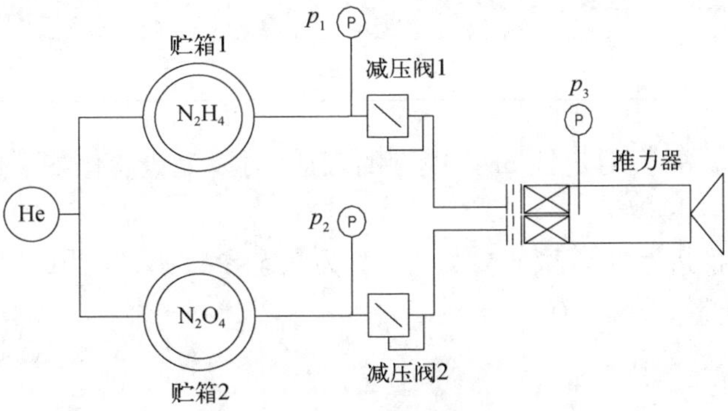

图 4.1　简化空间推进系统示意图

图 4.2 是该系统的一种 SDG 模型表达,图中 p_{He}、p_{line1}、p_1、p_{V1}、p_{line2}、p_2、p_{V2} 分别表示气瓶、燃料贮箱增压气路、燃料贮箱、燃料路减压阀、氧化剂贮箱增压气路、氧

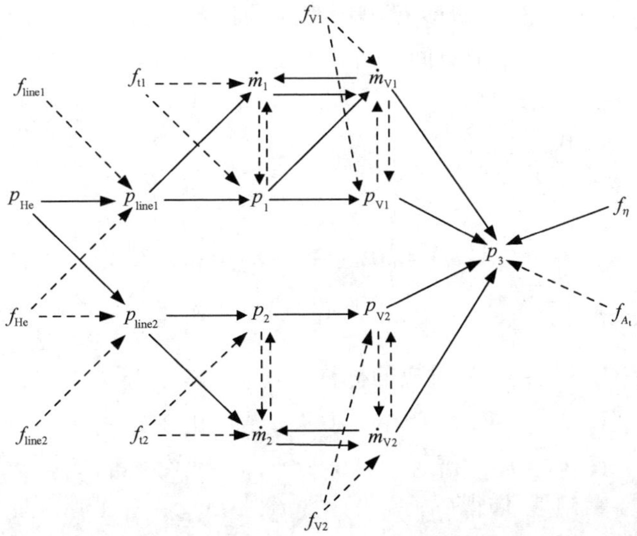

图 4.2　简化空间推进系统的 SDG 模型

化剂贮箱、氧化剂路减压阀的出口压力，$f_{\rm He}$、$f_{\rm line1}$、$f_{\rm t1}$、$f_{\rm V1}$、$f_{\rm line2}$、$f_{\rm t2}$、$f_{\rm V2}$ 分别表示上述7个组件的故障；$\dot{m}_{\rm t1}$、$\dot{m}_{\rm V1}$、$\dot{m}_{\rm t2}$、$\dot{m}_{\rm V2}$ 分别表示燃料贮箱、燃料路减压阀、氧化剂贮箱、氧化剂路减压阀的推进剂质量流量；p_3 为燃烧室压力；$A_{\rm t}$ 为喷管喉部截面积；η 为燃烧效率。图中各个节点之间用实线和虚线连接，分别表示上游节点对下游节点的影响为正或负。

表4.1是某一时刻该推进系统SDG模型节点的瞬时观测样本。

表4.1　简化空间推进系统SDG模型节点的瞬时观测样本

p_1	p_2	p_3
+	–	–

参照Umeda等[92]对定性SDG模型的表述，对以上概念作如下进一步的定义。

1. 经典SDG模型

假定 $V_{\rm p}$ 为推进系统模型的参数集，$V_{\rm S}$ 为状态参数集，$V_{\rm F}$ 为故障参数集。

设 $V_{\rm M}$ 为测量参数集，有

$$V_{\rm M} \subseteq V_{\rm S} \subseteq V_{\rm p} \tag{4.1}$$

定义4.1　将推进系统的SDG模型表示为一个三元组集合，即

$$G = < V,\ E,\ A > \tag{4.2}$$

式中，$V = \{v_1,\ v_2,\ \cdots,\ v_m\}$ 为SDG模型中的节点集；A 为 V 和 E 中元素的属性函数；$E = \{e_1,\ e_2,\ \cdots,\ e_n\}$ 为SDG模型中支路的集合，支路 e_i 表示 V 中节点间的故障传播方向，e_i 的属性表示节点间的故障传播关系，其属性值 $A(e_i) \in \{+,\ -\}$。

定义4.2　在SDG模型 $G = < V,\ E,\ A >$ 中，$A(v_i)(v_i \in V)$ 为测量节点 v_i 的符号，其值域为 $\{+,\ 0,\ -\}$，即

$$A(v_i) = \begin{cases} +,\ X_{v_i} - \hat{X}_{v_i} \geqslant \varepsilon_{v_i} \\ 0,\ |X_{v_i} - \hat{X}_{v_i}| < \varepsilon_{v_i} \\ -,\ X_{v_i} - \hat{X}_{v_i} \leqslant \varepsilon_{v_i} \end{cases} \tag{4.3}$$

式中，X_{v_i} 为节点测量值；$\hat{X}_{v_i}$ 为对应的标称值。

定义4.3　若 $u,\ v \in V$，且存在一条从 u 到 v 的支路 $e \in E$，则称 u、v 以 e 相连，记为 $(u,\ v)_e$ 或 $(u,\ v)$。若存在 $v_1,\ v_2,\ \cdots,\ v_n \in V$ 及 $e_1,\ e_2,\ \cdots,\ e_{n-1} \in E[n \leqslant \min(|V|,\ |E|+1)]$，使得 $(u_1,\ u_2)_{e_1}$，$(u_2,\ u_3)_{e_2}$，$\cdots$，$(u_{n-1},\ u_n)_{e_{n-1}}$，则称 $\{e_1,\ e_2,\ \cdots,\ e_{n-1}\}$ 为 u_1 到 u_n 的一条路径，记为 $p(u_1,\ u_n)$。

记 G 中路径 p 的集合为 P。

定义 4.4　对于路径 $p \in P$，其属性值 $A(p)$ 为所含各边属性值的乘积。

对于一个具有可观测样本的给定 SDG 模型，其状态变化的传播方式由因果图表示，由定义 4.5 和定义 4.6 描述。

定义 4.5　在具有样本 ψ 的 SDG 模型中，如果 $A(v_i) \neq 0$，则该节点称为有效节点；如果 $A(e_{k-1})A(v_k)A(e_{k+1}) = +$，则该支路称为相容支路。

由相容支路组成的路径称为相容通路，故障只有通过相容通路才能进行传播。对于故障诊断问题，有效节点和相容通路描述了故障的传递关系，因此研究的重点是建立 SDG 模型的子模型——因果图。

定义 4.6　当 SDG 模型的样本 ψ 和一系列属性 $A(e_i)$ 确定时，如果 $A(e_1)A(v_2)\cdots A(v_k)A(e_{k+1}) = +$，则该支路亦称为在样本 ψ 下的相容支路。

如果 SDG 模型中所有节点符号都可由测量确定，那么使用定义 4.5；当 SDG 模型包含不可观测的节点时，则采用定义 4.6。

定义 4.6 表明在 SDG 模型中选定节点和支路的相对性原理和化简规则，即一方面，如果为了进一步揭示系统的内在联系，在已经了解系统内在影响定性机制的前提下，可以在原有的 SDG 模型中增加节点和支路；另一方面，如果为了简化 SDG 模型，特别是当某些通路上不可观测的节点较多时，可以适度合并节点和支路。

SDG 模型这种基于图论模型的知识表示形式，为诊断对象的结构和因果关系等层次知识提供了一种直观的描述。2002 年，刘洪刚建立并证明了 SDG 模型用于推进系统的故障可诊断性理论，并指出 SDG 模型具有系统化描述过程行为的能力。

2. 对经典 SDG 模型的分析与扩展

在经典 SDG 模型中，属性函数 A 的值域为 $\{-1, 0, +\}$。而当 $A = 0$ 时，相应的节点或者支路并不出现在 CEG 中，这时 A 的有效取值只有 T(对)或 F(错)两种，这是一个二元逻辑。

在本书前面章节已经指出，经典 SDG 模型的研究局限在纯定性的范畴，而在实际系统中，测量得到的通常都是节点的定量值。为了使用定性诊断方法，需要非常小心地把定量观测值定性化，在这一过程中必然会丢掉一些有用的信息，可能导致推理结论中包含较多的虚解(spurious solution)、分辨率不高等问题。很多研究者已经注意到这个问题，并从 SDG 模型的支路定量化以及在节点定型赋值过程中加入动态趋势信息两个角度，试图解决上述问题。

将定量分析方法与 SDG 模型相结合，面临的主要问题是如何将定量信息在 SDG 模型中进行描述和表示。为了解决这个问题，本书扩展 SDG 模型 V 和 E 中元素的属性函数 A 的值域如下：

$$A \in [-R, +R] \tag{4.4}$$

式中,R 为有限实数,在系统的建模过程中可根据实际情况确定,通常取 $R=1$。

采用上述方法描述的优点是很容易将定量知识融入系统的 SDG 模型中。例如,可以通过构造隶属函数或者确定支路的故障传播概率,代替 SDG 模型支路上的+/-定性符号,可以更准确地描述上下游节点之间的相互影响关系。

由上述方法得到的 SDG 模型是介于定性模型和解析模型之间的一种模型。如果定量信息越多、越确切,此模型就越接近解析模型;如果定量信息减少或变得模糊,此模型就越接近定性模型。

4.2.2 SDG 建模方法

所建立的 SDG 模型品质直接决定了故障诊断的有效性。SDG 建模具有较强的针对性和灵活性,要使 SDG 模型能够符合客观规律,需要对系统有深入了解并有较丰富的实践经验,其中每一个节点、每一条支路都需要慎重考虑。建立系统 SDG 模型的方法通常有如下几种。

1. 基于数学模型的建模方法

Umeda 等[92]最早介绍了基于数学模型的 SDG 建模方法。基于数学模型的建模方法实际上是完成从数学模型向定性 SDG 模型的转化,其中 SDG 模型中的节点对应数学模型中的变量,支路状态通过对离散化后的数学模型求偏导数得到。经过多位学者的发展,基于数学模型的建模方法已能处理三类方程组(微分方程、代数方程以及微分代数方程)所描述的系统。

1) 基于微分方程(组)的系统建模方法

描述系统的微分方程(组)的一般表达式为

$$\frac{\mathrm{d}V}{\mathrm{d}t} = f_i(v_i \in V_\mathrm{S},\ u_l \in V_\mathrm{F}) \tag{4.5}$$

式中,v_i 为系统变量,对应状态参数;u_l 为外生变量(exogenous variable),通常假定为潜在故障源。

在由微分方程(组)描述的系统中,变量具有从右到左的显式因果关系。对每一个微分方程,支路从方程右边的所有变量指向方程左边的系统变量。如果 $\mathrm{d}v_i/\mathrm{d}t$ 的表达式不是 v_i 的函数,则没有指向 v_i 自身的回路。支路的符号 $A(e_i)$ 由 $[\partial f_i/\partial u_l]$ 确定。

2) 基于代数方程(组)的系统建模方法

描述系统的代数方程(组)的一般表达式为

$$F(v_i \in V_\mathrm{S},\ u_l \in V_\mathrm{F}) = 0 \tag{4.6}$$

代数方程（组）描述系统的瞬时行为，没有时间因果关系。由代数方程（组）得到系统 SDG 模型的方法如下。首先，画出由外生变量指向全部系统变量的支路，再画出方程中所有系统变量之间的双向支路，得到的图形称为依赖图（dependency graph）。其次，画出不同方程变量之间的双向支路，并进行匹配。例如，要将第 i 个方程与 v_j 匹配，则保留方程中从外生变量指向 v_j 节点的支路，删去从外生变量指向其余节点的支路。同样地，画出由其他节点指向 v_j 的支路，删去其余支路。反复进行以上步骤，直到方程全部进行了匹配。支路的符号 $A(e_i)$ 由 $-[(\partial f_i/\partial u_l)/(\partial f_i/\partial v_j)]$ 确定。

3）基于代数微分方程（组）的系统建模方法

基于代数微分方程（组）的系统 SDG 模型可以由前述两种方法组合得到。假定描述系统的代数微分方程（组）为

$$\begin{aligned}&\frac{\mathrm{d}V_1}{\mathrm{d}t}=\boldsymbol{F}_1(v_i\in V_1,\ v_j\in V_2,\ u_l\in V_\mathrm{F})\\&\boldsymbol{F}_2(v_i\in V_1,\ v_j\in V_2,\ u_l\in V_\mathrm{F})=0\end{aligned}\tag{4.7}$$

式中，$\boldsymbol{F}_1$ 和 $\boldsymbol{F}_2$ 为函数矢量；V_1 和 V_2 是与 V_S 不相交的两个子集。

建模时，首先应用基于微分方程（组）的方法，建立 SDG 模型的初始部分。其次，假定 $\forall v_i\in V_1$ 为伪外生变量，应用基于代数方程（组）的方法建立 SDG 模型的第二部分。最后，将以上两部分叠加，即可得到整个系统的 SDG 模型。

基于数学模型的方法易于表达系统变量之间的关系，准确性高；但是当数学模型比较复杂时，推导过程会很烦琐，而且该方法得到的节点都是状态变量，不能表示事件，所以不易表达故障。

2. 基于流程图的建模方法

Lapp 等[91]提出了基于流程图的方法，概括了此方法建模的具体步骤，即先通过将复杂的系统分解为若干简单的独立设备单元，然后利用相关分析表建立设备单元的 SDG 模型，最后组成系统。此方法直观形象、易于建立模型，但通常还需依靠经验、仿真或数学模型，而且建立的模型较复杂。

3. 基于经验知识的建模方法

有学者总结了基于经验知识的建模方法，并针对安全评价和故障诊断给出了两种建模方法。

1）面向安全评价的建模方法

安全评价的目的是识别出所有潜在的危险，追求的是揭示故障的完备性。其建模原则是，节点和支路的确定应当有利于全面揭示故障，并且尽可能揭示故障传播途径。其基本方法是先把系统分解为设备单元，然后对每个设备定义变量，考查变量之间的影响关系，建立影响方程组，同时分析设备异常的原因和不良后果，最

后组成系统模型。

2）面向故障诊断的建模方法

故障诊断是在故障发生的情况下及时寻找到故障源，追求的是诊断速度和故障分辨率。其建模原则是，节点和支路的确定应当有利于快速精确地定位故障源。其基本步骤是先确定故障节点，再对每个故障节点做故障树分析，把故障树进行合并，并经过修正，调整成为 SDG 模型。

基于经验知识的方法具有诊断速度快等优点，但其主要建模依据是实际故障集，对于实际工程中未出现的故障难以胜任。

在进行系统建模之前，首先介绍利用 SDG 模型进行故障诊断的一些定义。考虑一个 SDG 模型，v_k 为系统变量，u_j 为外生变量，它们都有指向某一系统变量 v_i 的边，[ ]表示变量的定性值。

（1）节点平衡（nodal balance）。一个系统变量的定性状态（+、0 或-）是所有指向该变量节点的支路的净影响。其数学表达式为

$$[\mathrm{d}v_i] = \sum_{k \neq i} \mathrm{sign}(v_k - v_i)[\mathrm{d}v_k] + \sum_j \mathrm{sign}(u_j - v_i)[\mathrm{d}u_j] \tag{4.8}$$

（2）初始响应（initial response）。系统变量的初始响应，是指该变量节点由于其他节点的影响而出现的第一个非零响应。

（3）最短路径（shortest path）。从外部变量节点 u_j 到系统变量节点 v_i 的最短路径是指，在由节点 u_j 到节点 v_i 的所有路径中，长度最短的路径。有学者指出，采用最短路径来分析系统变量之间的影响，能够大大减少符号不确定的节点，这非常有利于 SDG 模型的化简和应用。

如前所述，在应用数学模型建立系统 SDG 模型时，基于不同类型的方程（组）的建模方法是不同的。对动态系统进行分析，通常包括三个阶段：初始响应、中间过程和稳态响应。本章主要是根据系统的代数方程（组）建立 SDG 模型，因而下面仅对稳态响应进行具体分析。关于系统的初始响应和中间过程，本书在 5.2 节采用附带时间信息的动态 SDG 模型进行处理。

由于在定性建模的过程中会丢失一些有用的定量信息，所有基于定性推理的方法，虽然诊断的结果包含所有的正确解，但都存在产生大量虚解的问题，这就大大降低了应用定性诊断方法的效果。因此，找出虚解和减少虚解数量，才能使基于定性模型的方法（包括 SDG 模型）具有更好的应用前景。

建模过程中的信息丢失会导致出现大量虚解，因此要想减少虚解，必须想办法增加系统相关信息。很多学者进行了相关研究，通过集成更多信息（大体分为因果信息和非因果信息），以减少虚解数量。因果信息与微分部分有关，体现了微分方程描述的系统瞬态响应。本章主要研究推进系统的稳态响应，因此下面仅介绍利用非因果信息进行虚解约简。利用非因果信息可以生成非因果冗余方程，通常有

如下三种方法：① 通过代数方程(组)的代数运算,代数运算得到的冗余方程所包含的变量子集,不同于原方程的变量子集,这样的冗余方程有助于虚解的消除;② 利用数值信息,系统中参数的测量信息,可以用来减少虚解的数量;③ 利用相关数量级,数量级分析的结果可用于对支路进行赋权。

4.2.3　推进系统的SDG模型

本书研究对象的静态数学模型为复杂的代数方程组。有学者提出了用基于数学模型的方法进行火箭发动机SDG建模的理论,并由此得到了SDG模型中各个支路的符号。然而在分析具有复杂管路的空间推进系统时,此方法因比较复杂而难以实现。与此同时,空间推进系统由各个明显区分的、功能不同的组件组成,因此可以采用基于流程图的方法;而各个组件的数学模型通常表示为形式简单的代数方程,易于由基于数学模型的方法进行SDG建模。

基于以上分析,本书SDG建模的思路如下：首先按照流程图的方法,将推进系统分解为各个功能独立的组件;然后采用基于数学模型的方法分别建立各组件的SDG模型;最后将各组件的SDG模型合并,并进行匹配,得到系统的SDG模型。这种方法不仅直观,而且具有模块化的特点。

空间推进系统的复杂性,主要体现在阀门、管路和推力器的大量采用及其冗余配置上。下面给出所建立的这些组件的通用SDG模型。

1. 管路类组件的SDG模型

管路类组件的数学模型为

$$p_{in} = p_{out} + \xi \dot{m}^2/\rho \tag{4.9}$$

式中,p_{in}为入口压力;p_{out}为出口压力;ξ为流阻系数;$\dot{m}$为流量;ρ为密度。对于推进剂在管路类组件中流动的情形,可以假定ρ不变,p_{in}、p_{out}、$\dot{m}$为状态变量,ξ为流阻系数,其变化可以表征故障源f。

在本书的研究中,管路、阀门、单向阀、气体/液体过滤器和气体/液体试验接口均视为管路类组件。管路和阀门的故障主要表现为泄漏或堵塞,气体/液体过滤器的故障主要表现为堵塞,而单向阀、气体/液体试验接口的故障主要表现为泄漏。在以上模型中相应地表示为f的定性取值不同：堵塞故障时,取$f=+$；泄漏故障时,取$f=-$。

采用基于代数方程(组)的系统建模方法,所建立的管路类组件通用SDG模型如图4.3(a)所示。当p_{in}由外部条件确定时,从图4.3(a)中删去其他变量对p_{in}产生影响的支路,得到如图4.3(b)所示的简化SDG模型。

2. 推力器的SDG模型

推力器组件包括喷注器、燃烧室和喷管等。考虑到试验分析和实际系统的冗

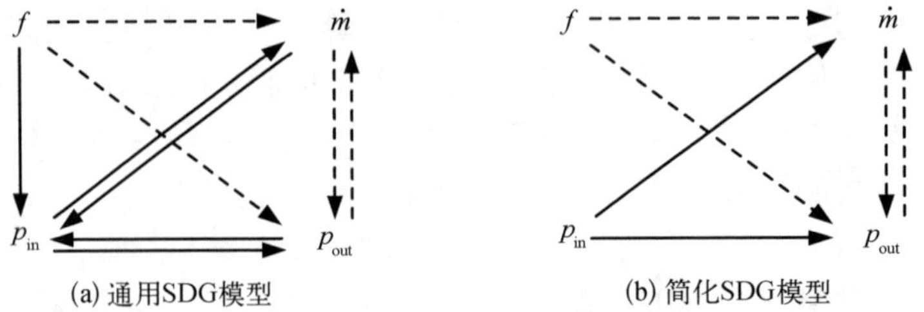

图 4.3 管路类组件的 SDG 模型

余备份中,推力器都是作为一个整体存在的,因此在这个定性模型中也将推力器作为一个整体来分析,用燃烧室的数学模型近似表示推力器的数学模型。

双组元推进剂系统的燃烧室数学模型为

$$p_C = \frac{\dot{m}_o + \dot{m}_f}{A_t}\beta_c \tag{4.10}$$

$$\beta_c = \eta f(r) \tag{4.11}$$

式中,p_C 为燃烧室压力;$\dot{m}_o$ 和 $\dot{m}_f$ 分别为氧化剂和燃料的质量流量;$r = \dot{m}_o/\dot{m}_f$ 表示推进剂的混合比;$f(r)$ 表示 β_c 为 r 的函数;A_t 为喷管喉部截面积;η 为燃烧效率。上述变量中,p_C 为被影响因素,f_{A_t} 和 f_η 为影响因素(潜在故障源)。

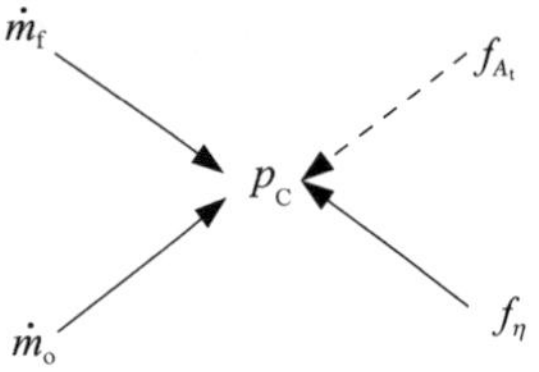

图 4.4 双组元推进剂燃烧室的 SDG 模型

发动机/推力器的主要故障表现为冲量小,故障原因包括喷管喉部烧蚀、燃烧效率下降等。同样采用基于代数方程(组)的系统建模方法,分别对燃烧室数学模型进行分析,可建立双组元推进剂燃烧室的 SDG 模型(图 4.4)。

3. 三通管的 SDG 模型

三通管的数学模型为

$$\dot{m} = \dot{m}_1 + \dot{m}_2 \tag{4.12}$$

基于代数方程(组)的建模方法,可得到三通管的 SDG 模型,如图 4.5 所示。

根据前述建模思路,逐一建立图 3.1 所示的 DFH 卫星推进系统各组件的 SDG 模型,再将各组件的 SDG 模型匹配合并,即可得到图 4.6 所示的该推进系统 SDG 模型。图中所有的压力均表示相应组件的出口压力,所有 f 均表示相应组件的潜在故障源。

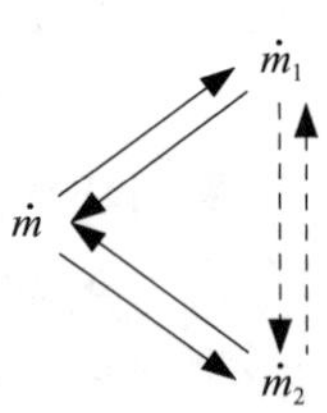

图 4.5 三通管的 SDG 模型

为使得到的 SDG 模型不过于复杂,图 4.6 中进行了如下简化:① 由于姿控系统的各个推力器完全相同,图中只表示了姿控系统的一个推力器,省略了其余推力器及相应的管路;② 由于姿

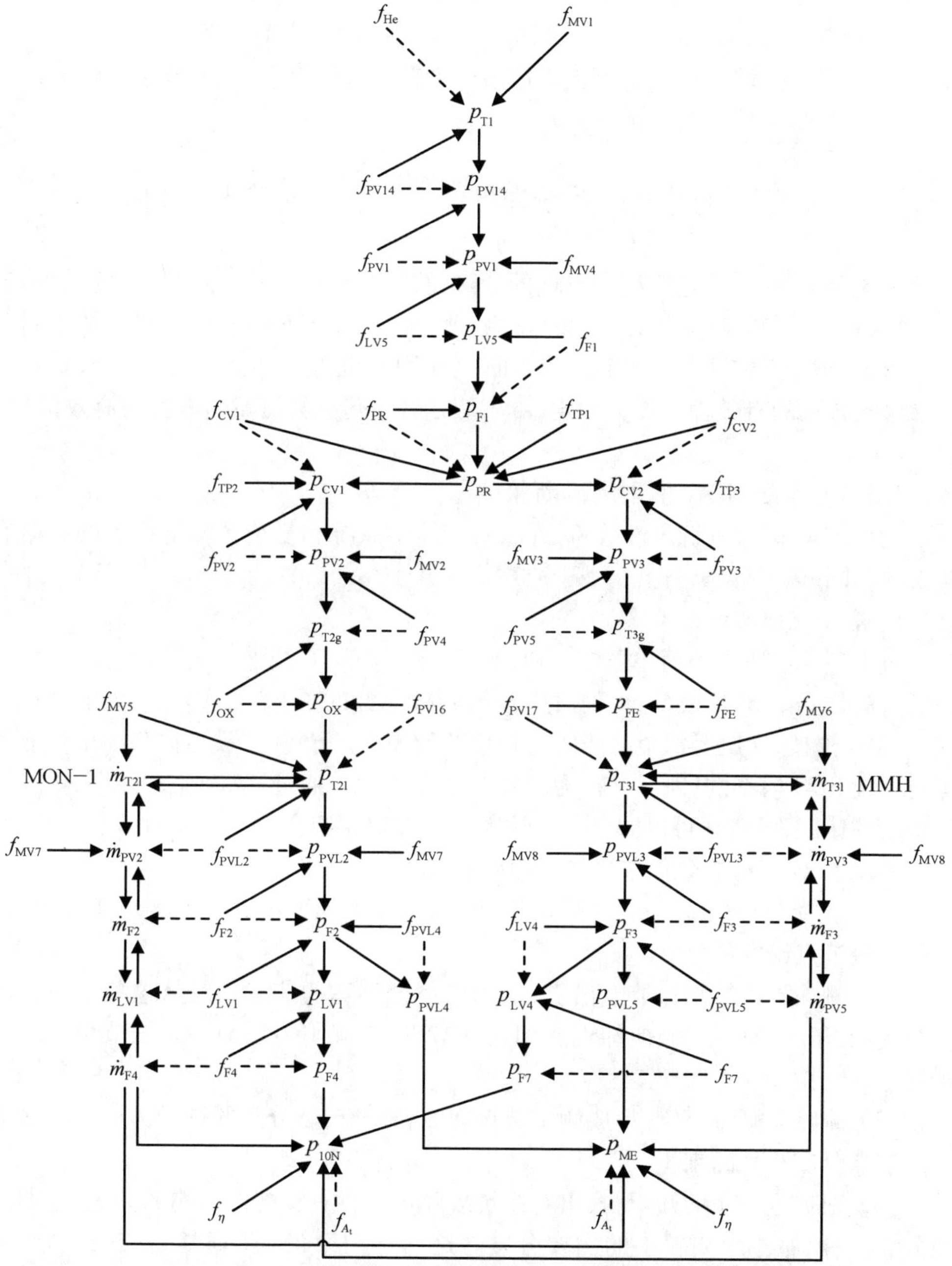

图 4.6　DFH 卫星推进系统的 SDG 模型

控系统的主路和副路是结构冗余的，图中只表示了姿控系统的主路，省略了姿控系统的副路；③ 为保证系统的可靠性，部分电爆阀带有冗余配置，将其省去并不影响图中系统功能的表示，图中省略了冗余电爆阀；④ 图中没有对各条管路进行单独分析，而是将各个组件与其上游管路作为一个整体进行分析（下面故障诊断分析中的组件，均是指组件及其上游管路）。

4.3 空间推进系统基于SDG模型的诊断实例

实际经验表明，推进系统中出现的故障通常都是由单一故障源引起的，故本节主要探究基于SDG模型针对单一故障源的诊断策略，并将基于SDG模型的诊断方法应用到DFH卫星推进系统的故障诊断中，用于验证空间推进系统基于SDG模型故障诊断方法的有效性。作为约定，本书假定各个传感器测量信号均为有效信号。

4.3.1 基于SDG模型的诊断策略

应用SDG模型进行定性故障诊断，对于简单系统和复杂系统情形下的策略有较大的不同，以下分别讨论。

1. 基于规则的诊断策略

对于图4.1所示的简单系统，SDG模型相对简单，系统潜在故障源也有限。可以通过简化系统SDG模型，得到对应于不同故障源的子SDG模型，并分别根据这些子SDG模型，导出对每个故障源进行诊断的规则。子SDG模型体现出单个故障源对系统SDG模型的影响，又称为故障源的因果图。通过这种方法可以大幅度提高诊断的速度，同时还可以同已有的诊断专家知识相结合。

系统SDG模型的简化方法与步骤如下。

(1) 选择一个故障源作为根节点，并删除SDG模型中其他的故障源节点，以及从这些节点出发的分支。

(2) 删除不可能从根节点出发，沿正向途径到达的节点以及从这些节点出发的分支；对于每个可检测、但却无法到达的节点，在规则中添加一条该节点为零的子句。

(3) 删除非测量节点，形成测量节点间的新分支，新分支的符号为原来穿过非测量节点分支符号的乘积。

(4) 根据进一步的知识，找出对系统故障传播具有支配性影响的分支，保留这些分支，去掉那些影响较小的次要分支。这一步与第(3)步通常是交叉进行的。进行这一步的主要依据包括：① 根据启发式规则，反馈影响不能补偿造成反馈本身的影响因素；② 系统变量节点之间的最短路径原则；③ 根据变量间的定量关系或对系统的数值仿真结果来确定。

传统的诊断真值表和诊断规则方法，归根结底还是基于穷举的思路进行故障诊断的，这对于故障源较少的系统是完全胜任的。但是将基于SDG模型的诊断方法推广到复杂系统的诊断时，随着系统复杂性的增加，诊断规则的数量会大大增加。因而，复杂系统的故障诊断问题较难采用上述基于规则的诊断策略，更多地采用基于定性推理的诊断策略。

2. 基于定性推理的诊断策略

基于SDG模型的推理，是在SDG模型中完备且不重复地搜索（穷举）所有的相容通路，这一过程又称为SDG定性仿真。搜索任务是通过"推理引擎"（inference engine）自动完成的，高效、准确、实时的推理引擎是SDG定性仿真的核心与关键。对于大系统SDG模型，为了提高效率，应当采用分级或分布式推理策略。

基于SDG模型的推理机制主要有正向推理（评价模式）和反向推理（诊断模式）两种。正向推理的前提是SDG模型所有节点的状态未知。在SDG模型中，从选定的原因节点向后果节点完备地搜索可能且独立的相容通路。每一个原因节点都要对所有的后果节点做一次全面搜索，并且在搜索中对通路经过的节点做相容性标记（预估）。最后对所有搜索到的可能且独立的相容通路进行合理性分析。因为正向推理机制和安全评价的机制一致，所以也称为评价模式。反向推理是在SDG模型已知的瞬态样本中进行。从当前所关注的后果节点（报警节点）向所有可能的原因节点反向搜索可能且独立的相容通路。因为反向推理机制和故障诊断的机制一致，所以也称为诊断模式。

在本书的实际应用中，综合使用了正、反向两种推理。基于SDG模型的故障诊断算法如下：① 建立系统的SDG模型；② 初始化故障集 $V_F=\varnothing$，根据系统运行状态和经验，输入系统各测量节点的阈值；③ 当检测到节点值有偏差时，启动故障诊断程序，从报警节点 n_i 向所有可能的原因节点反向搜索所有可能且独立的相容通路，添加各相容通路的根节点 $R_1, R_2, \cdots, R_k$ 到故障集 V_F；④ 从以上各条通路的根节点 $R_1, R_2, \cdots, R_k$ 进行正向推理，并与已知测量节点的样本进行比较，剔除故障集 V_F 中与样本中其他测量节点不相容的通路节点；⑤ 若 $V_F=\varnothing$，则认为是误报或者故障传播路径已被截断，转到步骤③；若 $V_F\neq\varnothing$，其根节点即为可能的故障源，若 V_F 中根节点不唯一，则应根据先验概率给出故障概率排序，并结合系统特点和其他信息进一步确认故障源。

4.3.2 DFH卫星推进系统的诊断结果与分析

本书主要针对DFH卫星推进系统堵塞和泄漏两种故障模式进行分析。这两种故障模式的出现，都将导致推进系统寿命缩短，甚至空间任务失败。

在定性推理过程中，各个可能故障源 f 的取值范围是不同的：减压阀、自锁阀、气体/液体过滤器、单向阀的故障模式均有泄漏和堵塞（卡死），对应的 f 取值范围是{+, 0, -},常闭/常开电爆阀的故障模式为无动作和误动作,也可类似表示;气瓶、推进剂贮箱、气体加注/排放阀、液体加注/排放阀、气体试验接口的故障模式只有泄漏,对应的f取值范围是{0, -};推力器组件的故障模式中,喷管喉部烧蚀表示为$f_{A_t}=+$,燃烧效率下降表示为$f_\eta=-$。

表3.2给出了DFH卫星推进系统的飞行测量参数,下面以任意给定的一个系统故障瞬时样本为例(表4.2),应用SDG模型进行故障诊断。该研究对象采用了多达58个控制组件(不计算管路)、14个10 N推力器、1个主发动机,尽管本书只讨论各个组件处于主要故障模式(泄漏和堵塞)下的诊断问题,但要得到故障诊断真值表和诊断规则依然是一件非常繁复的工作。因此,本书采用了前面介绍的正向、反向综合推理的策略进行诊断。

表4.2 DFH卫星推进系统的SDG模型瞬时样本

p_{T1}	p_{T2g}	p_{T2l}	p_{T3g}	p_{T3l}
0	0	0	-	0

首先,从报警节点$p_{T3g}=-$向所有可能的原因节点反向搜索可能且独立的相容通路,可以得到如下13条通路:

(1) $f_{FE}=-\to p_{T3g}=-$

(2) $f_{PV5}=+\to p_{T3g}=-$

(3) $f_{MV3}=+\to p_{PV3}=-\to p_{T3g}=-$

(4) $f_{TP3}=+\to p_{CV2}=-\to p_{PV3}=-\to p_{T3g}=-$

(5) $f_{CV2}=+\to p_{CV2}=-\to p_{PV3}=-\to p_{T3g}=-$

(6) $f_{TP1}=-\to p_{PR}=-\to p_{CV2}=-\to p_{PV3}=-\to p_{T3g}=-$

(7) $f_{PR}=+\to p_{PR}=-\to p_{CV2}=-\to p_{PV3}=-\to p_{T3g}=-$

(8) $f_{F1}=+\to p_{F1}=-\to p_{PR}=-\to p_{CV2}=-\to p_{PV3}=-\to p_{T3g}=-$

(9) $f_{LV5}=+\to p_{LV5}=-\to p_{F1}=-\to p_{PR}=-\to p_{CV_2}=-\to p_{PV3}=-\to p_{T3g}=-$

(10) $f_{MV4}=-\to p_{PV1}=-\to p_{LV5}=-\to p_{F1}=-\to p_{PR}=-\to p_{CV2}=-\to p_{PV3}=-\to p_{T3g}=-$

(11) $f_{PV14}=+\to p_{PV14}=-\to p_{PV1}=-\to p_{LV5}=-\to p_{F1}=-\to p_{PR}=-\to p_{CV2}=-\to p_{PV3}=-\to p_{T3g}=-$

(12) $f_{MV1}=-\to p_{T1}=-\to p_{PV14}=-\to p_{PV1}=-\to p_{LV5}=-\to p_{F1}=-\to p_{PR}=-\to p_{CV2}=-\to p_{PV3}=-\to p_{T3g}=-$

(13) $f_{He}=-\to p_{T1}=-\to p_{PV14}=-\to p_{PV1}=-\to p_{LV5}=-\to p_{F1}=-\to p_{PR}=-\to p_{CV2}=-\to p_{PV3}=-\to p_{T3g}=-$

再从以上各条通路的根节点进行正向推理，并与已知测量节点的样本进行比较，剔除与样本其他测量节点不相容的通路（6～13），最终得到5条相容通路（1～5），即可判断这5条相容通路的根节点为可能的故障源，如表4.3所示。

表4.3　DFH卫星推进系统基于SDG模型的诊断结论

序　号	可能故障源	故障原因
1	$f_{FE}=-$	燃料贮箱泄漏
2	$f_{PV5}=+$	常开电爆阀NOPV5误动作
3	$f_{MV3}=+$	气体试验接口MV3泄漏
4	$f_{TP3}=-$	气体试验接口TP3泄漏
5	$f_{CV2}=+$	单向阀CV2卡死

由表4.3可见，对于给定的例子中的故障：燃料贮箱前压力偏小（$p_{T3g}=-$），可能的故障源有5个，涵盖了可能导致p_{T3g}压力低于正常值的全部情况。但是仅依据报警时刻这5个压力传感器的测量样本，只能将故障原因定位到推进系统的局部范围（本例中定位到上述5个组件及其上游管路），难以准确定位故障。

4.3.3　SZ推进系统的诊断结果与分析

应用4.2.3小节的建模思路，得到SZ推进系统的定性SDG模型，如图4.7所示。图中所有的压力均表示相应组件的出口压力，所有的f均表示相应组件的潜在故障源。

为了简洁地表示SDG模型，图中进行了如下简化：① 由于4个主发动机完全相同，姿控系统的150 N和25 N推力器也分别相同，图中只表示了系统主路的主发动机、质心主份姿控推力器（150 N）和尾部主份姿控推力器（25 N）各一个，省略了其余推力器及相应的管路；② 由于SZ推进系统的主路和备份是结构冗余的，图中只表示了系统的主路，省略了备份结构；③ 图中没有对各条管路单独建立SDG模型，而是将各个组件与其上游管路作为一个整体进行分析。

下面以任意给定的一个SZ推进系统瞬时故障样本（主发动机氧化剂入口压力偏低$p_{Tt1}=-$）为例（表4.4），应用SDG模型进行定性诊断分析。

表4.4　SZ推进系统的SDG模型瞬时故障样本

p_{Tt21}	p_{Tt9}	p_{Tt11}	p_{Tt23}	p_{Tt25}	p_{Tt1}	p_{Tt5}	p_{Tt13}	p_{Tt17}	p_{Tt15}	p_{Tt19}
0	0	0	0	0	-	0	0	0	0	0

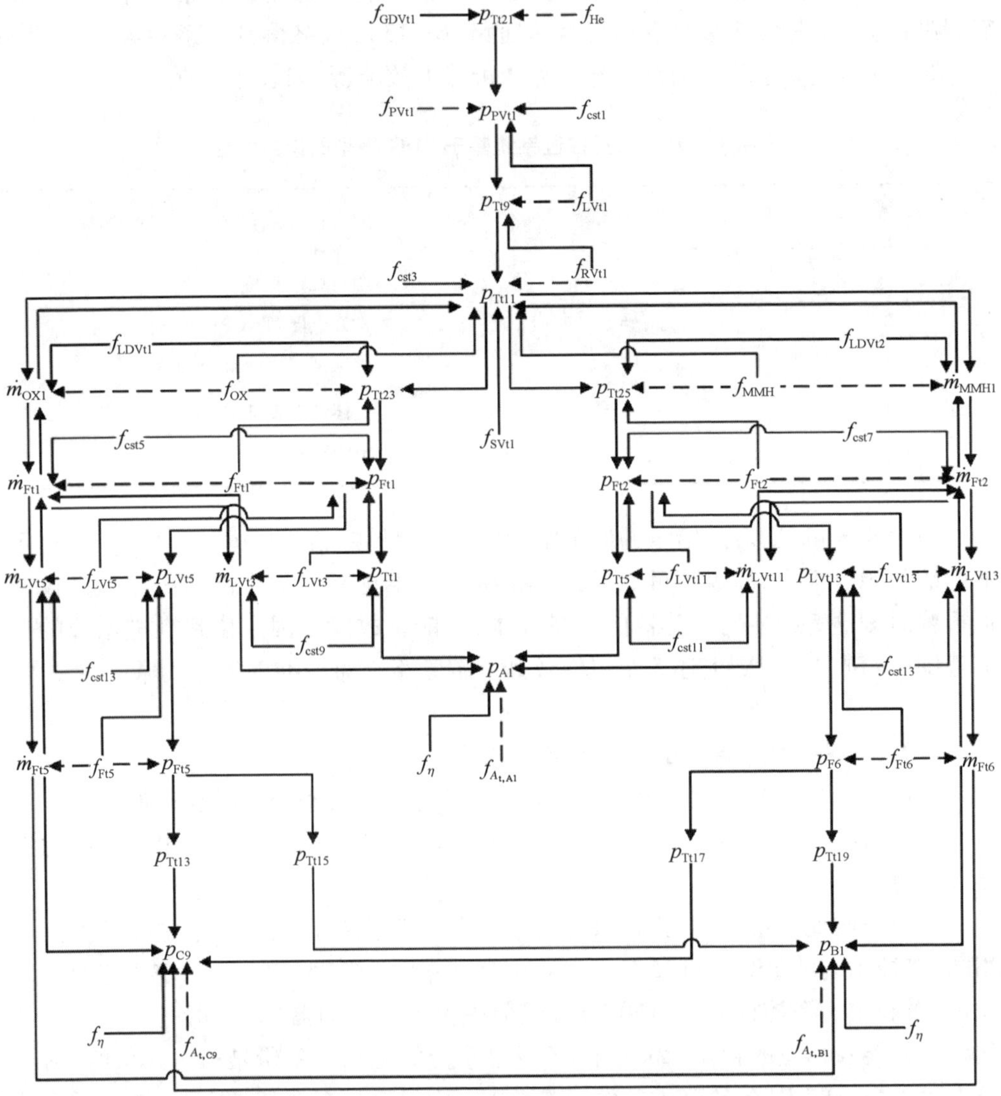

图 4.7　SZ 推进系统的 SDG 模型

采用 4.3.1 小节的正向、反向综合推理的策略，最终得到 4 条相容通路：

(1) $f_{cst9}=- \rightarrow p_{Tt1}=-$

(2) $f_{LVt3}=+ \rightarrow p_{Tt1}=-$

(3) $f_{Ft1}=+ \rightarrow p_{Ft1}=- \rightarrow p_{Tt1}=-$

(4) $f_{cst5}=- \rightarrow p_{Ft1}=- \rightarrow p_{Tt1}=-$

其根节点即为可能的故障源，如表 4.5 所示。

表 4.5　SZ 推进系统基于 SDG 模型的诊断结论

序　号	可能故障源	故障原因
1	f_{cst9} = −	试验接口 cst9 泄漏
2	f_{LVt3} = +	自锁阀 LVt3 堵塞
3	f_{Ft1} = +	过滤器 Ft1 堵塞
4	f_{cst5} = −	试验接口 cst5 泄漏

4.3.2 小节和 4.3.3 小节的诊断分析实例,反映了定性 SDG 模型用于诊断分析的特点,即故障候选集的完备性较好,故障解释能力较强,但是故障分辨率不高。这主要是由于 SDG 模型样本是一个时间的切面,是静态信息,而系统故障则是动态发展的;同时,在系统已知的定量信息转化为定性信息的过程中,舍弃了一些有用的信息。这两个方面最终都会导致故障分辨率不高,即故障诊断的结论罗列了较多的相关结果,到底是哪一个不易分清。

传统的基于 SDG 模型的诊断局限在纯定性的范畴,而没有充分利用测量信号中的定量信息(例如,减压阀堵塞和电爆阀误动作两个故障模式,在上述定性描述中均为 $f=+$,但是相应的压力变化和对下游的影响差别很大),导致产生较多虚解、故障分辨率不高,这是基于 SDG 模型诊断方法明显的不足之处。

本小节针对 SZ 推进系统进行定性诊断分析得到的候选故障源数量,比 4.2.2 小节中 DFH 卫星推进系统诊断分析得到的候选故障源数量少。这是因为 SZ 推进系统的飞行测量参数数量(26 个压力参数)远比 DFH 卫星推进系统的飞行测量参数数量(5 个压力参数)多。可见,提高基于 SDG 模型故障分辨率的途径是增加其他信息,这可以通过增加测量参数数量、利用测量的时序信息、加入定量信息等方法实现。4.4 节将研究增加测量参数数量的方法,第 5 章将在定性模型中结合后两种方法,提高基于 SDG 模型的故障分辨率。

4.4　基于 SDG 模型的推进系统传感器配置

本节在前述 DFH 卫星推进系统 SDG 模型的基础上,研究发展了基于故障可诊断性分析的推进系统传感器优化配置方法,最后针对该卫星推进系统进行了传感器测点配置的应用研究。

4.4.1　基于可检测性的传感器配置

1999 年,Raghuraj 等[122]基于 DG 模型进行了传感器配置,其基本设计思路是:

故障检测就是通过传感器，对系统关键变量进行监测；若能观测到系统的故障征兆，即可检测出系统发生的相应故障。为了便于采用 DG 模型进行传感器配置，Raghuraj 等[122]将故障的可检测性定义为系统发生的每个故障至少能被一个传感器检测到。2000 年，Bhushan 等[123]将该方法发展到 SDG 模型，分别讨论了单故障源和多故障源假设下的传感器配置问题。

对于 4.3 节建立的 DFH 卫星推进系统的 SDG 模型，当推进系统出现故障时，相应的 SDG 模型可以化简为以该故障为根节点的因果图，因果图中的相容支路表示了故障的传播路径，而各个节点则表示了受故障影响的下游节点。对于可检测性问题，不用考虑可诊断条件，因而不必考虑 SDG 模型中支路的符号，SDG 模型可简化为 DG 模型。

两个或更多的故障可能会影响 DG 模型中的相同变量，因此，通过在该节点上布置传感器，即可观测到所有相连根节点的故障征兆。如此，基于 DG 模型的传感器配置问题，可转化为寻找一组节点集合，使得从这些节点沿着有向路径上溯，可以与所有的故障根节点相连。上述关键变量的节点称为关键节点，所有的关键节点组成的集合称为关键节点集。例如，对于图 4.2 所示的简化空间推进系统的 SDG 模型，节点 p_3 沿着有向路径可以上溯到所有的根节点，因此 p_3 为关键节点。

对于同一个 SDG 模型，可能存在不同的关键节点集。在所有的关键节点集中，将有最小集合，在该集合的关键节点处布置传感器，即可得到满足可观测条件的最少传感器节点配置。

根据上述分析，给定系统的 DG 模型，基于故障可检测性的传感器配置问题，就转化为寻找关键节点集问题。

Rahuraj 等[122]证明了对于一个弱连接的无环有向图，至少存在一条有向路径，连接根节点和仅有输入路径的节点。因此，可将只有输入路径的节点（关键节点）设置为传感器节点。如果在所有的关键节点处设置传感器，那么该传感器集合必然能够检测到所有组件节点对应的故障。显然，该集合是满足故障可检测条件的最大传感器集合。

然而，满足可检测条件的传感器集合可能并不唯一，尽管这种设置传感器的方法足够确保所有的故障都能被观测到，但得到的往往不是最少的传感器节点配置。基于故障可检测性的传感器配置问题，就是寻找最小关键节点集，使得布置最少的传感器即可满足故障的可检测性，这是一个最小集合覆盖问题（minimum set covering problem）。

Raghuraj 等[122]引入了二分图（bipartite graph）来解决该覆盖问题。假定二分图中包含 n 个节点，可分为集合 A 和集合 B，且同一个集合中的任意两个节点在图中无边相连（即任何一条边都是一个节点在集合 A，另一个在集合 B 中）。当且仅当 B 中的每个节点至少与 A 中一个节点相连时，A 的一个子集 S 覆盖集合 B，即是

B 的一个覆盖。集合 S 的覆盖大小是指集合中的节点数目,当且仅当覆盖集合 B 的子集 S 是所有覆盖子集中最小的一个时,称 S 为对 B 集合的最小覆盖。

图 4.8 所示为与图 4.2 所示 SDG 模型相对应的二分图。集合 $A = \{f_{\mathrm{He}}, f_{\mathrm{line1}}, f_{\mathrm{t1}}, f_{\mathrm{V1}}, f_{\mathrm{line2}}, f_{\mathrm{t2}}, f_{\mathrm{V2}}, f_{A_{\mathrm{t}}}, f_{\eta}\}$,集合 $B = \{p_{\mathrm{line1}}, p_{\mathrm{line2}}, p_1, p_2, p_{\mathrm{V1}}, p_{\mathrm{V2}}, p_3\}$。$A$ 的一个子集 $S_1 = \{f_{\mathrm{line1}}, f_{\mathrm{line2}}\}$ 为集合 B 的一个二分覆盖,但不是唯一的,如集合 $S_2 = \{f_{\mathrm{He}}\}$,同样也是集合 B 的一个二分覆盖。

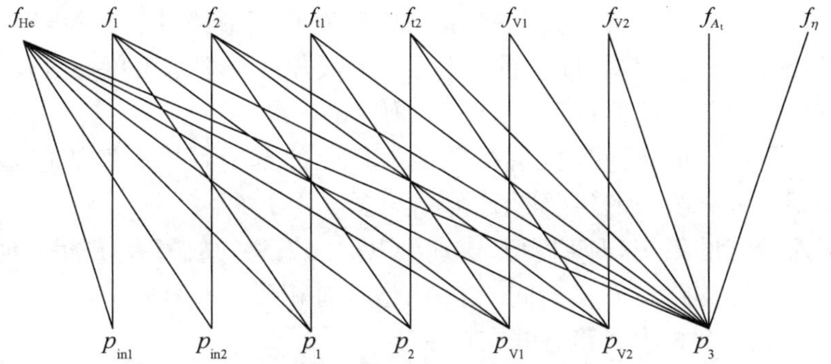

图 4.8　简化空间推进系统 SDG 模型的二分图

由二分覆盖的定义可见,该问题与本书要解决的问题——寻找可检测集合中能够覆盖所有组件节点的一个最小子集——具有相似性,因此可以将可检测性问题,归结于二分图的二分覆盖问题(bipartite cover problem)。

基于可检测性的传感器配置问题就是找出可检测集合的一个最小子集,能够覆盖所有的组件变量。因此对于图 4.8 所示的二分图,解决二分覆盖问题,也就完成了传感器的优化配置问题。Raghuraj R 等和 Bhushan M 等引入改进贪婪算法来解决该问题[122-124]。

基于可检测性的传感器配置算法(算法Ⅰ)如下:

(1) 忽略 SDG 模型中支路的符号,SDG 模型退化为 DG 模型;

(2) 挑选出系统所有的被控变量;

(3) 化简 DG 模型,将所有的非控制回路压缩成超级节点,原因在于非控制回路(包括反馈回路)不能补偿进入回路的初始扰动的影响;

(4) 如果出现控制回路,删除与被控变量输出控制回路相连的输出路径,然后再补充输出控制回路的节点;

(5) 构造故障节点和被控变量节点之间的二分图;

(6) 基于改进贪婪算法解决二分图的可观测性问题,即可得到基于可检测性的传感器配置节点集合。

基于可检测性的传感器配置的结果只能满足故障可检测性的要求,对于航天器推进系统的故障诊断而言,这仅仅是最基本的要求。为了满足故障诊断的要求,尚需研究适用于故障诊断的传感器配置算法。

4.4.2 基于可隔离性的传感器配置

4.4.1 小节所述基于可检测性的传感器配置算法是基于 DG 模型的,为了能将上述方法应用于基于可隔离性的传感器配置,需要对 SDG 模型进行必要的修改。不失一般性,假定故障仅能正向偏离。对于某些也能负向偏离的故障,在 SDG 模型中加入与原始故障的负向偏离相对应的新故障,新故障的支路符号与原始故障支路符号相反。经验表明,推进系统中出现的故障通常都是由单一故障源引起的,故本小节只讨论单故障假设下基于 SDG 模型的诊断。

基于可隔离性的传感器配置可转换为相应的基于可检测性的传感器配置问题。为实现最大分辨率的传感器配置算法(算法Ⅱ)如下:

(1) 对给定的系统 SDG 模型,辨别可以双向偏离的故障 F,并相应地添加新的故障 $F-$,其输出支路与 F 接到同一节点,但具有相反的符号;

(2) 将每一个相容回路压缩成超级节点;

(3) 如算法Ⅰ,解决控制回路和非控制回路问题;

(4) 对每个故障 f_1,确定故障影响节点集合 A_i 及这些节点的方向(正、负,或不确定),以集合 A_i 为基础,在所有故障节点(根节点)和关键节点之间构建一个二分图 G1;

(5) 对于每一个故障对中的(f_i, f_j),构造集合 $B_{ij} = B_{ji} = A_i \cup A_j - A_i \cap A_j$, B_{ij} 是区别故障(f_i, f_j)的关键节点集合;如果一个节点仅存在于 A_i 或者 A_j 而不是两点都出现,那么相应的关键节点由 B_{ij} 包含;如果一个关键节点同时存在于 A_i 和 A_j,该节点不能用于隔离故障,该节点将被排除在 B_{ij} 之外;由于 $B_{ij} = B_{ji}$ 是对称的,这一步将产生 $n \times (n-1)/2$ 个新集合;

(6) 将每个 B_{ij} 用一个节点表示,在这些节点和关键节点之间构造二分图;将此二分图加入原始二分图 G1 中,称新产生的二分图为 G2;

(7) 选择所有被控变量,将算法Ⅰ应用于二分图 G2,在节点集合上设置传感器,即可实现单故障假设条件下的最优传感器配置。

4.4.3 传感器配置实例与分析

1. 基于可检测性的传感器配置

针对图 4.6 所示的 DFH 卫星推进系统 SDG 模型,先按照传感器测点配置的要求,对有向图模型进行必要的化简,关键节点集合及组件节点集合如表 4.6 所示。然后建立关键节点集合与组件集合之间的可达关系矩阵,采用前述基于可检测性的传感器配置算法(算法Ⅰ),即可得到表中所示的传感器配置节点。表中 p_{OX}、p_{BR}

分别表示主发动机氧化剂和燃料入口压力，下标 ME 和 Thr 分别表示主发动机和推力器。

表 4.6　DFH 卫星推进系统基于可检测性的传感器配置结果

节点类型	节　点　集　合
组件节点	$p_{\mathrm{T1}}, p_{\mathrm{NOPV14}}, \{p_{\mathrm{NCPV}i}, i = 1, 2, 3\}, p_{\mathrm{LV5}}, \{p_{\mathrm{F}i}, i = 1, \cdots, 7\}, p_{\mathrm{PR}}, p_{\mathrm{CV1}}, p_{\mathrm{CV2}}, p_{\mathrm{T2g}}, p_{\mathrm{T3g}}, p_{\mathrm{OX}}, p_{\mathrm{FE}}, p_{\mathrm{T2l}}, p_{\mathrm{T3l}}, p_{\mathrm{NCPVL2}}, p_{\mathrm{NCPVL3}}, p_{\mathrm{NOPVL4}}, p_{\mathrm{NOPVL5}}, \{p_{\mathrm{LVL}i}, i = 1, \cdots, 4\}, p_{\mathrm{MEOX}}, p_{\mathrm{MEBR}}, p_{\mathrm{ThrAOX}}, p_{\mathrm{ThrABR}}, p_{\mathrm{ThrBOX}}, p_{\mathrm{ThrBBR}}$
关键节点	$\{p_{\mathrm{MEOX}}, p_{\mathrm{MEBR}}, p_{\mathrm{ThrAOX}}, p_{\mathrm{ThrABR}}, p_{\mathrm{ThrBOX}}, p_{\mathrm{ThrBBR}}\}$
传感器配置节点	$\{p_{\mathrm{MEOX}}, p_{\mathrm{MEBR}}, p_{\mathrm{ThrAOX}}, p_{\mathrm{ThrABR}}, p_{\mathrm{ThrBOX}}, p_{\mathrm{ThrBBR}}\}$

2. 基于可隔离性的传感器配置

针对图 4.6 所示的 DFH 卫星推进系统 SDG 模型，采用前述基于可隔离性的传感器配置算法（算法 Ⅱ），并充分考虑参数是否可测量，得到表 4.7 中所示的传感器配置节点。表中 p_{OX}、p_{BR} 分别表示主发动机氧化剂和燃料入口压力，下标 ME 和 Thr 分别表示主发动机和推力器。

表 4.7　DFH 卫星推进系统基于可隔离性的传感器配置结果

节点类型	节　点　集　合
组件节点	$p_{\mathrm{T1}}, p_{\mathrm{NOPV14}}, \{p_{\mathrm{NCPV}i}, i = 1, 2, 3\}, p_{\mathrm{LV5}}, \{p_{\mathrm{F}i}, i = 1, \cdots, 7\}, p_{\mathrm{PR}}, p_{\mathrm{CV1}}, p_{\mathrm{CV2}}, p_{\mathrm{T2g}}, p_{\mathrm{T3g}}, p_{\mathrm{OX}}, p_{\mathrm{FE}}, p_{\mathrm{T2l}}, p_{\mathrm{T3l}}, p_{\mathrm{NCPVL2}}, p_{\mathrm{NCPVL3}}, p_{\mathrm{NOPVL4}}, p_{\mathrm{NOPVL5}}, \{p_{\mathrm{LVL}i}, i = 1, \cdots, 4\}, p_{\mathrm{MEOX}}, p_{\mathrm{MEBR}}, p_{\mathrm{ThrAOX}}, p_{\mathrm{ThrABR}}, p_{\mathrm{ThrBOX}}, p_{\mathrm{ThrBBR}}$
关键节点	$p_{\mathrm{T1}}, p_{\mathrm{T2g}}, p_{\mathrm{T3g}}, p_{\mathrm{T2l}}, p_{\mathrm{T3l}}, p_{\mathrm{LV5}}, p_{\mathrm{PR}}, p_{\mathrm{F2}}, p_{\mathrm{F3}}, p_{\mathrm{MEOX}}, p_{\mathrm{MEBR}}, p_{\mathrm{ThrAOX}}, p_{\mathrm{ThrABR}}, p_{\mathrm{ThrBOX}}, p_{\mathrm{ThrBBR}}$
传感器配置节点	$p_{\mathrm{T1}}, p_{\mathrm{T2g}}, p_{\mathrm{T3g}}, p_{\mathrm{T2l}}, p_{\mathrm{T3l}}, p_{\mathrm{LV5}}, p_{\mathrm{PR}}, p_{\mathrm{F2}}, p_{\mathrm{F3}}, p_{\mathrm{MEOX}}, p_{\mathrm{MEBR}}, p_{\mathrm{ThrAOX}}, p_{\mathrm{ThrABR}}, p_{\mathrm{ThrBOX}}, p_{\mathrm{ThrBBR}}$

对比表 3.2 所示的该推进系统在轨飞行时检测 5 个压力参数，

表 4.7 所示传感器配置节点第一行与该 5 个压力参数是一致的。配置算法另外新增加了 10 个测点，这些新增测点将有助于提高系统的故障可诊断性。

3. 传感器配置后的 DFH 卫星推进系统故障可诊断性分析

针对基于可检测性和可隔离性的传感器配置研究结果，采用 3.3.1 小节的可诊断性分析，重新评价传感器优化配置后 DFH 卫星推进系统的故障可诊断性，结果如表 4.8 所示。

表 4.8 DFH 卫星推进系统传感器配置后的故障可诊断性分析结果

故障集合	分析结果
不可检测故障集合	$UF = \varnothing$
可检测的故障集合	$DF = F - UF = \left\{\begin{array}{l}\{f_{\text{He}i},\ i=1,2,3\},\ \{f_{\text{MV}i},\ i=1,\cdots,8\},\ \{f_{\text{NCPV}i},\ i=1,2,3\},\\ f_{\text{NOPV14}}, f_{\text{PR}}, f_{\text{LV5}},\ \{f_{\text{F}i},\ i=1,\cdots,7\},\ \{f_{\text{TP}i},\ i=1,\cdots,3\},\\ f_{\text{CV1}}, f_{\text{CV2}}, f_{\text{NOPV4}}, f_{\text{NOPV5}}, f_{\text{OX}}, f_{\text{FE}}, f_{\text{NCPVL16}}, f_{\text{NCPVL17}},\\ f_{\text{NCPVL2}}, f_{\text{NCPVL3}},\ \{f_{\text{LVL}i},\ i=1,\cdots,4\}, f_{\text{NOPVL4}}, f_{\text{NOPVL5}}\end{array}\right\}$
不可隔离故障集合	$UIF = \left\{\begin{array}{l}\{f_{\text{He1}}, f_{\text{He2}}, f_{\text{He3}}, f_{\text{MV1}}\},\ \{f_{\text{NOPV14}}, f_{\text{NCPV1}}\},\ \{f_{\text{MV4}}, f_{\text{LV5}}\},\\ \{f_{\text{F1}}, f_{\text{PR}}, f_{\text{TP1}}\},\ \{f_{\text{CV1}}, f_{\text{TP2}}, f_{\text{MV2}}\},\ \{f_{\text{CV2}}, f_{\text{TP3}}, f_{\text{MV3}}\},\\ \{f_{\text{OX}}, f_{\text{MV5}}\},\ \{f_{\text{FE}}, f_{\text{MV6}}\},\ \{f_{\text{F2}}, f_{\text{MV7}}\},\ \{f_{\text{F3}}, f_{\text{MV8}}\},\\ \{f_{\text{F4}}, f_{\text{LVL1}}\},\ \{f_{\text{F5}}, f_{\text{LVL2}}\},\ \{f_{\text{F6}}, f_{\text{LVL3}}\},\ \{f_{\text{F7}}, f_{\text{LVL4}}\}\end{array}\right\}$
条件隔离故障集合	$CIF = \left\{\begin{array}{l}\{\forall\{f_{\text{CV1}}, f_{\text{TP2}}, f_{\text{MV2}}\},\ \forall\{f_{\text{CV2}}, f_{\text{TP3}}, f_{\text{MV3}}\}\},\\ \{\forall\{f_{\text{OX}}, f_{\text{MV5}}\},\ \forall\{f_{\text{FE}}, f_{\text{MV6}}\}\},\ \{\forall\{f_{\text{F2}}, f_{\text{MV7}}\},\ \forall\{f_{\text{F3}}, f_{\text{MV8}}\}\},\\ \{\forall\{f_{\text{F4}}, f_{\text{LVL1}}\},\ \forall\{f_{\text{L5}}, f_{\text{LVL2}}\}\},\ \{\forall\{f_{\text{F6}}, f_{\text{LVL3}}\},\ \forall\{f_{\text{F7}}, f_{\text{LVL4}}\}\}\end{array}\right\}$
可隔离的故障集合	$IF = DF - UIF = \left\{\begin{array}{l}\{f_{\text{NCPV}i},\ i=2,3\}, f_{\text{NOPV4}}, f_{\text{NOPV5}}, f_{\text{NCPVL16}}, f_{\text{NCPVL17}},\\ f_{\text{NCPVL2}}, f_{\text{NCPVL3}}, f_{\text{NOPVL4}}, f_{\text{NOPVL5}}\end{array}\right\}$

对比表 3.9 和表 4.8 可见：① 基于可检测性的传感器配置可大幅度提高系统可检测度指标，该推进系统的故障可全部检出；② 基于可隔离性的传感器配置之后，该推进系统不可隔离故障与条件隔离故障的比例显著降低，而可隔离的故障比例显著提高。

结合 4.4.1 小节和 4.4.2 小节的传感器配置研究结果，采用 3.3.2 小节的可诊断性度量指标，重新评价传感器优化配置后 DFH 卫星推进系统组件和系统的故障可诊断度，结果如表 4.9 和表 4.10 所示，同样假定各故障的发生概率 λ_i 和危害程度 ω_i 相同。

表 4.9 DFH 卫星推进系统传感器配置后的系统故障可诊断性度量指标

故障集合	分析结果
系统可检测度 FDR	100%
系统可隔离度 FIR	55.8%
系统可隔离等级 D_s	22
系统可诊断度 d_s	55.8%

表 4.10　DFH 卫星推进系统传感器配置后的组件故障可诊断性度量指标

故障源	可检测度	可隔离度	故障源	可检测度	可隔离度
$f_{\mathrm{He1,2,3}}$	1	1/4	$f_{\mathrm{NOPV4,5}}$	1	1
f_{MV1}	1	1/4	f_{OX}，f_{FE}	1	1/2
f_{NOPV14}	1	1/2	$f_{\mathrm{NCPVL16,17}}$	1	1
f_{NCPV1}	1	1/2	$f_{\mathrm{MV5,6}}$	1	1/2
f_{MV4}	1	1/2	$f_{\mathrm{NCPVL2,3}}$	1	1
f_{LV5}	1	1/2	$f_{\mathrm{MV7,8}}$	1	1/2
f_{F1}	1	1/3	$f_{\mathrm{NOPVL4,5}}$	1	1
f_{PR}	1	1/3	$f_{\mathrm{F2,\cdots,7}}$	1	1/2
f_{TP1}	1	1/3	$f_{\mathrm{LVL1,\cdots,4}}$	1	1/2
$f_{\mathrm{CV1,2}}$	1	1/3	$f_{A_{\mathrm{tME}}}$	0	—
$f_{\mathrm{TP2,3}}$	1	1/3	$f_{\eta\mathrm{ME}}$	0	—
$f_{\mathrm{MV2,3}}$	1	1/3	$f_{A_{\mathrm{tThri}}}$	0	—
$f_{\mathrm{NCPV2,3}}$	1	1	$f_{\eta\mathrm{Thri}}$	0	—

由表 4.9 和表 4.10 可见：① 基于可检测性的传感器配置可大幅度提高系统可检测度指标，系统可检测度由第 3 章实例研究的 62.8%提高至 100%；② 基于可隔离性的传感器配置之后，推进系统不可隔离故障与条件隔离故障的比例显著降低，而可隔离故障的比例显著提高，系统的可诊断度 d_s 由第 3 章实例研究的 30.2%上升至 55.8%。

4.5　结　论

本章在介绍推进系统 SDG 模型、建模分析方法和基于 SDG 模型的诊断策略的基础上，结合流程图和数学模型的建模方法，建立了 DFH 卫星推进系统的 SDG 模型；采用正向、反向综合推理的策略，研究并发展了该推进系统基于 SDG 模型的单故障源定性诊断分析方法。研究结果表明，定性 SDG 模型用于诊断分析完备性较好，DFH 卫星推进系统的诊断实例最终得到 5 个候选故障源，而 SZ 推进系统的诊断实例最终得到 4 个候选故障源，这些结果能够覆盖所有可能的故障源。然而，基于定性 SDG 模型的诊断存在分辨率不高，故障难以准确定位的缺点，下一章将结合定量信息对此进行改进研究。

在 DFH 卫星推进系统 SDG 模型的基础上，从故障可诊断性分析的角度研究并发展了基于可诊断性分析(包括可检测性和可隔离性)的传感器优化配置方法,在该系统新增了 10 个传感器测点。针对该配置结果,重新进行了 DFH 卫星推进系统的可诊断性分析,研究结果表明: ① 基于可检测性的传感器配置可大幅度提高系统可检测度指标,系统可检测度由第 3 章实例研究的 62.8%提高至 100%;② 基于可隔离性的传感器配置之后,推进系统不可隔离故障与条件隔离故障的比例显著降低,而可隔离故障的比例显著提高,系统可诊断度 d_s 由第 3 章实例研究的 30.2%上升至 55.8%。

第5章 空间推进系统定性定量集成的故障诊断方法研究

5.1 引　　言

SDG 模型是一种定性、线性、静态的模型，用于故障诊断时有不少的缺点或限制因素，主要包括[130]：① 节点和支路的定性描述损失了许多的定量信息，导致推理产生较多虚解、故障分辨率不高；② 线性描述掩盖了众多的非线性因素，很难描述偏离正常值较多时的系统状态；③ 补偿响应和反向响应造成了稳态时相容性的破坏，以致推理错误。

与此同时，空间推进系统本身并不是一个黑箱，其中包含了很多可以利用的信息。对于应用到此系统的定性方法所不能解决的问题，可从如下几点考虑：① 增加测量节点，这个方法已经在4.4节进行了分析；② 利用参数之间的相关信息（如测量节点之间的数学关系），间接得到一些未测量节点的数据，这其实就是4.2.2小节中提到的利用冗余方程减少虚解的问题；③ 采用测量节点的过程数据进行分析，如动态 SDG（temporal SDG，TSDG）模型包含了节点信息随时间的演变，体现出了一定的动态特性；④ 在支路引入定量信息，更为准确地表征节点之间的关系。

本章针对基于定性 SDG 模型故障分辨率不高的问题，从以上的第③点和第④点思路出发，从两个方面发展集成定量信息的诊断方法。一是研究发展了动态 SDG 模型及其诊断策略；二是从组件的数学模型分析节点间的传递关系，集成到 SDG 模型的支路中。最后将两种方法应用到对 SZ 推进系统的故障诊断中。

5.2 推进系统基于动态 SDG 模型的故障诊断方法

SDG 模型样本是某时刻系统各变量取值的组合，是个时间的切面。基于 SDG 模型的诊断方法是在某个时刻的样本上进行分析的，因而是一种静态推理的方法。然而故障在系统的传播是有步骤、有顺序的动态演变过程。在此思路下，本节重新考虑 SDG 的建模与诊断方法，引入了5级符号模式来处理 SDG 模型的节点赋值过程,并引入了故障显现时间来体现上述故障传播过程。

5.2.1 系统的动态 SDG 模型描述

1. 5 级符号模式

在 SDG 模型应用于实际系统故障诊断的过程中,变量阈值的确定是诊断系统设计的一个难点。若 3 级符号阈值定义得不合适,将使系统变量的定性值产生错误,会导致一些无效的诊断结果。为了解决这个问题,Shiozaki 等[94]提出了一个 5 级符号模式,如图 5.1 所示。

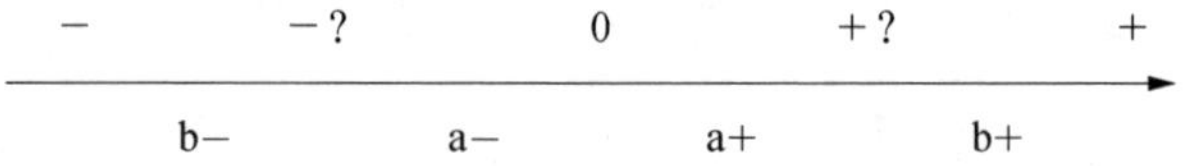

图 5.1 SDG 模型的 5 级符号模式

假定 SDG 模型的观测节点由 4 个阈值 a+、a−、b+、b−区分为 5 级符号"+""+?""0""−?"和"−"。a+和 a−称为模糊阈值,b+和 b−称为确定阈值。"+?"和"−?"称为非确定符号,表示变量的观测值与标称值相比,处在一个不能确定变量的定性状态值正常与否的灰色区域。具有确定符号"+""0"和"−"的观测节点称为确定观测节点,具有非确定符号的观测节点称为非确定观测节点。相应地,符号"+"和"−"称为有效符号,具有有效符号的观测节点称为有效观测节点,而符号为"0"的观测节点称为无效观测节点。所有观测节点 5 级符号的组合,定义为 5 级模式。

2. 相容通路和相容有根树(consistent rooted tree)

考虑一个给定的 SDG 模型中由 5 级符号的观测节点组成的有向路径,若观测节点的"−?"确定为"−","+?"确定为"+",其余所有非观测变量都给出相应的符号,使得路径满足路径两端节点符号的乘积与路径符号一致,此路径称为相容通路。

当存在至少一条从节点 n_c 到其他有效观测节点的相容通路时,由节点 n_c 到有效观测节点的所有相容通路构成的树状结构称为相容有根树,节点 n_c 称为相容有根树的根节点。

由于同时发生多个故障的可能性非常小,故障诊断可以在单故障假设下进行。在该假设下,一个相容有根树表示了可能的故障传播路径,其根节点 R 便可确定为潜在故障源。Shiozaki 等[94]提出了一个算法,用于在给定的 5 级模式下列举相容有根树。

3. 故障显现时间

故障显现时间是指被测变量开始偏离正常值的时间。如果一个系统发生故障,故障源下游观测节点的定性符号将会沿"0"→"+?"→"+"或"0"→"−?"→"−"的方向变化。

本书定义了4种故障显现时间：① 最迟模糊故障显现时间(T_{L1})，定义为测量变量超过模糊阈值的采样时间；② 最早模糊故障显现时间(T_{E1})，定义为 T_{L1} 的前一个采样时间；③ 最迟确定故障显现时间(T_{L2})，定义为测量变量超过确定阈值的采样时间；④ 最早确定故障显现时间(T_{E2})，定义为 T_{L2} 的前一个采样时间。对于符号为"+?"和"-?"的模糊观测节点，T_{E2} 定义为最近一个采样时间，T_{L2} 定义为∞。对于符号为"0"的无效观测节点，T_{E1} 和 T_{E2} 均定义为最近一个采样时间，T_{L1} 和 T_{L2} 定义为∞。

考虑到阈值之间的一致性，如果每一个确定阈值定义得合适，在真正的故障传播路径 p_c 中，上游观测节点的 T_{E2} 不应晚于下游观测节点的 T_{L2}。反之，p_c 可能不满足上述关系。即便如此，路径 p_c 中上游观测节点的 T_{E1} 也不应晚于下游观测节点的 T_{L2}。

4. 动态SDG模型传播路径

通路 p_c 称为 T_1 相容通路，当通路 p_c 中每一对观测节点满足如下关系：

$$T_{Eu1} \leqslant T_{Ld2} \tag{5.1}$$

同样地，通路 p_c 称为 T_2 相容通路，当通路 p_c 中每一对观测节点满足如下关系：

$$T_{Eu2} \leqslant T_{Ld2} \tag{5.2}$$

式中，T_{Eu1} 为通路 p_c 中上游观测节点的 T_{E1}；T_{Eu2} 为上游观测节点的 T_{E2}；T_{Ld2} 为下游观测节点的 T_{L2}。由于 T_{E1} 不晚于 T_{E2}，T_2 相容通路同样也是 T_1 相容通路。

进而可以定义，当 T_c 由 T_1 相容通路组成，相容有根树 T_c 称为 T_1 相容有根树；当 T_c 全部由 T_2 相容通路组成，相容有根树 T_c 称为 T_2 相容有根树。T_2 相容有根树的条件比 T_1 相容有根树更为严格。因此，如果列举5级模式下的所有 T_1 相容有根树，T_2 相容有根树的根节点是精度更高的故障候选集。

5.2.2　基于动态SDG模型的诊断算法

动态SDG模型应用于故障诊断的基本思路是，越靠近故障源的变量节点，受故障源的影响越早，故障状态显现的时间也越早。根据这一思路，在系统的SDG模型中，按照时序信息，搜索满足一致性条件的传播路径，其根节点即为故障源。

基于动态SDG模型的故障诊断算法如下：

(1) 建立系统SDG模型；

(2) 初始化模糊故障集和确认故障集 $V_{F1}=\varnothing$，$V_{F2}=\varnothing$；根据系统运行状态和经验，输入系统各测量节点的模糊阈值和确定阈值；

(3) 当检测到节点值存在偏差时，启动故障诊断程序；输入系统各被测节点的测量值，转换为定性符号值，并计算各节点的 T_{L1}、T_{E1} 时间和 T_{L2}、T_{E2} 时间；

(4) 将有效测量节点 n_1, n_2, …, n_k 按 T_{L2} 时间递减排序;以 T_{L2} 时间最早的节点 n_i 为起始节点,从支路的各上游节点中查找 T_1 相容通路,添加其起始节点到候选故障集 T_{F1};

(5) 从候选故障节点正向推理,估计相容通路的下一节点出现故障的趋势和时间;继续进行检测,并重点检测候选故障节点的下游节点,若 V_{F1} 中节点与各观测节点满足了 T_2 相容通路,则输出节点到 V_{F2} 中;

(6) 若 $V_{F2} \neq \varnothing$, 则输出集合中 T_2 相容通路的根节点 R 为确定故障源;否则认为是误报或者故障传播路径已被截断,转到步骤(3)。

由于在检测到偏差后的推理过程中限定了搜索范围,检测时灵敏度可以提高一些,因此可在步骤(3)时用确定阈值,而在步骤(5)改用模糊阈值进行判断。该策略既能控制虚解的数量,不过多地增加计算负担,又能保证故障检测的灵敏性。

5.2.3 SZ 推进系统诊断实例分析

在 4.3.3 小节对 SZ 推进系统的定性诊断分析中,对于给定的故障样本:主发动机氧化剂入口压力偏低(p_{Tr1}=-),诊断得到一个包含可能 4 个候选故障源的集合,必须进一步进行故障隔离,才能针对性地采取有效的故障重构策略。

附带时序信息的动态 SDG 模型方法,主要基于两个方面的考虑:一是充分利用故障条件下系统的初始响应,变静态时间切面上的逻辑推理为动态推理,在估计和验证中进行推理;二是引入故障显现时间,提高定性推理的可靠性。下面将动态 SDG 模型应用到 SZ 推进系统的定性故障诊断中。

某次故障中,SZ 推进系统各时刻测量定性值及诊断结果如表 5.1 所示。

表 5.1 SZ 推进系统的动态 SDG 模型诊断结论一

时刻	p_{Tt21}	p_{Tt9}	p_{Tt11}	p_{Tt23}	p_{Tt1}	p_{Tt13}	p_{Tt15}	p_{Tt25}	p_{Tt5}	p_{Tt17}	p_{Tt19}	故障源
0	0	0	0	0	0	0	0	0	0	0	0	—
1	0	0	0	0	-?	0	0	0	0	0	0	—
2	0	0	0	0	-	0	0	0	0	0	0	cst5-, cst9-, LVt3+, Ft1+
3	0	0	0	0	-	0	0	0	0	0	0	cst5-, cst9-、LVt3+, Ft1+
4	0	0	0	0	-	0	0	0	0	0	0	cst9-, LVt3+
5	0	0	0	+?	-	0	0	0	0	0	0	LVt3+
6	0	0	0	+	-	0	0	0	0	0	0	LVt3+
7	0	0	+?	+	-	+?	+?	0	0	0	0	LVt3+
8	0	0	+?	+	-	+	+	0	0	0	0	LVt3+

在“0”时刻,系统的各测量值均正常。在“1”时刻,变量 p_{Tt1} 值低于模糊阈值,在“2”时刻,变量 p_{Tt1} 值低于确定阈值,应用动态 SDG 模型进行故障诊断。选取节点 $p_{Tt1}=-$ 为起始节点,沿 SDG 模型中反向路径向上游搜索,将相容通路的起始节点 $f_{cst9}=-$、$f_{LVt3}=+$、$f_{Ft1}=+$、$f_{cst5}=-$ 添加到候选故障集 V_{F1} 中,这就是 4.3.3 小节的结论。

在“3、4”时刻,只有变量 p_{Tt1} 值低于确定阈值,其他变量没有变化,以 $f_{Ft1}=+$、$f_{cst5}=-$ 为起始节点的通路不满足传播路径的条件,予以剔除,候选故障源缩小到了 2 个。

在“5”时刻,变量 p_{Tt23} 超过模糊阈值,在“6”时刻,变量 p_{Tt23} 超过确定阈值。以 $f_{cst9}=-$ 为起始节点的通路不满足传播路径的条件,仅有以 $f_{LVt3}=+$ 为起始节点的通路满足传播路径的条件,据此可以确定故障源为 $f_{LVt3}=+$, 即减压阀 LVt3 堵塞/开度过小。“7、8”时刻的定性测量数据验证了以上结论。

本书 4.3 节基于静态 SDG 模型推理的一个缺陷是,当故障传播到下游的时候,上游节点可能由于补偿响应或反向响应的影响而破坏相容通路,造成故障源不能被准确发现,本书 2.5.2 小节的故障过渡特性分析也得到了类似的结果。初始响应表现了故障刚刚发生时系统各变量的变化趋势,充分利用初始响应可以及时发现故障,并搜索到故障源。为解决前述问题,可在初始响应的基础上进行反向溯源搜索。

例如,某次测量的定性样本如表 5.2 所示。在时刻“5、6”以后,系统各个测量参数的定性值保持不变,依据该测量结果,将难以区分 $f_{cst9}=-$、$f_{cst5}=-$ 两个故障。如果充分利用了前面几个时刻的初始响应,通过动态 SDG 模型混合搜索策略,则不难诊断出表 5.2 所对应的故障模式为 $f_{cst9}=-$。可见,基于定性 SDG 模型的诊断方法,如果充分利用系统故障的初始响应,对于提高故障分辨率很有意义。

表 5.2　SZ 推进系统的动态 SDG 模型诊断结论二

时刻	p_{Tt21}	p_{Tt9}	p_{Tt11}	p_{Tt23}	p_{Tt1}	p_{Tt13}	p_{Tt15}	p_{Tt25}	p_{Tt5}	p_{Tt17}	p_{Tt19}	故障源
0	0	0	0	0	0	0	0	0	0	0	0	—
1	0	0	0	0	-?	0	0	0	0	0	0	—
2	0	0	0	0	-	0	0	0	0	0	0	—
…	…	…	…	…	…	…	…	…	…	…	…	…
5	0	0	0	-?	-	0	0	0	0	0	0	—
6	0	0	0	-	-	0	0	0	0	0	0	—
…	…	…	…	…	…	…	…	…	…	…	…	…
9	0	0	0	-	-	-?	-?	0	0	0	0	cst5-, cst9-

续 表

时刻	p_{Tt21}	p_{Tt9}	p_{Tt11}	p_{Tt23}	p_{Tt1}	p_{Tt13}	p_{Tt15}	p_{Tt25}	p_{Tt5}	p_{Tt17}	p_{Tt19}	故障源
10	0	0	0	-	-	-	-	0	0	0	0	cst5-,cst9-
…	…	…	…	…	…	…	…	…	…	…	…	…

5.3 集成定量信息的动态 SDG 模型故障诊断方法

推进系统各组件的数学模型描述了组件各个参数之间的定量约束关系。这些约束关系经过分析之后,集成到 SDG 模型支路的描述过程中,可以弥补定性 SDG 模型的不足,提高故障分辨率。

5.3.1 推进系统定量信息的分析

在第 4 章的定性 SDG 模型中,各个节点代表了相应的物理量,各个支路代表了节点之间的偏导数关系;而支路的取值为{-, 0, +},实质上是对各个偏导数取定性符号得到的。在系统发生故障的条件下,很多系统变量之间的相互影响关系的定性变化值相同,但其定量变化值却不同,这些信息经适当处理即可用来加入定性 SDG 模型中的支路中去。据此,以下对各个组件的稳态数学模型进行定量分析,将定性 SDG 模型中支路的定性符号用相应的偏导数表示。

推进系统各个组件的数学模型已经在 4. 2. 3 小节进行了分析,以下仅简单列出。

管路类组件的数学模型为

$$p_{in} = p_{out} + \xi \dot{m}^2/\rho \tag{5.3}$$

双组元推力器的数学模型为

$$p_C = \eta \frac{\dot{m}_o + \dot{m}_f}{A_t} f(r) \tag{5.4}$$

三通管的数学模型为

$$m = \dot{m}_1 + \dot{m}_2 \tag{5.5}$$

从以上数学模型中可以看出,进行方程的定量分析,主要与参数 $\dot{m}$、ξ、ρ、Δp 等有关。考虑到对增压气体进行流量分析是非常困难的,而且得到的结论实际意义很小,因此以下仅对推进系统的液路组件进行定量分析。

对管路稳态数学模型进行分析,将图 4-3 所示的管路组件定性 SDG 模型中支路的定性值用相应的偏导数表示，得到图 5.2 所示的 SDG 模型。

图中各个偏导数的具体表达式为

$$\begin{cases} \dfrac{\partial p_{\text{out}}}{\partial \xi} = -\dot{m}^2/\rho \\ \dfrac{\partial \dot{m}}{\partial \xi} = -\dfrac{1}{2}\xi^{-\frac{3}{2}}\rho^{\frac{1}{2}}(p_{\text{in}} - p_{\text{out}})^{\frac{1}{2}} \end{cases} \tag{5.6}$$

$$\begin{cases} \dfrac{\partial \dot{m}}{\partial p_{\text{in}}} = \dfrac{1}{2}\rho^{\frac{1}{2}}\xi^{-\frac{1}{2}}(p_{\text{in}} - p_{\text{out}})^{-\frac{1}{2}} \\ \dfrac{\partial p_{\text{out}}}{\partial p_{\text{in}}} = +1 \end{cases} \tag{5.7}$$

$$\frac{\partial \dot{m}}{\partial p_{\text{out}}} = -\frac{1}{2}\rho^{\frac{1}{2}}\xi^{-\frac{1}{2}}(p_{\text{in}} - p_{\text{out}})^{-\frac{1}{2}} \tag{5.8}$$

$$\frac{\partial p_{\text{out}}}{\partial \dot{m}} = -2\xi\dot{m}/\rho \tag{5.9}$$

从以上方程可以看出，各个变量之间的影响关系（偏导数的取值）是不同的。p_{in} 与 p_{out} 之间的相互影响关系很简单，而其他变量之间的影响关系则复杂得多，与 $\dot{m}$、ξ、ρ、p_{in}、p_{out} 等因素有关。

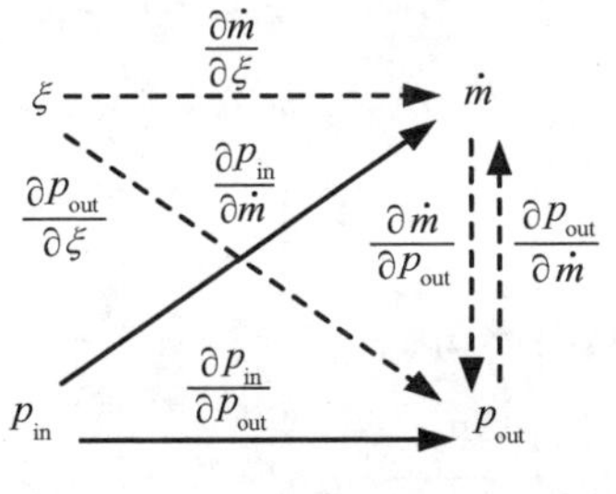

图 5.2　管路 SDG 模型的方程分析

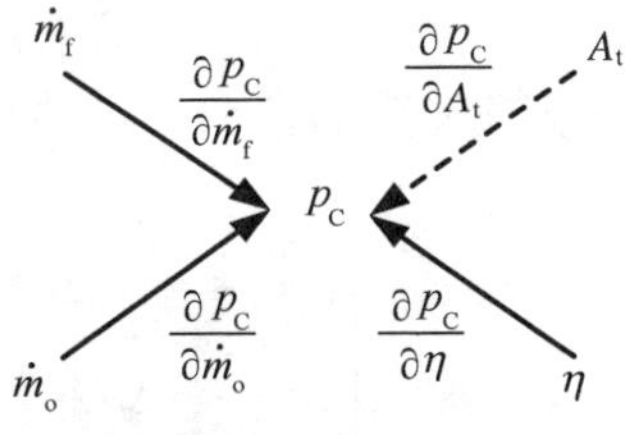

图 5.3　燃烧室 SDG 模型的方程分析

基于同样的方法，对燃烧室稳态数学模型进行分析，可以得到如图 5.3 所示的集成定量分析的燃烧室 SDG 模型，模型中各个偏导数的具体表达式为

$$\frac{\partial p_{\text{C}}}{\partial \dot{m}_{\text{o}}} = \frac{\eta}{A_{\text{t}}}\left[f(r) + (\dot{m}_{\text{o}} + \dot{m}_{\text{f}})\frac{\partial f}{\partial r}\right] \tag{5.10}$$

$$\frac{\partial p_{\text{C}}}{\partial \dot{m}_{\text{f}}} = \frac{\eta}{A_{\text{t}}}\left[f(r) - \frac{\dot{m}_{\text{o}}(\dot{m}_{\text{o}} + \dot{m}_{\text{f}})}{\dot{m}_{\text{f}}^2}\frac{\partial f}{\partial r}\right] \tag{5.11}$$

$$\frac{\partial p_{\mathrm{C}}}{\partial A_{\mathrm{t}}}=-\frac{\eta(\dot{m}_{\mathrm{o}}+\dot{m}_{\mathrm{f}})}{A_{t}^{2}}f(r) \tag{5.12}$$

$$\frac{\partial p_{\mathrm{C}}}{\partial \eta}=\frac{\dot{m}_{\mathrm{o}}+\dot{m}_{\mathrm{f}}}{A_{\mathrm{t}}}f(r) \tag{5.13}$$

事实上，由于各个变量取值的单位不同（如 SZ 推进系统推进剂管路的压力通常为 0.50~1.60 MPa，而流量通常为 0.003~0.500 kg/s），上述方法得到的数据的绝对值（如 ξ、各个偏导数）可能相差几个数量级，因而没有实际的意义；但是比较其相对值（如在 $\Delta\xi/\xi$ 相同的条件下，$\Delta p_{\mathrm{out}}/p_{\mathrm{out}}$ 和 $\Delta\dot{m}/\dot{m}$ 的相对变化量的数据）即可得到各个节点之间相互影响关系的定量值。还可以据此分析每个节点的各个影响因素中，哪些影响大，而哪些可以忽略，这在 4.2.2 小节 SDG 模型的简化和分析过程更有应用价值。

由全微分公式：

$$\mathrm{d}y=\frac{\partial y}{\partial x_{1}}\mathrm{d}x_{1}+\cdots+\frac{\partial y}{\partial x_{n}}\mathrm{d}x_{n}$$

可得

$$\begin{cases}\Delta\dot{m}=\dfrac{\partial\dot{m}}{\partial\xi}\Delta\xi+\dfrac{\partial\dot{m}}{\partial p_{\mathrm{in}}}\Delta p_{\mathrm{in}}+\dfrac{\partial\dot{m}}{\partial p_{\mathrm{out}}}\Delta p_{\mathrm{out}}\triangleq\Delta\dot{m}_{\xi}\Delta\xi+\Delta\dot{m}_{p_{\mathrm{in}}}\Delta p_{\mathrm{in}}+\Delta\dot{m}_{p_{\mathrm{out}}}\Delta p_{\mathrm{out}}\\ \Delta p_{\mathrm{out}}=\dfrac{\partial p_{\mathrm{out}}}{\partial\xi}\Delta\xi+\dfrac{\partial p_{\mathrm{out}}}{\partial\dot{m}}\Delta\dot{m}+\dfrac{\partial p_{\mathrm{out}}}{\partial p_{\mathrm{in}}}\Delta p_{\mathrm{out}}\triangleq\Delta p_{\mathrm{out},\,\xi}\Delta\xi+\Delta p_{\mathrm{out},\,\dot{m}}\Delta\dot{m}+\Delta p_{\mathrm{out},\,p_{\mathrm{in}}}\Delta p_{\mathrm{in}}\end{cases} \tag{5.14}$$

考虑故障条件下各个节点的相对变化：

$$\begin{cases}\dfrac{\Delta\dot{m}}{\dot{m}}=\dfrac{\Delta\dot{m}_{\xi}}{\dot{m}}\Delta\xi+\dfrac{\Delta\dot{m}_{p_{\mathrm{in}}}}{\dot{m}}\Delta p_{\mathrm{in}}+\dfrac{\Delta\dot{m}_{p_{\mathrm{out}}}}{\dot{m}}\Delta p_{\mathrm{out}}\\ \dfrac{\Delta p_{\mathrm{out}}}{p_{\mathrm{out}}}=\dfrac{\Delta p_{\mathrm{out},\,\xi}}{p_{\mathrm{out}}}\Delta\xi+\dfrac{\Delta p_{\mathrm{out},\,\dot{m}}}{p_{\mathrm{out}}}\Delta\dot{m}+\dfrac{\Delta p_{\mathrm{out},\,p_{\mathrm{in}}}}{p_{\mathrm{out}}}\Delta p_{\mathrm{in}}\end{cases} \tag{5.15}$$

在 SZ 推进系统中，推进剂流过每一个组件的压降 $\Delta p\triangleq p_{\mathrm{in}}-p_{\mathrm{out}}$ 通常为 2%~5%，在以下四个公式的分析中，统一取为 5%。在式(5.15)中：

$$\begin{cases}\dfrac{\Delta\dot{m}_{\xi}}{\dot{m}}\Delta\xi=\dfrac{\partial\dot{m}/\partial\xi}{\dot{m}}\Delta\xi=\dfrac{-\dfrac{1}{2}\rho^{\frac{1}{2}}\xi^{-\frac{3}{2}}(\Delta p)^{\frac{1}{2}}}{\rho^{\frac{1}{2}}\xi^{-\frac{1}{2}}(\Delta p)^{\frac{1}{2}}}\Delta\xi=-\dfrac{1}{2}\dfrac{\Delta\xi}{\xi}\\ \dfrac{\Delta p_{\mathrm{out},\,\xi}}{p_{\mathrm{out}}}\Delta\xi=\dfrac{\partial p_{\mathrm{out}}/\partial\xi}{p_{\mathrm{out}}}\Delta\xi=\dfrac{-\dot{m}^{2}/\rho}{p_{\mathrm{out}}}\Delta\xi=-\dfrac{\Delta p}{p_{\mathrm{out}}}\dfrac{\Delta\xi}{\xi}\approx-\dfrac{1}{20}\dfrac{\Delta\xi}{\xi}\end{cases} \tag{5.16}$$

$$\begin{cases}\dfrac{\Delta p_{\text{out},\,p_{\text{in}}}}{p_{\text{out}}}\Delta p_{\text{in}}=\dfrac{\partial p_{\text{out}}/\partial p_{\text{in}}}{p_{\text{out}}}\Delta p_{\text{in}}=\dfrac{1}{p_{\text{out}}}\Delta p_{\text{in}}=\dfrac{p_{\text{in}}}{p_{\text{out}}}\dfrac{\Delta p_{\text{in}}}{p_{\text{in}}}\approx\dfrac{\Delta p_{\text{in}}}{p_{in}}\\ \dfrac{\Delta \dot m_{p_{\text{in}}}}{\dot m}\Delta p_{\text{in}}=\dfrac{\partial \dot m/\partial p_{\text{in}}}{\dot m}\Delta p_{\text{in}}=\dfrac{\dfrac{1}{2}\rho^{\frac{1}{2}}\xi^{-\frac{1}{2}}(\Delta p)^{-\frac{1}{2}}}{\rho^{\frac{1}{2}}\xi^{-\frac{1}{2}}(\Delta p)^{\frac{1}{2}}}\Delta p_{\text{in}}=\dfrac{1}{2}\dfrac{p_{\text{in}}}{\Delta p}\dfrac{\Delta p_{\text{in}}}{p_{\text{in}}}\approx 10\dfrac{\Delta p_{\text{in}}}{p_{\text{in}}}\end{cases} \tag{5.17}$$

$$\frac{\Delta p_{\text{out},\,\dot m}}{p_{\text{out}}}=\Delta \dot m=\frac{\partial p_{\text{out}}/\partial \dot m}{p_{\text{out}}}\Delta \dot m=\frac{-2\xi \dot m/\rho}{p_{\text{out}}}\Delta \dot m=-2\frac{\Delta p}{p_{\text{out}}}\frac{\Delta \dot m}{\dot m}\approx-\frac{1}{10}\frac{\Delta \dot m}{\dot m} \tag{5.18}$$

$$\frac{\Delta \dot m_{p_{\text{out}}}}{\dot m}\Delta p_{\text{out}}=\frac{\partial \dot m/\partial p_{\text{out}}}{\dot m}\Delta p_{\text{out}}=\frac{-\dfrac{1}{2}\rho^{\frac{1}{2}}\xi^{-\frac{1}{2}}(\Delta p)^{-\frac{1}{2}}}{\rho^{\frac{1}{2}}\xi^{-\frac{1}{2}}(\Delta p)^{\frac{1}{2}}}\Delta p_{\text{out}}=-\frac{1}{2}\frac{p_{\text{out}}}{\Delta p}\frac{\Delta p_{\text{out}}}{p_{\text{out}}}\approx-10\frac{\Delta p_{\text{out}}}{p_{\text{out}}} \tag{5.19}$$

由类似的分析可得

$$\begin{aligned}\Delta p_{\text{C}}&=\frac{\partial p_{\text{C}}}{\partial \eta}\Delta\eta+\frac{\partial p_{\text{C}}}{\partial A_{\text{t}}}\Delta A_{\text{t}}+\frac{\partial p_{\text{C}}}{\partial \dot m_{\text{o}}}\Delta \dot m_{\text{o}}+\frac{\partial p_{\text{C}}}{\dot m_{\text{f}}}\Delta \dot m_{\text{f}}\\&\triangleq \Delta p_{\text{C},\,\eta}\Delta\eta+\Delta p_{\text{C},\,A_{\text{t}}}\Delta A_{\text{t}}+\Delta p_{\text{C},\,\dot m_{\text{o}}}+\Delta p_{\text{C},\,\dot m_{\text{f}}}\Delta \dot m_{\text{f}}\end{aligned} \tag{5.20}$$

$$\frac{\Delta p_{\text{C}}}{p_{\text{C}}}=\frac{\Delta p_{\text{C},\,\eta}}{p_{\text{C}}}\Delta\eta+\frac{\Delta p_{\text{C},\,A_{\text{t}}}}{p_{\text{C}}}\Delta A_{\text{t}}+\frac{\Delta p_{\text{C},\,\dot m_{\text{o}}}}{p_{\text{C}}}\Delta \dot m_{\text{o}}+\frac{\Delta p_{\text{C},\,\dot m_{\text{f}}}}{p_{\text{C}}}\Delta \dot m_{\text{f}} \tag{5.21}$$

在 SZ 推进系统中推进剂的混合比取 $r = 1.65$。

以上各个公式即为变量的相互影响关系，等号右边的系数即为 SDG 模型中支路的取值。可见，经过以上分析之后，支路的取值已经拓展到了{-1, +1}，已经不再是定性 SDG 模型中简单的{-, 0, +}，而是 4.2.1 小节定义的扩展 SDG 模型。

这里支路的物理意义同第 4 章的定义一样，依然表示上、下游节点之间的故障传播方向和影响关系，支路的+/-符号表示节点间的影响关系为正(负)。所不同的是，这里用支路的数值表示节点间影响关系的大小：取值为 1 表示下游节点的故障表现基本保持不变，取值为 0.1 表示下游节点的故障表现将减小一个数量级。

5.3.2　集成定量信息的动态 SDG 模型

将 5.3.1 小节的各个数据添加到 SZ 推进系统的定性 SDG 模型中，可得到如图 5.4 所示的集成方程分析的 SDG 模型。4.2.1 小节的分析指出，这种集成定量

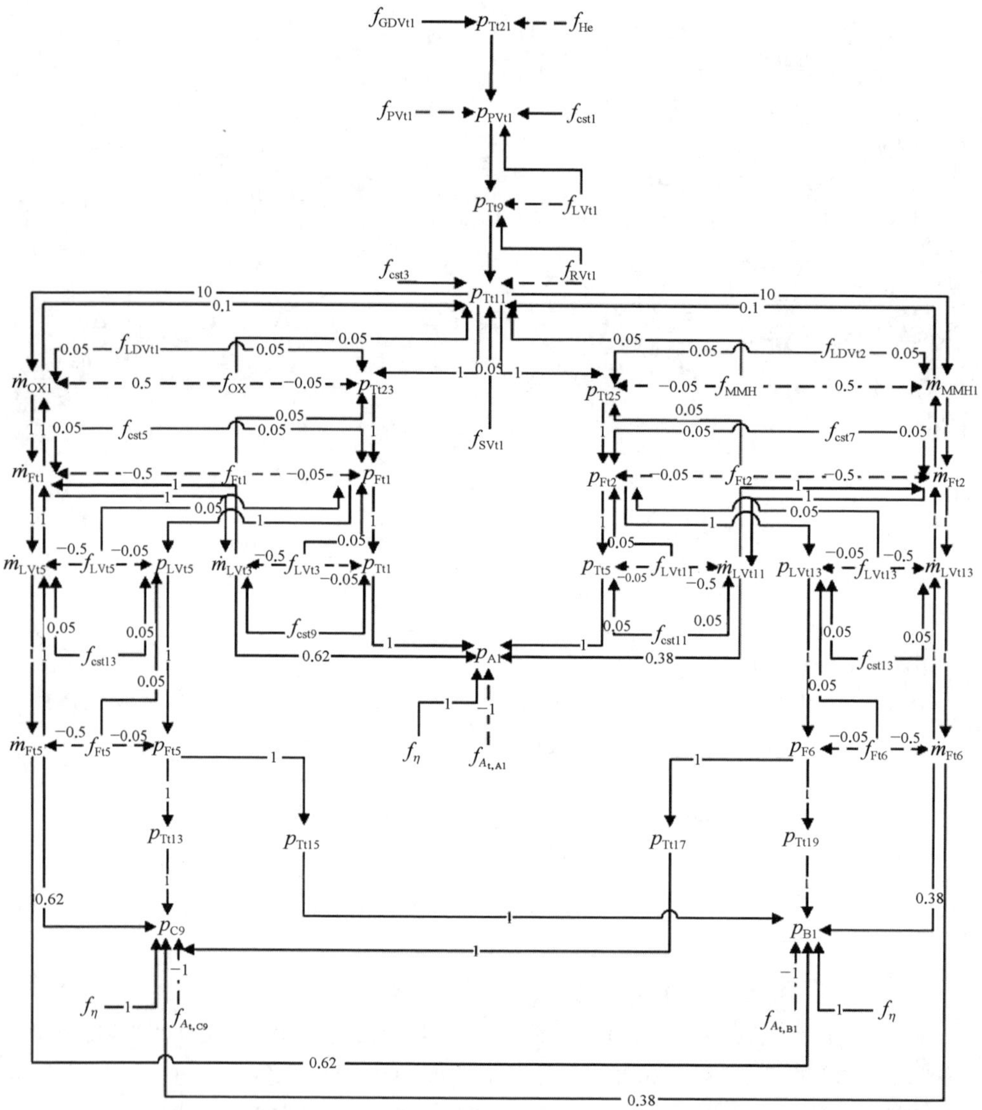

图 5.4　SZ 推进系统集成定量信息的 SDG 模型

分析的 SDG 模型，实质上是一种半定性模型。

用上述集成定量信息的 SDG 模型替换 5.2.2 小节的 SDG 模型，即得到本小节集成定量信息的动态 SDG 模型，并应用 5.2.2 小节基于动态 SDG 模型的算法进行诊断分析。

5.3.3　SZ 推进系统诊断实例分析

将以上半定性模型应用到推进系统的故障诊断中，还应考虑故障条件下各个组件流阻系数的变化率及其定性表示。

不同组件可能发生的故障是不一样的。推进系统最容易发生故障的组件是减压阀和自锁阀，它们会发生卡死/开度过小、泄漏/开度过大等故障；过滤器只发生堵塞故障；而贮箱、气体/液体试验接口只发生泄漏故障。

相同组件发生不同故障时，流阻系数的变化也是不一样的。当组件发生泄漏/开度过大故障时，流阻系数变小，在半定性分析中可取 $\Delta\xi/\xi=-1$；发生卡死/开度过小故障时，流阻系数变大，在半定性分析中可取 $\Delta\xi/\xi=+1$。

下面依然针对 4.3.3 小节表 4.4 给出的系统故障瞬时样本（主发动机氧化剂入口压力偏低），应用以上支路定量化的 SDG 模型，并综合 5.2 节动态 SDG 模型利用系统时序信息的思想，进行故障诊断。

某次故障下，SZ 推进系统各时刻半定性测量值如表 5.3 所示，这里取模糊阈值为-0.03，确定阈值为-0.05。

表 5.3　SZ 推进系统集成定量信息的 SDG 模型诊断结论

时刻	p_{Tt21}	p_{Tt9}	p_{Tt11}	p_{Tt23}	p_{Tt1}	p_{Tt13}	p_{Tt15}	p_{Tt25}	p_{Tt5}	p_{Tt17}	p_{Tt19}	故障源
0	0	0	0	0	0	0	0	0	0	0	0	—
1	0	0	0	0	-?	0	0	0	0	0	0	—
2	0	0	0	0	-0.05	0	0	0	0	0	0	cst5-, cst9-, LVt3+, Ft1+
3	0	0	0	0	-0.08	0	0	0	0	0	0	LVt3+, Ft1+
4	0	0	0	+?	-0.1	0	0	0	0	0	0	LVt3+, Ft1+
5	0	0	0	+?	-0.13	0	0	0	0	0	0	LVt3+, Ft1+
6	0	0	0	+?	-0.15	0	0	0	0	0	0	LVt3+, Ft1+
7	0	0	0	+?	-0.18	-?	-?	0	0	0	0	Ft1+
8	0	0	0	+?	-0.20	-0.05	-0.05	0	0	0	0	Ft1+

在"0"时刻，系统的各测量值均正常。在"1"时刻，变量 p_{Tt1} 值达到模糊阈值，在"2"时刻，变量 p_{Tt1} 达到确定阈值，应用动态 SDG 模型进行故障诊断，选取节点 $p_{Tt1}=-$为起始节点，沿动态 SDG 模型中反向路径向上游搜索，将相容通路的起始节点 $f_{cst9}=-$、$f_{LVt3}=+$、$f_{Ft1}=+$、$f_{cst5}=-$ 添加到候选故障集 V_{F1} 中，这就是 4.3.3 小节的结论。

在"3、4"时刻，变量 p_{Tt1} 继续偏离正常范围，根据以上半定性的分析，$f_{cst9}=-$ 和 $f_{cst5}=-$ 两个故障源不能引起如此大的偏差，予以剔除，候选故障源缩小到了 2 个，即 $f_{LVt3}=+$ 和 $f_{Ft1}=+$。

在"7"时刻，变量 p_{Tt1} 进一步偏离正常范围，变量 p_{Tt13} 和 p_{Tt15} 开始低于模糊阈值,在“8”时刻,变量 p_{Tt13} 和 p_{Tt15} 达到确定阈值,据此可以确定故障源为 $f_{\mathrm{Ft1}}=+$。

5.4 结 论

本章针对基于定性 SDG 模型故障分辨率不高的问题,从两个方面研究并发展了集成定量信息的动态 SDG 诊断方法:一是研究了附带时间信息的动态 SDG 模型,并发展了基于该模型的诊断方法与诊断策略;二是从组件的数学模型分析了节点间的影响关系,并集成到 SDG 模型的支路中。SZ 推进系统的诊断实例表明,该方法可以充分利用动态 SDG 模型包含的初始响应和历史信息,以及推进系统各组件数学模型包含的变量定量约束关系,能够有效地提高故障分辨率,2 个实例的研究结果都能够确定到唯一故障源。

第 6 章

空间推进系统基于解析冗余关系的故障诊断方法研究

6.1 引　　言

空间推进系统是一个结构复杂的时变系统，主要体现在系统工作模式的时变性（正常工作模式间的差异以及正常与故障工作模式之间转换）以及观测参数值的范围随运行时间以及工作模式的改变而变化，因此预先确定推进系统时变故障诊断判据存在着较大困难，故障诊断方法必须能够适应空间推进系统的时变特性。

此外，推进系统具有“故障传递”特点，即观测异常的组件并不能判定该组件为故障源。有学者认为推进系统属于单向故障传递，并结合故障现象的分布情况对推进系统进行故障诊断。事实上，不仅上游故障会导致下游观测异常，下游故障同样会造成上游观测值异常的现象，因此，推进系统具有“双向故障传递”特点，“单向故障传递”的诊断机制并不适用于空间推进系统。

针对上述问题，本章首先将时变观测参数表征的状态空间转换到可表征系统时不变结构特征的残差信息空间，然后在时不变的残差信息空间构建推进系统诊断机制。图 6.1 所示为阀门串联结构，该结构特征可通过残差 r 表示：$r=[\rho(p_0-p_1)/\varepsilon_1]^{1/2}-[\rho(p_1-p_2)/\varepsilon_2]^{1/2}$。式中，$r$ 为阀门 1 与阀门 2 质量流率间的差值；ε 为阀门流阻系数，p 为测点压力。按照该残差 r 对应的物理含义，在该段管路组件均无故障的情形下，无论时变参数 p_0、p_1、p_2 数值随时间怎么变化，该结构特征的约束关系 $r=0$ 始终保持不变，即该结构组件无故障情形下的残差 r 具有时不变特性；当该段管路的某组件发生故障时，表征该结构无故障条件下的约束关系 $r=0$ 将遭到破坏，即 $r\neq0$。

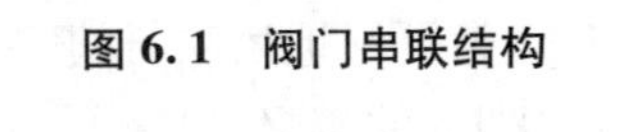

图 6.1　阀门串联结构

由图 6.1 可见，表征结构特征的残差 r 通常涉及多个组件，只有残差 r 所涉及组件发生故障，该结构特征的约束关系才会遭到破坏，即 $r\neq0$。因此，当与该结构特征 r 无关的组件发生故障时，“故障传递”虽会导致 r 涉及的观测参数值发生变化,但表征该结构约束关系的残差 $r=0$ 并不会改变,能有效克服由"故障传递"带来的诊断困难。此外,由于结构特征的时不变特性,基于表征结构特征的残差信息 r 所构建的系统故障诊断判据自然可避免进行时变诊断的难题。

此外,由于存在建模误差以及太空环境形成的电磁和环境噪声等因素干扰,推进系统故障诊断必须能够克服这些不确定因素的影响。为了提高故障诊断方法的抗干扰能力,使之具有较强的鲁棒性,本章通过综合应用 Z -检验和解析冗余关系方法,提出了空间推进系统基于解析冗余关系的半定性故障诊断方法:首先利用 Z -检验将表征系统时不变结构特征的残差定性化,其次利用系统解析冗余关系挖掘时不变结构特征信息进行故障识别。最后,基于故障仿真数据,对该方法在推进系统故障诊断中的有效性进行了验证与考核。

6.2 基于解析冗余关系的故障诊断方法

6.2.1 基于解析冗余关系的故障诊断问题

空间推进系统基于解析冗余关系的故障诊断由解析冗余关系(ARRs)、观测特征(observed signature, OS)、故障特征(fault signature, FS)三要素组成。

(1) 解析冗余关系 ARRs。从推进系统模型(system model, SM)中得到的仅包含航天器观测变量的约束关系式 $r(t)=f[y(t)]$, $[y(t)\in \text{OBS}(\text{观测集})]$。SM 由推进系统行为模型(behavioral model, BM)以及观测模型(observation model, OM)组成。行为模型主要基于组件执行推进系统行为描述,其中包含推进系统组件间的拓扑结构关系;观测模型涉及系统行为与由传感器得到的观测值之间关系的集合。

(2) 观测特征 OS。ARRs 基于实时观测集 OBS(推进系统实时传感器观测值)执行计算, $\mathbf{OS}=[r_1, \cdots, r_n]^{\mathrm{T}}$, $r_i=\text{val}(\text{ARR}_i, \text{OBS})$ 称为解析冗余关系 ARR_i 的残差(residual)。如果观测行为满足模型约束关系($r=0$),则表示解析冗余关系是满足的。

(3) 故障特征 FS。在推进系统基于解析冗余关系的故障诊断中的一个很重要的要素是故障特征。故障特征 FS 的获取则可以通过系统模型的 ARRs 分析产生。

为更好地反映推进系统的故障特征,这里给出结合残差变化趋势分析的故障特征 FS 的定义。

定义 6.1 给定 n 个解析冗余关系 ARRs 的集合 $\text{ARRs}=\{\text{ARR}_1, \cdots, \text{ARR}_n\}$ 及 m 个故障的集合 $F=\{F_1, \cdots, F_m\}$,任一故障 F_j 的特征由 $\mathbf{FS}_j=[s_{1j}, \cdots, s_{nj}]^{\mathrm{T}}$ 给出。s_{ij} 定义为 s: $\text{ARRs}\times F\rightarrow\{+1, 0, -1\}$。

如果导致故障 F_j 的组件与 ARR_i 有关,且其相应的残差 $r>0$,则$(ARR_i, F_j)\to s_{ij}=+1$;

如果导致故障 F_j 的组件与 ARR_i 有关,且其相应的残差 $r<0$,则$(ARR_i, F_j)\to s_{ij}=-1$;

其他情形,则$(ARR_i, F_j)\to s_{ij}=0$。

在获取推进系统的故障特征矩阵 **FS** 后,空间推进系统基于解析冗余关系的故障诊断则通过与观测特征 **OS** 间的实时匹配实现故障定位。

6.2.2　基于解析冗余关系的故障诊断

基于解析冗余关系的空间推进系统故障诊断,首先应建立观测特征 **OS**, 即利用系统观测和解析冗余关系式得到的残差,并获取观测特征 $\mathbf{OS}=[r_1, \cdots, r_n]^{\mathrm{T}}$,然后将观测特征与故障特征 $\mathbf{FS}_j=[s_{1j}, \cdots, s_{nj}]^{\mathrm{T}}$ 进行比较,当观测特征与故障特征一致时,则结合故障特征矩阵与故障模式的对应关系给出相应的故障集合。航天器推进系统基于解析冗余关系的具体故障诊断过程如图 6.2 所示。

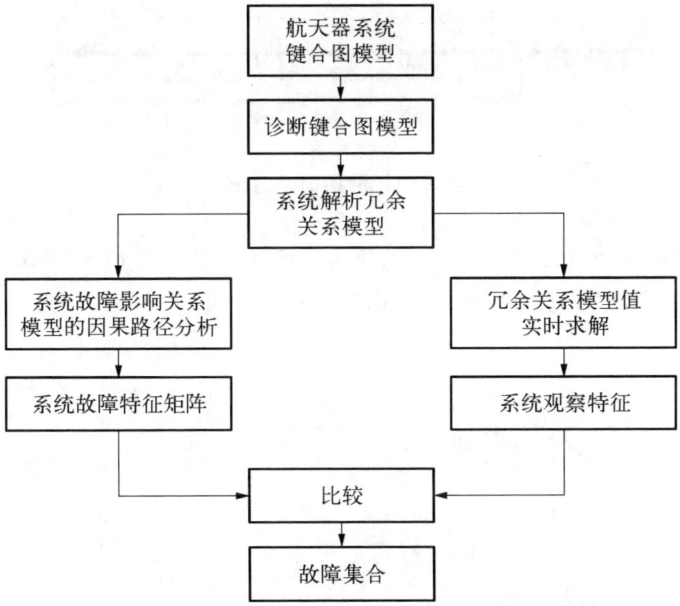

图 6.2　空间推进系统基于系统解析冗余关系的具体故障诊断过程

6.2.3　基于 Z-检验的残差定性化

由于空间推进系统常年运行于复杂的特殊环境,其中存在着低温、噪声、电磁干扰、空间粒子辐射等多种不确定因素,同时还存在系统模型误差等随机因素,因此用于空间推进系统的故障诊断方法必须具备良好的鲁棒性,能够克服随机因素的影响,以避免造成错误的诊断结果。残差 $r(t)$ 同样受到这些随机因素的影响,即使在无故障情况下也很难严格为零,因此,为了提高故障诊断的鲁棒性,研究中将采用 Z -检验的分析方法对残差 r 进行定性化判断,用于获取空间推进系统的实时观测特征 **OS**。

Z -检验是一种统计推理检验的方法,用于判断某样本是否属于分布已知的总体。Z -检验需事先获取样本总体的均值 μ 以及标准方差 σ^2。在实际应用过程中,μ、σ^2 的值可通过对残差运用滑动窗方法进行评估计算。这里使用了较小的滑动窗 W_2(取值为 $W_2=5\Delta$),即基于时间段 $[t-W_2+\Delta,\ t]$ 之间的残差 r 对当前时刻残差 $r(t)$ 的平均值 $\mu_r(t)$:$\mu_r(t)=\dfrac{1}{W_2}\sum\limits_{i=t-W_2+1}^{t} r(i)$ 进行估计,其中 Δ 是计算每一步的时间长度。残差 r 的滑动窗示意如图 6.3 所示。

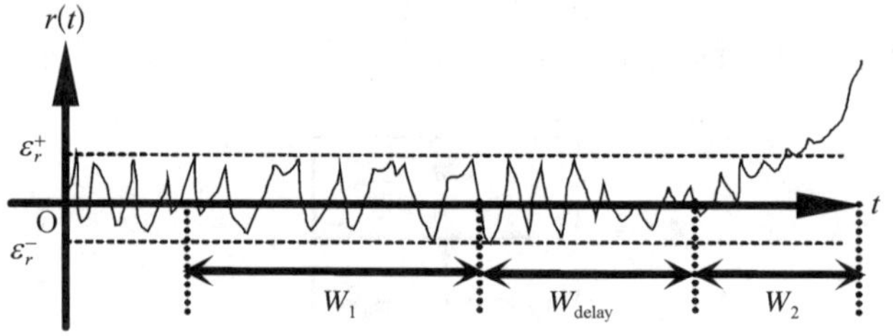

图 6.3　滑动窗示意图

正常无故障情况下残差信号的方差,即 $\sigma_r^2(t)$,可通过滑动窗长度为 W_1 的正常历史数据进行计算得到,即基于时间段 $[t-W_2-W_{\text{delay}}-W_1+\mathrm{d}t,\ t-W_2-W_{\text{delay}}]$ 之间的残差 r 进行评估,其中,$W_1 \gg W_2$,这里 W_1 取值为 100,并设置一缓冲窗 W_{delay},其主要作用是为了能够确保窗口 W_1 内的数据不包含任何故障后的数据。由此,残差 r 的实际方差可通过式(6.1)进行评估计算。

$$\sigma_r^2(t)=\frac{1}{W_1}\sum_{i=t-W_2-W_{\text{delay}}-W_1+1}^{t-W_2-W_{\text{delay}}}\left[r(i)-\mu_r'(t)\right]^2 \tag{6.1}$$

式中,$\mu_r'(t)=\dfrac{1}{W_1}\sum\limits_{i=t-W_2-W_{\text{delay}}-W_1+1}^{t-W_2-W_{\text{delay}}} r(i)$。

研究中采用 Z-检验分析方法对残差信号 $r(t)$ 的正常描述区间进行统计假设检验。首先根据预先设定的置信水平,这里设为 0.95,获取相应的置信区间 $[z^-,\ z^+]$,然后用于描述正常残差区间的阈值带 $\varepsilon_r^-(t)$,$\varepsilon_r^+(t)$ 则可结合 z^- 和 z^+ 进行计算得到,其计算公式如下:

$$\varepsilon_r^-(t) = z^- \frac{\sigma_r(t)}{\sqrt{W_2}} - E,\ \varepsilon_r^+(t) = z^+ \frac{\sigma_r(t)}{\sqrt{W_2}} + E$$

式中,E 对应建模误差。当残差均值 $\mu_r(t)$(代替残差 r 在 t 时刻的值)在时刻 t 处于该阈值带之外时,意味着发生故障。如果 $\mu_r(t)$ 大于 $\varepsilon_r^+(t)$ 或小于 $\varepsilon_r^-(t)$,则 t 时刻的残差 r 分别定性为+1 或-1。

6.2.4　基于诊断键合图构建解析冗余关系

利用解析冗余关系进行空间推进系统故障诊断的关键,是建立解析冗余关系式 ARRs。目前,建立 ARRs 通常采用未知变量剔出法,该方法的优点是相对比较容易理解,但缺点是判断过程比较烦琐。特别是对模型复杂的非线性动力系统而言,基于未知变量剔出法建立系统 ARRs 是非常困难的,需要一定的经验和技巧。为此,本书中将采用推进系统的键合图模型获取系统解析冗余关系。

键合图是反映系统功率传递图形的有效工具,利用键合图进行故障诊断,必须对键合图模型进行转换。因为故障诊断是由已知的输出(传感器)对系统的异常组件进行识别定位,所以传感器必须作为已知的外部顶点,将其假定为势(流)源输入(势、流是对物理参量归纳的广义变量),为此必须对键合图模型进行转换并建立相应的诊断键合图。诊断键合图是通过在系统键合图模型中加入虚拟的势、流传感器转化而来的,需要进行以下两方面的转换。

(1) 势检测器 De 转换。将 De 表示成势源,称之为检测势源 MSe。相应的流为解析冗余关系的残差。这里定义虚拟流传感器(Df*)计算相应的残差。势检测器 De 具体的置换过程如图 6.4 所示。

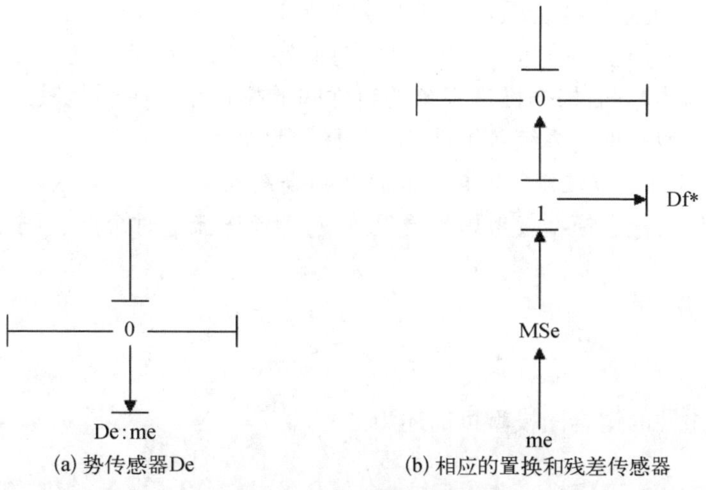

图 6.4　势检测器的置换

(2) 流检测器 Df 转换。流检测器的转换方法同势检测器相似,只是用检测流源 MSf 和虚拟势传感器(De^*)代替 MSe 和 Df^*。

鉴于推进系统的每个传感器在诊断键合图中都有相应的虚拟传感器,因此,残差数目和传感器的数目是相同的,且任一传感器经因果关系转换后可得到其对偶的虚拟残差传感器。

6.3 基于解析冗余关系的推进系统故障诊断实现

6.3.1 诊断键合图的建立

本书所研究的系统对象为"挤压式"双组元统一推进系统,其系统结构及压力传感器的分布情况如图 1.14 所示。该型推进系统在空间工作过程中主要应防止管路或焊缝开裂和断开、多余物质导致管路阻塞、减压装置工作异常等故障现象的产生。

空间推进系统的阀门性组件是指流通面积在工作过程中不发生变化的组件,如电爆阀、自锁阀、过滤器、试验接口、管路等,其效果相当于固定的"节流"装置。空间推进系统组件众多、复杂,而且观测点分布非常有限,难以对其实现组件级故障定位。因此,研究中将空间推进系统故障诊断视为一种功能诊断,即通过获取的系统观测参数,基于一定的判断方法,判断推进系统是否能够完成设定功能,若能够完成设定的功能则判定该系统处于正常状态,反之则为故障状态。本书按照"功能诊断"原则对推进系统进行简化处理,即将每两个测点间的管路以及管路上的组件视为一个功能组件,即阀门性组件。这种简化处理是合理的,因为只要能判断某个功能组件出现故障,无论具体哪个组件出现故障,都要对该功能组件执行相应的隔离,对整个推进系统执行重构控制等故障处理。

在给出完整的空间推进系统键合图之前,需首先对推进系统单个组件的键合图模型进行描述,然后根据推进系统的组件间的拓扑结构关系将其组合成完整的系统键合图模型。推进系统各组件的键合图模型如下。

1. 管路、阀门、节流圈等阀门性组件的键合图模型

此类组件的稳态模型仅考虑其流阻效应,即流体流过时会产生压力降,用数学方程描述为

$$p_{\text{in}} = p_{\text{out}} + \varepsilon \frac{\dot{m}^2}{\rho} \tag{6.2}$$

阀门性组件的键合图模型可描述为

$$\xrightarrow[Q]{\Delta p} R$$

2. 燃烧室的键合图模型

燃烧室是将化学能转化为热能的装置，其稳态工作特性可描述为

$$p = \frac{\Gamma(k)\sqrt{R_0 T}(m_o + m_f)}{A_t} \tag{6.3}$$

可以定性地用 Q 表示 m_o+m_f，则燃烧室的键合图模型可表示如下：

$$\xrightarrow[Q]{p} R$$

$R = \Gamma(k)\sqrt{R_0 T}/A_t$ 只是表示燃烧室压力 p 与流量 Q 的约束关系。同时还应注意到，R 虽是推进剂混合比的函数，但调研表明，燃烧室工作在 R 对混合比不敏感的区域，无论氧化剂还是燃料流量增加（减小）都会导致其压力变大（变小），而与推进剂的混合比无关。因此，在构建推进系统稳态增压工作过程的诊断键合图模型时（图6.6）视 R_{10} 为常数，其中 R_{10} 表示轨控推力器燃烧室压力与流量之间的约束关系。

在构建推进系统键合图过程中，将高压气瓶视为流源 Sf。此外，在气瓶稳态增压阶段，即航天器轨道控制阶段，推进剂贮箱入口与出口压力差、体积流量是基本恒定的，因此可将此阶段的贮箱视为一种流阻性组件，且其此阶段的流阻系数是定值。本书只针对处于轨控发动机工作阶段的推进系统进行诊断，因此图 6.5 只给出了仅含轨控发动机的推进系统键合图模型，图中半箭头上的数字分别表示相应的势和流的编号。

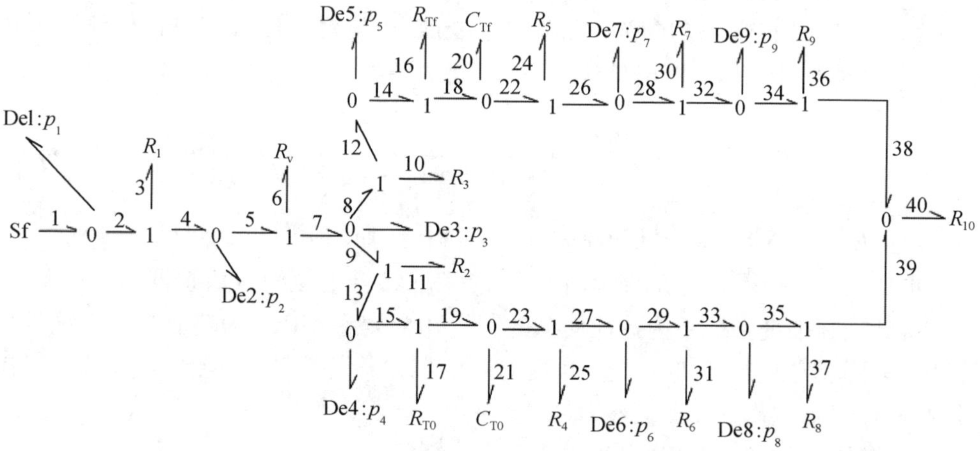

图 6.5　仅含轨控发动机的推进系统键合图

在构建推进系统诊断键合图过程中，无须对高压气瓶进行置换，仍视为流源 Sf，同时基于图 6.4 所示的置换过程，将势检测器 Dei(i = 1, …, 5) 转换成检测势

源 MSei 和相应的虚拟流传感器（Df_i^*），其中 Df_i^* 即为对应的解析冗余关系残差 r_i，由此可建立推进系统的诊断键合图模型，如图 6.6 所示。

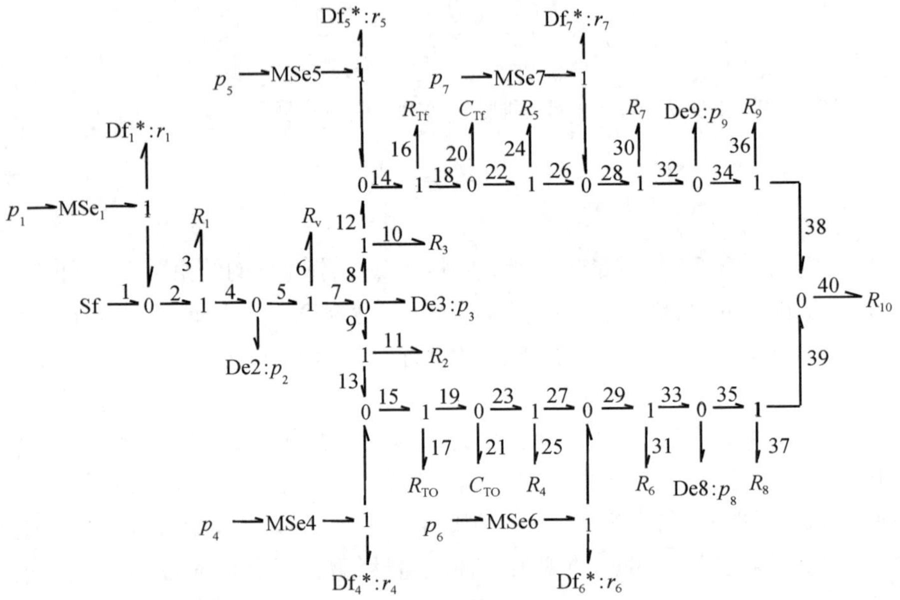

图 6.6　仅含轨控发动机的推进系统诊断键合图模型

6.3.2　解析冗余关系的建立

在建立空间推进系统的解析冗余关系之前，应先对高压气瓶出口体积流量表达式进行推导。例如，气瓶出口流量 Q_B 可表达成：

$$Q_B = -\frac{\mathrm{dln}\,p_B}{\mathrm{d}t} \cdot \frac{V_B}{k_{He}} = -\frac{k_{He}}{(V_B - k_{He}) \cdot p_B} \tag{6.4}$$

式中，V_B 为气瓶体积；p_B 为气瓶压力；k_{He} 为增压气瓶内氦气的比热比。

根据图 6.6 所示推进系统诊断键合图模型，结合虚拟的流传感器（Df^*）定义，可以得到表征推进系统结构特征信息的解析冗余关系 ARRs，为获取推进系统的故障特征矩阵奠定基础，同时用与 ARRs 对应的残差 r 代替实时观测参数作为实时信号源进行故障分析。

1. 解析冗余关系 ARR_1 及相应残差 r_1

由虚拟的流传感器 Df_1^* 建立如下 ARR_1 解析冗余关系：ARR_1：$Df_1^* = Sf - f_2$，式中 $Sf = -Q_B$，$f_2 = \sqrt{\frac{p_1 - p_2}{\varepsilon_1 \cdot \rho}}$。因此，解析冗余关系 ARR_1 及其相应残差 r_1 可写成

如下形式：

$$\mathrm{ARR}_1: r_1 = \mathrm{Sf} - \sqrt{\frac{p_1 - p_2}{\varepsilon_1 \cdot \rho}} \tag{6.5}$$

式中，ρ 为氦气密度。

2. 解析冗余关系 ARR_4 及其相应残差 r_4

$$\mathrm{ARR}_4: \mathrm{Df}_4{}^* = f_{15} - f_{13}$$

式中，$f_{13} = \sqrt{\dfrac{p_3 - p_4}{\varepsilon_2 \cdot \rho}}$；$f_{15} = f_{21} + f_{23} = f_{21} + f_{25} = f_{25} = \sqrt{\dfrac{(p_4 - \Delta p_o) - p_6}{\varepsilon_4 \cdot \rho_o}}$。

$$r_4 = \sqrt{\frac{(p_4 - \Delta p_o) - p_6}{\varepsilon_4 \cdot \rho_o}} - \sqrt{\frac{p_3 - p_4}{\varepsilon_2 \cdot \rho}} \tag{6.6}$$

式中，ρ_o 为氧化剂密度；$f_{21} = \dfrac{\mathrm{d}e_{\mathrm{TO}}}{\mathrm{d}t} \cdot C_{\mathrm{TO}}$，$e_{\mathrm{TO}}$ 表示氧化剂贮箱的压力势，C_{TO} 为贮箱的流容。由于轨控发动机工作在高压气瓶稳定增压阶段，可认为 e_{TO} 值在稳定增压阶段是恒定的，因此，$f_{21} = 0$。Δp_o 为稳态时贮箱入口与出口的压差，在稳定增压阶段可看作定值。

3. 解析冗余关系 ARR_5 及相应残差 r_5

由 ARR_5：$\mathrm{Df}_5{}^* = f_{14} - f_{12}$，可得：

$$r_5 = \sqrt{\frac{(p_5 - \Delta p_f) - p_7}{\varepsilon_5 \cdot \rho_f}} - \sqrt{\frac{p_3 - p_5}{\varepsilon_3 \cdot \rho}} \tag{6.7}$$

4. 解析冗余关系 ARR_6 及其相应残差 r_6

$$\mathrm{ARR}_6: \mathrm{Df}_6{}^* = f_{29} - f_{27}$$

式中，$f_{29} = f_{31} = f_{33} = \sqrt{\dfrac{p_6 - p_8}{\varepsilon_6 \cdot \rho_o}}$。

$$r_6 = \sqrt{\frac{p_6 - p_8}{\varepsilon_6 \cdot \rho_o}} - \sqrt{\frac{(p_4 - \Delta p_o) - p_6}{\varepsilon_4 \cdot \rho_o}} \tag{6.8}$$

5. 解析冗余关系 ARR_7 及相应残差 r_7

由 ARR_7：$\mathrm{Df}_7{}^* = f_{28} - f_{26}$ 可得：

$$r_7 = \sqrt{\frac{p_7 - p_9}{\varepsilon_7 \cdot \rho_f}} - \sqrt{\frac{(p_5 - \Delta p_f) - p_7}{\varepsilon_5 \cdot \rho_f}} \tag{6.9}$$

关于其他观测参数 p_2、p_3、p_8、p_9，由于缺乏节流阀及发动机的有效结构参数，无法得出其流量公式，致使无法给出对应的解析冗余关系，因此，这里只给出 5 个观测点的相应残差 r_1、r_4、r_5、r_6、r_7。

6.3.3 故障特征矩阵的产生

由于故障传递特性，推进系统某个组件发生故障会同时对多个观测参数值产生影响，且每个解析冗余关系式又涉及多个观测参数，其对应残差的变化趋势必须综合考虑这些参数变化的影响，因此，基于因果路径的趋势分析方法很难满足复杂系统结构残差的定性化要求。这里结合解析冗余关系式所蕴含的系统结构特征的实际意义对残差变化趋势进行分析。

以 ARR_1 为例，其蕴含的结构特征是气瓶流出气体体积与流入 R_1 气体的差值，在正常情况下应为 0。当 R_1 发生阻塞故障时，单从表达式很难判断出变化趋势，因为阻塞同时还影响气瓶的流量。这里结合结构特征的实际意义对残差变化趋势进行判断：若能够获取 R_1 故障后的流阻系数，将其代入 ARR_1 残差 r_1 仍应为 0（流入等于流出之和），但若计算残差 r_1 值时仍应用的是 R_1 正常流阻系数（小于故障后的流阻系数），R_1 的流量计算值则大于实际值，因此 r_1 偏小（小于 0）。

接下来以 ARR_1 为例详细阐述故障特征 **FS** 的获取过程。

气瓶泄漏→Sf↑。由于部分气体流出气瓶外而不是流入管道内，因此流入管道内的流量必少于气瓶流出量，因此 r_1 偏大（+1）。

R_1 阻塞情形如上所述，这里只阐述 R_1 泄漏情形下的判断：R_1 泄漏会导致其流阻系数变小，R_1 的真实流量将大于仍用正常流阻系数计算得到的流量值，因此 r_1 偏大（+1）。

按照上述分析方法可获取与其他故障模式对应的残差变化趋势，由此构建推进系统的故障特征矩阵。如表 6.1 所示，故障特征用三元向量{+1, 0, −1}表示，分别表示残差 r 值增大、不变以及减小。从表 6.1 所示的推进系统故障特征矩阵看，多数故障情形下可实现推进系统的功能组件级定位，基本满足了空间推进系统的“功能诊断”要求。

表 6.1 中，R_1 为气瓶出口至减压阀入口之间的组件，R_2 为减压阀出口至 MON 贮箱入口之间的组件，R_3 为减压阀出口至 MMH 贮箱入口之间的组件，R_4 为 MON 贮箱出口至测点 p_6 之间的组件，R_5 为 MMH 贮箱出口至测点 p_7 之间的组件，R_6 为测点 p_6 至轨控推力器喷注器入口之间的组件，R_7 为测点 p_7 至轨控推力器喷注器入口之间的组件，各组件间的拓扑关系如图 1.14 所示。

表 6.1　推进系统的故障特征矩阵

组件故障模式	残差				
	r_1	r_4	r_5	r_6	r_7
气瓶泄漏	+1	−1	−1	+1	+1
R_1 阻塞	−1	0	0	0	0
R_1 泄漏	+1	−1	−1	+1	+1
R_3 阻塞	0	+1	−1	−1	+1
R_3 泄漏	0	−1	−1	+1	+1
R_2 阻塞	0	−1	+1	+1	−1
R_2 泄漏	0	−1	−1	+1	+1
贮箱(N_2O_4)泄漏	0	−1	−1	−1	+1
贮箱(MMH)泄漏	0	−1	−1	+1	−1
R_5 阻塞	0	0	+1	0	−1
R_5 泄漏	0	0	−1	0	−1
R_4 阻塞	0	+1	0	−1	0
R_4 泄漏	0	−1	0	−1	0
R_7 阻塞	0	0	−1	0	+1
R_7 泄漏	0	0	+1	0	−1
R_6 阻塞	0	−1	0	+1	0
R_6 泄漏	0	+1	0	−1	0
R_v 内漏	0	+1	+1	−1	−1
R_v 外漏	0	−1	−1	+1	+1

6.3.4　验证与结果分析

基于图 6.7 所示的动力学仿真模型,对空间推进系统基于解析冗余关系故障诊断方法的有效性进行了验证与考核,分别考核了组件 R_2、组件 R_5、组件 R_6 发生故障的情形,部分故障仿真的参数变化曲线如图 6.8 和图 6.9 所示。

图 6.10~图 6.12 为不同人为设置故障下的残差 r_4、r_5、r_6、r_7 曲线,由于残差 r_1 与故障组件 R_2、R_5、R_6 均不相关,因此残差关系 $r_1=0$ 始终能够满足,r_1 的实时定性化结果均为{0}。通过残差曲线分析判断获取表 6.2 所示的具有残差变化方向的观测特征,然后通过与表 6.1 所示的系统故障特征进行比较,得到了表 6.2 所示的诊断结果。由表 6.2 可见,诊断结果包含了故障仿真时人为设置的故障,即 R_2 泄漏、R_5 阻塞以及 R_6 泄漏。

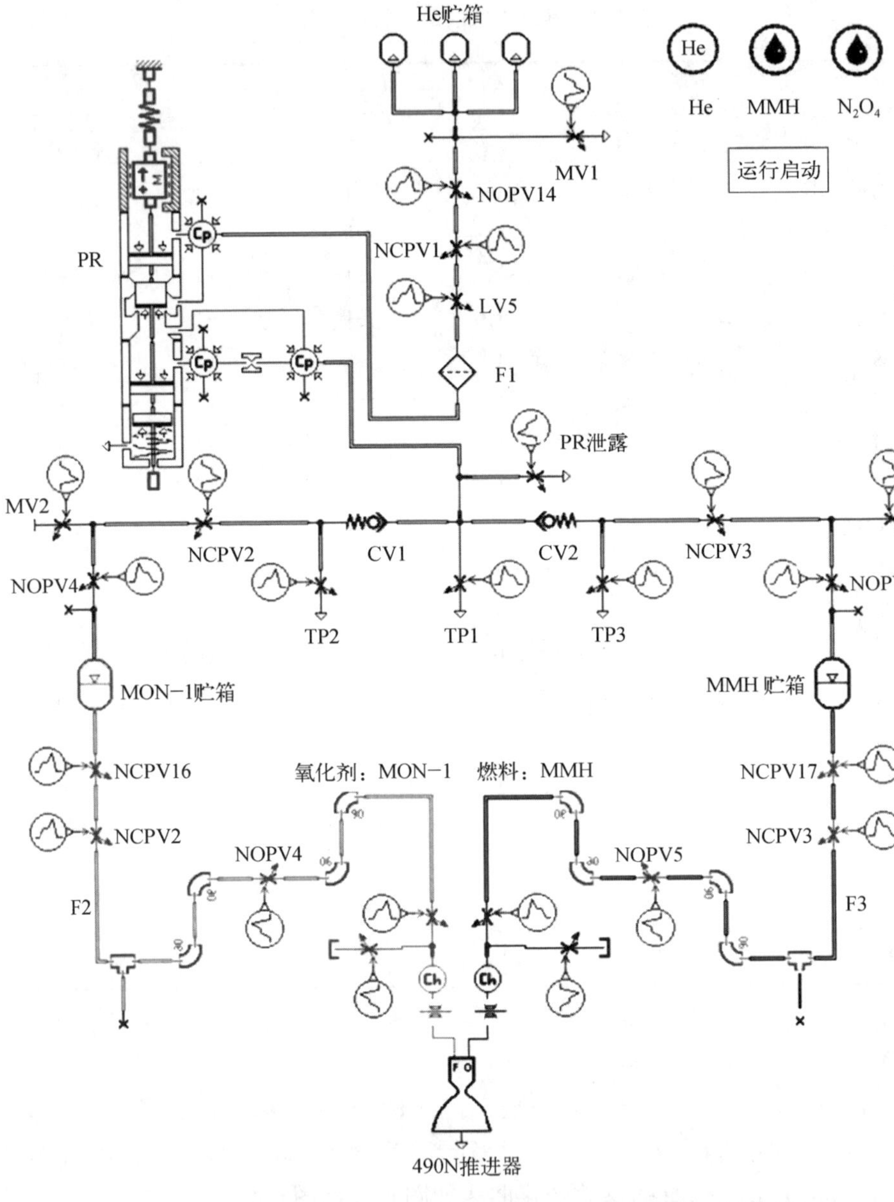

图 6.7 空间推进系统(轨控阶段)基于 AMESim 的动力学仿真模型

由于测点分布有限,诊断结果没能实现准确定位,但包含了仿真中设置的故障,缩小了进一步判断的范围,可作为基于一致性测试的诊断推理方法中故障候选集快速生成的有效手段,然后对约减后的候选集中的故障模式进行持续跟踪,进一步排除伪诊断解,最终确定故障源,这也是 SHyDE 以及 L3 诊断推理过程的核心思想。

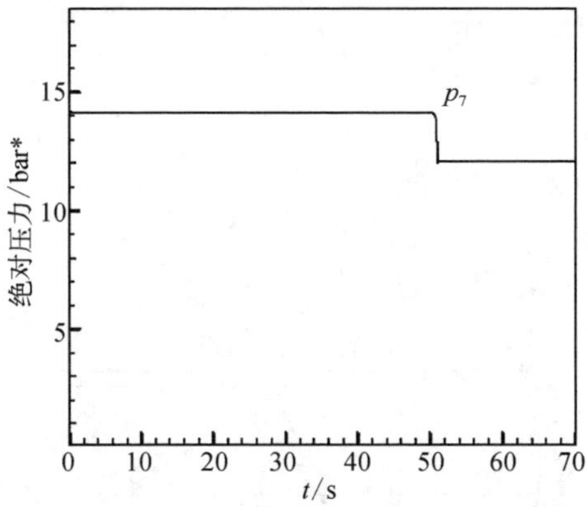

图 6.8　R_5 阻塞情况下参数 p_7 的变化曲线(仿真时长为 70 s)

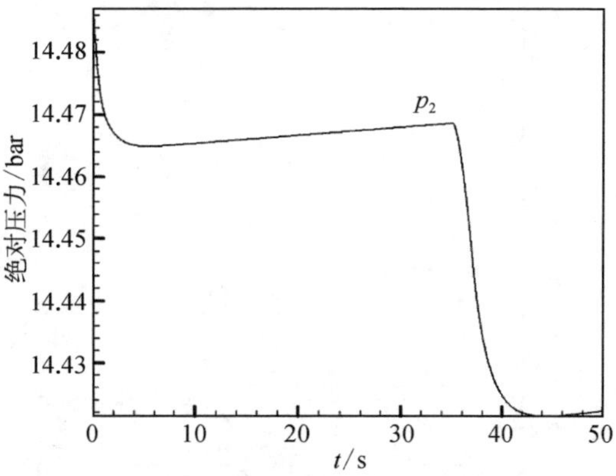

图 6.9　R_2 泄漏情况下参数 p_2 的变化曲线(仿真时长为 50 s)

表 6.2　具有残差趋势的观测特征

观测特征	r_1	r_4	r_5	r_6	r_7	故障原因
图 6.10	0	−1	−1	+1	+1	R_2 泄漏/R_3 泄漏
图 6.11	0	0	+1	0	−1	R_5 阻塞/R_7 泄漏
图 6.12	0	+1	0	−1	0	R_6 泄漏/R_4 阻塞

从图 6.10~图 6.12 可以看出以下几点。

(1) 虽然观测参数值随时间不断变化,但各结构残差 r 在故障发生前始终处于定性化判断阈值带内,并没有随时间发生变化,r 具有时不变特性。因此,将时变观测参数信息基于结构特征映射为时不变的残差信息后,围绕时不变残差信息构建的诊断机制自然就能够解决直接基于时变观测参数进行故障诊断所面临的难题。

(2) 在发生故障后,只有与故障组件直接相关的残差关系($r=0$)才遭到了永久的破坏,而其他残差关系式仍处于满足状态,因此,基于时不变的残差信息进行故障诊断能够克服“故障传递”导致的多个组件观测参数同时异常给故障定位带来的难题。

(3) 对于图 6.10,推进系统增压气路某组件发生故障后,整个增压气路会发生振荡,导致与气路相关的约束关系 r 都遭到破坏,但在气路达到新的平衡状态之后,只有与故障组件直接相关的残差关系 r_4 仍处于受破坏状态,r_5、r_6、r_7 则又恢复到了满足状态。

此外,从故障诊断的实施过程也可看出,推进系统的故障特征矩阵由于可事先

* 1 bar = 10^5 Pa。

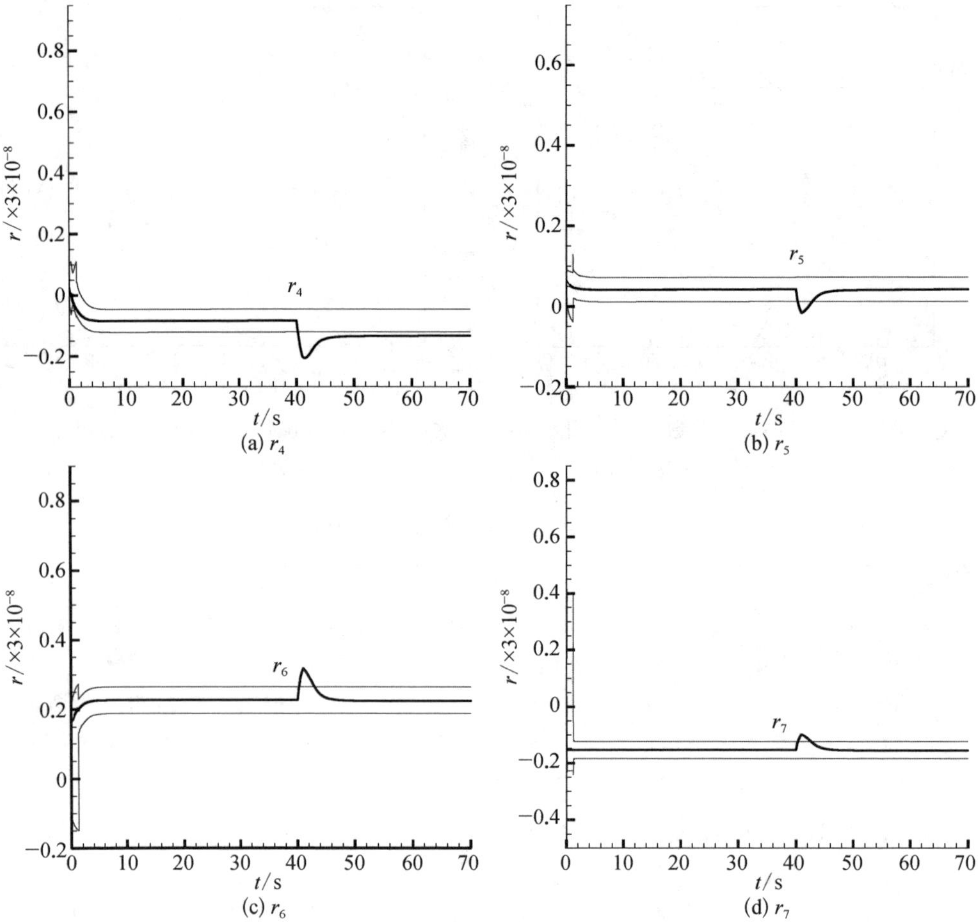

(a) r_4　(b) r_5　(c) r_6　(d) r_7

图 6.10　故障 1 时的残差曲线

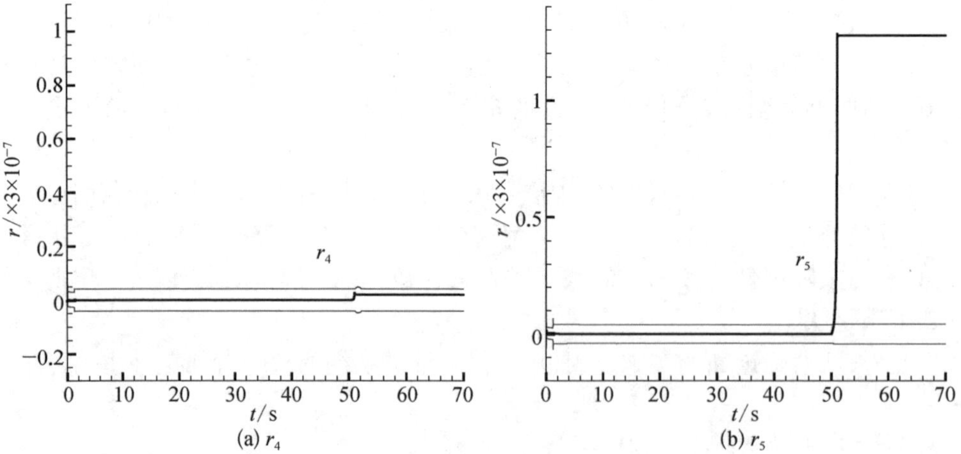

(a) r_4　(b) r_5

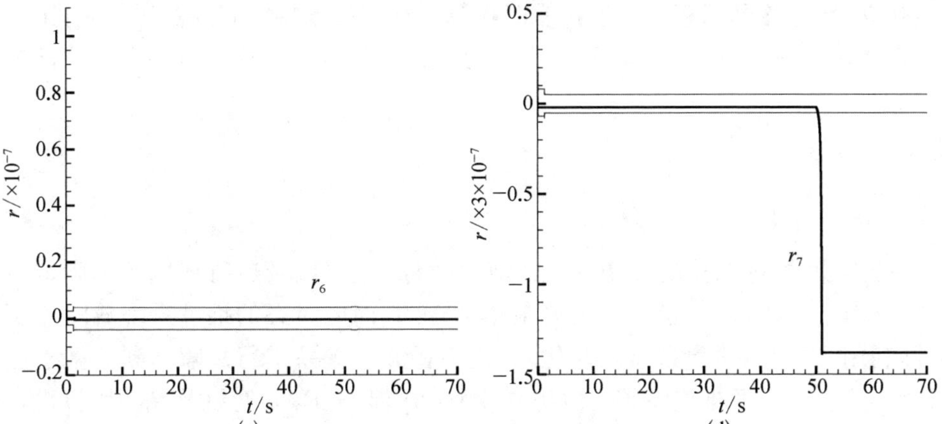

(c) r_6　　(d) r_7

图 6.11　故障 2 时的残差曲线

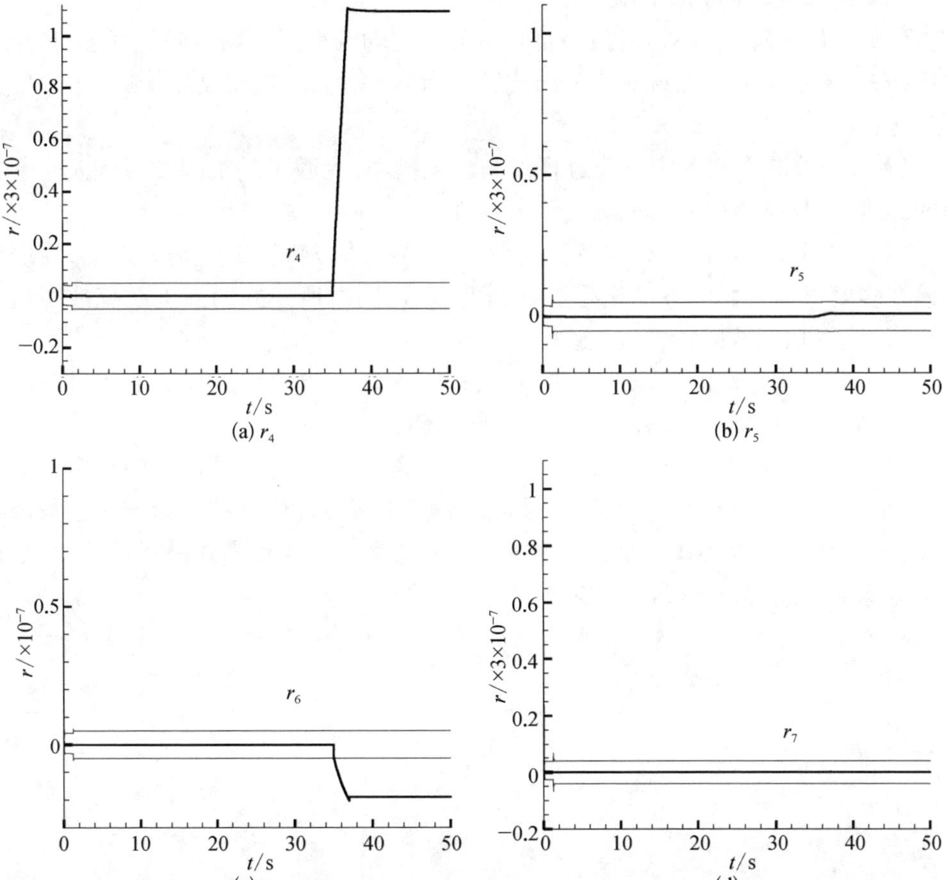

(a) r_4　　(b) r_5

(c) r_6　　(d) r_7

图 6.12　故障 3 时的残差曲线

离线建立,具体诊断过程仅需通过实时观测特征与故障特征间的对比,即可迅速对故障进行定位,过程简单易实现,因此能够满足空间推进系统实时在线故障诊断的要求。

6.4 结　论

针对空间推进系统的时变特性、“双向故障传递”以及运行环境的不确定性等特点,提出了 Z -检验和解析冗余关系相结合的、面向时态的推进系统故障诊断方法,即利用 Z -检验进行残差定性化,利用解析冗余关系进行故障诊断。基于该组合诊断方法,对空间推进系统 3 次仿真故障(R_2 泄漏、R_5 阻塞以及 R_6 泄漏)进行诊断,诊断结果表明:

(1) 基于空间推进系统时不变结构特征对时变状态空间转换的诊断思路解决了确定系统时变诊断判据的困难;

(2) 故障发生后,不涉及故障部件的残差 r 的约束关系始终满足,故障现象不再传递,基于残差表征系统时不变结构特征有效解决了“双向故障传递”带来的诊断难题;

(3) Z -检验在残差定性化过程没有出现错误,克服了随机因素对残差定性判断的影响,提高了该故障诊断方法的鲁棒性;

(4) 利用残差对应的结构特征所建立的系统故障特征矩阵是有效的,克服了残差在多因素综合影响下变化趋势判断的困难,同时所建立的推进系统故障特征矩阵满足了“功能故障诊断”的要求;

(5) 通过比较观测特征与故障特征,即可实现对空间推进系统工作过程的实时、高效的功能故障诊断,有利于实现在线故障诊断。

由于测点分布有限,诊断结果没能实现准确定位,但包含了仿真中设定的故障源,缩小了进一步判断的范围,其结果可作为基于一致性测试的诊断推理中故障候选集快速生成的有效手段,然后对约减后的候选集中的故障模式进行持续跟踪,进一步排除伪诊断解,最终确定故障源。

第7章 推进系统故障条件下可恢复性分析

7.1 引　　言

故障容错控制(fault-tolerant control, FTC)作为确保航天器系统高可靠性、安全性的关键技术之一,是指在故障条件下采取一定控制措施,使航天器系统仍能满足系统性能/控制目标要求。作为FTC的重要内容,在给定故障容错措施条件下的可恢复性分析却很少得到重视。

根据空间推进系统的结构特点以及控制要求,本章开展基于系统重构措施的故障可恢复性分析研究。通过开展故障条件下的可恢复性分析不仅能够对系统当前故障条件下的容错能力进行预估,更重要的是能够对系统结构设计产生重要的指导意义。与其他基于连续状态空间描述的动态系统不同,空间推进系统通常通过离散事件对系统实施控制,如何描述处于故障条件下的该类系统在离散事件作用下的可恢复性分析是一个值得深入研究的课题。目前,关于空间推进系统故障条件下的可恢复性分析未见公开文献。

根据空间推进系统分布式的结构特点以及部件级故障诊断的要求,基于部件建模描述航天器系统行为是进行故障诊断以及容错控制非常有效的方式。相较于基于连续状态空间建模,基于部件建模方式便于部件故障的引入,尤其在基于系统重构的故障容错过程中,无论发生什么部件故障,都可将故障部件视为处于切断隔离状态的部件。此外,对于由一系列结构集组合成的系统而言,系统结构配置栅格图作为基于部件建模的一种有效手段,在解决系统结构分析设计问题,包括大规模系统结构分解、可观测性与可控性分析、控制与诊断设计(包括传感器配置)等方面都得到了很好的运用。因此,对于基于系统重构的故障容错控制,系统部件配置栅格图是执行相关分析有效的建模手段。

本章结合系统结构配置栅格图发展了空间推进系统基于系统重构的故障可恢复性评估理论和方法,具体内容包括:首先阐述了系统结构配置栅格图的有关定义及特性;然后针对系统故障容错评估问题,提出了基于系统结构配置的属性空间概念,并详细讨论了系统故障容错性能度量问题(提出了三种在当前结构配置下的容错能力评估指标：① 覆盖率；② 冗余度；③ 平均无故障时间估计）；最后，为验证上述指标在容错评估方面的有效性，开展了对现有典型空间推进系统增压气路容错能力的评估。

7.2 系统结构配置栅格图

在引入空间推进系统故障条件下基于系统重构的可恢复性判断问题之前，首先给出以下几个定义。

通常，空间推进系统由部件集 C_0 组成，$|C_0|$表示部件数量。

定义 7.1 系统结构配置

系统结构配置实质为系统部件子集 $C_i \subseteq C_0$，$i = 0, 1, 2, \cdots, 2^{|C_0|} - 1$，$C_0$ 为系统全配置，即系统无故障条件下的部件配置，C_i 表示配置 i。

将所有系统结构配置 C_i 按照配置间的相互关联构成系统栅格图 $\mathcal{L}(C_0)$，图 7.1 为五部件配置栅格图。系统所有配置是 C_0 的幂集，即 $\mathcal{L}(C_0) \triangleq 2^{C_0}$。对照图 7.1，栅格图 $\mathcal{L}(C_0)$ 具有如下结构特征。

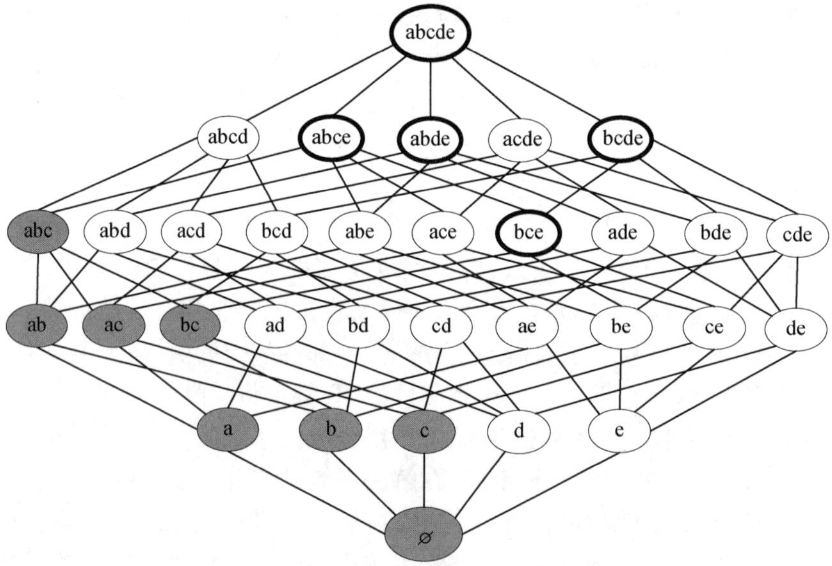

图 7.1 五部件结构配置栅格图

(1) $\mathcal{L}(C_0)$ 是一配置无向图，图中各节点表示系统结构配置 C。如果两节点 C'和 C''间满足如下关系，则 C'和 C''间存在连接边界。

$$\exists \sigma \in C_0 : C' = C'' \cup \{\sigma\} / C'' = C' \cup \{\sigma\}$$

(2) 该系统结构配置无向图由多层组成,每层由部件数量相同的配置节点构成。$\mathcal{L}(C_0)$ 顶层(level 0)表示系统正常配置 C_0,最底层(level $|C_0|$)表示空配置$\varnothing$。

(3) 由第(2)点可见,节点间的直接连接边界只存在于毗邻层之间。对于存在于非毗邻层间的配置节点则通过路径的形式表示两者间的相互包含关系。

(4) $\mathcal{L}(C_0)$ 连接边界具有方向性,自上往下(top-down)方向表示部件的缺失(即故障的产生)或部件关闭,由下往上(bottom-up)意味着某部件的再次引入(如部件的修复)。对于大多数航天器这类系统,由于其运行过程中部件不存在任何修复的可能,因此连接边界只存在自上往下一种可能。

本章结合推进系统结构配置栅格图 $\mathcal{L}(C_0)$ 开展系统故障条件下基于系统重构的可恢复性问题分析。推进系统结构配置 C_0 可分解成: $C_0 = C_\text{h} \cup C_\text{f} \cup \overline{C_\text{f}}$,其中 C_h 表示无故障部件组成的配置, C_f 虽由故障部件组成,但该部件仍处于运行状态,只是基于新控制律以非正常方式运行, $\overline{C_\text{f}}$ 所涉及部件则完全丧失功能。假定 $\overline{C_\text{f}}$ 配置部件能够切断隔离(例如,通过切断燃料供应实现对故障推力器的隔离),故障自适应调整策略是围绕 $C_\text{h} \cup C_\text{f}$ 配置进行的;系统重构策略则是围绕 C_h 部件执行容错处理(所有 $C_\text{f} \cup \overline{C_\text{f}}$ 部件将被切断隔离)。在上述情形中, $\mathcal{L}(C_0)$ 是进行推进系统故障处理分析的基础。

在给出推进系统配置空间 $\mathcal{L}(C_0)$ 的相关特性之前,首先对系统属性 $\mathcal{P}$ 进行阐述。

属性$\mathcal{P}$是进行系统配置分析过程首先必须考虑的因素,通常分为结构属性$\mathcal{P}$(structural properties)以及非结构属性 $\mathcal{P}$(nonstructural properties)。结构属性 $\mathcal{P}$ 只需根据系统结构配置 C 判断 $\mathcal{P}$ 是否得到满足,不依赖于控制律 u,即判断 $\mathcal{P}(C)$ 的成立与否问题,如系统可检测性、可诊断性以及基于系统重构的故障可恢复性等;非结构属性$\mathcal{P}$则需同时考虑系统结构配置 C 以及外部输入 u(系统设计参数或者控制律),即 $\mathcal{P}(C, u)$ 的成立问题,如系统稳定性、可控性等。结构属性 $\mathcal{P}$ 与非结构属性 $\mathcal{P}$ 最重要区别在于:结构属性 $\mathcal{P}$ 只围绕系统结构配置 C 来判断满足问题,当系统结构配置 C 不满足属性 $\mathcal{P}$ 时,则需改变系统结构配置;非结构属性 $\mathcal{P}$ 则涉及控制律 u,使得 $\mathcal{P}$ 在系统处于系统结构配置 $C = C_\text{h} \cup C_\text{f}(C_\text{f} = \varnothing/\neg\varnothing)$ 的情形下得到满足,即 $\mathcal{P}(C, u)$ 成立。本书只涉及系统结构属性 $\mathcal{P}$,在未注明情况下,下面的 $\mathcal{P}$ 均指结构属性,可恢复性均指基于系统重构的故障可恢复性。

定义 7.2　父配置节点(predecessors)、子配置节点(successors)

对于系统结构配置栅格 $\mathcal{L}(C_0)$,系统结构配置 C_i 的父结构配置$\mathbb{P}(C_i)$以及$\mathbb{S}(C_i)$分别定义如下:

$$\mathbb{P}(C_i) = \{C_j \in \mathcal{L}(C_0): C_i \subseteq C_j\}$$

$$\mathbb{S}(C_i) = \{C_j \in \mathcal{L}(C_0): C_j \subseteq C_i\}$$

定义 7.3 最大(maximal)、最小(minimal)结构配置

对于配置子集 $\sum[\sum \subseteq \mathcal{L}(C_0)]$，其最大、最小结构配置分别为

$$M(\sum) = \{C \in \sum : \forall C' \in \mathcal{L}(C_0),\ C \subset C' \Rightarrow C' \notin \sum\}$$
$$m(\sum) = \{C \in \sum : \forall C' \in \mathcal{L}(C_0),\ C' \subset C \Rightarrow C' \notin \sum\}$$

7.2.1 系统属性空间及其特性

定义 7.4 可接受配置空间

若配置 $C \in \mathcal{L}(C_0)$ 满足属性 $\mathcal{P}$，即 $\mathcal{P}(C)$ 成立，则配置结构 C 对属性 $\mathcal{P}$ 而言称之为"可接受的"。属性 $\mathcal{P}$ 空间 $S(C_0, \mathcal{P})$ 是指在 $\mathcal{L}(C_0)$ 中所有可接受的配置集合：

$$S(C_0, \mathcal{P}) = \{C \in \mathcal{L}(C_0) : \mathcal{P}(C)\} \tag{7.1}$$

显然，$\mathcal{L}(C_0) = S(C_0, \mathcal{P}) \cup S(C_0, \neg\mathcal{P})$。

在执行系统可靠性及安全性等性能分析时，通常需要对多个属性进行综合考虑，其综合属性空间可描述为

$$S(S_0, \mathcal{P}) = \bigcap_{k=1,2,\cdots,K} S(C_0, \mathcal{P}_k) \tag{7.2}$$

定义 7.5 单调性(monotonicity)

若属性 $\mathcal{P}$ 在系统结构配置空间 $\mathcal{L}(C_0)$ 是 BUM(bottom-up monotonous)单调的，则

$$\forall C_1 \in \mathcal{L}(C_0),\ \forall C_2 \in \mathbb{P}(C_1) : \mathcal{P}(C_1) \Rightarrow \mathcal{P}(C_2)$$

若属性 $\mathcal{P}$ 在系统结构配置空间 $\mathcal{L}(C_0)$ 是 TDM(top-down monotonous)单调的，则

$$\forall C_1 \in \mathcal{L}(C_0),\ \forall C_2 \in \mathbb{S}(C_1) : \mathcal{P}(C_1) \Rightarrow \mathcal{P}(C_2)$$

考虑系统属性 $\mathcal{P}$ 单调性的实际意义在于：如果属性 $\mathcal{P}$ 属于 BUM 单调并且存在满足该属性 $\mathcal{P}$ 的系统配置 C，则其父配置 $\mathbb{P}(C)$ 都将满足属性 $\mathcal{P}$。换而言之，无须对配置 $\mathbb{P}(C)$ 进一步执行属性 $\mathcal{P}$ 可满足性判断分析。因此，对具有单调特性的属性 $\mathcal{P}$ 而言，其完整配置空间可通过最小系统配置进行表征。

结构属性 $\mathcal{P}$ 通常具备单调性。例如，推进系统可检测性明显具备 BUM 单调性，当基于某传感器组合可实现对系统状态的检测，则包含该传感器集的任一超集自然也能够确保系统具备可检测性。此外，按照属性 $\mathcal{P}$ 单调性判断准则，空间推进系统基于系统重构的可恢复性同样属于 BUM 单调的结构属性。

定义 7.6 极值可接受配置(extremal admissible configurations)

最小可接受配置：对 $\mathcal{L}(C_0)$ 的 BUM 属性 $\mathcal{P}$ 而言，如果满足式(7.3)所示关系，则可称 C_m 为 $\mathcal{P}$ 最小可接受配置。

$$C_m(\mathcal{P},\ \mathcal{L}) = \{C \in \mathcal{L}:\ \mathcal{P}(C) \wedge \neg \mathcal{P}(C'),\ \forall C' \in \mathbb{S}(C)\} \tag{7.3}$$

最大可接受配置：对 $\mathcal{L}(C_0)$ 的 TDM 属性 $\mathcal{P}$ 而言，如果满足式(7.4)所示关系，则称 C_M 为 $\mathcal{P}$ 最大可接受配置。

$$C_M(\mathcal{P},\ \mathcal{L}) = \{C \in \mathcal{L}:\ \mathcal{P}(C) \wedge \neg \mathcal{P}(C'),\ \forall C' \in \mathbb{P}(C)\} \tag{7.4}$$

定理 7.1　任一 BUM 属性 $\mathcal{P}$ 的配置空间 $S(C_0,\ \mathcal{P})$ 可表示为

$$S(C_0,\ \mathcal{P}) = \bigcup_{C \in m[S(C_0,\ \mathcal{P})]} \mathbb{P}^*(C) \tag{7.5}$$

同样，对于任一 TDM 属性 $\mathcal{P}$，其配置空间 $S(C_0,\ \mathcal{P})$ 为

$$S(C_0,\ \mathcal{P}) = \bigcup_{C \in M[S(C_0,\ \mathcal{P})]} \mathbb{S}^*(C)$$

式中，$\mathbb{P}^*(C) \triangleq \mathbb{P}(C) \cup C$，$\mathbb{S}^*(C) \triangleq \mathbb{S}(C) \cup C$。

证明：

假定 $\mathcal{P}$ 属于 BUM 属性，C 属于 $S(C_0,\ \mathcal{P})$ 任一配置。若 $\tilde{C} \in m[S(C_0,\ \mathcal{P})]$ 成立，则同时必属于 $\bigcup_{C \in m[S(C_0,\ \mathcal{P})]} \mathbb{P}^*(C)$；如果 $\tilde{C} \notin m[S(C_0,\ \mathcal{P})]$，对于 $\tilde{C} \in m[S(C_0,\ \mathcal{P})]$，则配置 $\tilde{C} \in \mathbb{P}(C)$，因此 $\tilde{C}$ 同样属于 $\bigcup_{C \in m[S(C_0,\ \mathcal{P})]} \mathbb{P}^*(C)$。对于 TDM 属性情况是类似的，这里不再对其相应结论作进一步证明。

下面统一将 $m[S(C_0,\ \mathcal{P})]$ 以及 $M[S(C_0,\ \mathcal{P})]$ 简写成 $m(C_0,\ \mathcal{P})$ 以及 $(C_0,\ \mathcal{P})$。

定义 7.7　可恢复性(recoverability)

对于基于系统重构控制策略的推进系统而言，在故障条件下，如果 $C_0 \backslash C_{\mathrm{f}} \in S(C_0,\ \mathcal{P})$ 成立，即系统结构属性 $\mathcal{P}$ 在故障条件下仍能够得到满足，则称处于故障条件下 $C_{\mathrm{f}} \subseteq C_0$ 的系统具备可重构恢复性。

设 $m(\mathcal{P})$ 表示最小可恢复配置集(minimal recoverable configurations, MRCs)。$m(\mathcal{P},\ C)$ 表示从最小可恢复配置集 $m(\mathcal{P})$ 找出与配置 $C \in S(\mathcal{P})$ 相关的最小可恢复配置 $\underline{C}$：

$$m(\mathcal{P},\ C) = m(\mathcal{P}) \cap \mathbb{S}(C) = \{\underline{C} \in m(\mathcal{P}):\ C \in \mathbb{P}(\underline{C})\} \tag{7.6}$$

对于 BUM 属性 $\mathcal{P}$，故障后的当前配置 C 的可恢复空间可表示为

$$S(\mathcal{P},\ C) = \{C':\ C' \in \bigcup_{\underline{C} \in m(\mathcal{P},\ C)} \mathbb{P}^*(\underline{C}),\ |C'| \leqslant |C|\} \tag{7.7}$$

即推进系统当前配置 C 下的可恢复空间 $S(\mathcal{P},\ C)$ 可以通过 MRCs 的父配置表示。

7.3 故障条件下的可恢复性评估

结合属性空间的定义，只要能判断结构配置 C 属于空间 $S(C_0, \mathcal{P})$，则可断定属性 $\mathcal{P}$ 在配置 C 下可以得到满足。因此，关于推进系统当前配置 C 下的可恢复性度量（故障容错评估）可以转换为 $S(C, \mathcal{P})$ 空间的相关分析问题。

7.3.1 部件效用性评估

定义 7.8 无用部件

在 BUM 属性 $\mathcal{P}$ 空间 $\mathcal{L}(C_0)$，若式(4.8)得到满足，则称部件 $c \in C_0$ 为一无用部件。

$$\forall C \subseteq C_0 \backslash \{c\} : \mathcal{P}(C \cup \{c\}) \Rightarrow \mathcal{P}(C) \tag{7.8}$$

由于 $\mathcal{P}$ 属于 BUM 属性，因此 $\mathcal{P}(C) \Rightarrow \mathcal{P}(C \cup \{c\})$。结合式(7.8)及其非，即 $\neg \mathcal{P}(C) \Rightarrow \neg \mathcal{P}(C \cup \{c\})$，可以得出这样的结论：对于任一可接受配置 C，其移除无用部件 c_u 后的配置 $C' = C \backslash \{c_u\}$ 仍为可接受配置；对于不可接受配置 C''，增加无用部件 c_u 的配置 $C'' \cup \{c_u\}$ 并不能使 BUM 属性 $\mathcal{P}$ 得到满足。

命题 7.1 在 BUM 属性 $\mathcal{P}$ 空间 $\mathcal{L}(C_0)$，部件 c 属于无用部件的充分必要条件是：该部件 c 不属于任一最小可接受配置 C_m，即

$$\forall C_m \in m(C_0, \mathcal{P}) : c \notin C_m \Leftrightarrow c \in C_u \tag{7.9}$$

证明：

假设部件 $c \in C_u \cap C_m$，其中 $C_m \in m(C_0, \mathcal{P})$，则 $C_m \backslash \{c\} \in S(C_0, \mathcal{P})$。由于部件 c 属于无用部件，因此与 C_m 属于最小可接受配置相矛盾。反之，若部件 c 满足 $\forall C_m \in m(C_0, \mathcal{P}) : c \notin C_m$，则部件 c 属于无用部件集 C_u，因为对于不包含部件 c 的任一配置 C，即 $c \notin C$，根据定理 7.1，存在这样的事实：$\mathcal{P}(C \cup \{c\}) \Rightarrow \exists \tilde{C}_m \in m(C_0, \mathcal{P}) : C \cup \{c\} \in \mathbb{P}(\tilde{C}_m)$。由于 $c \notin \tilde{C}_m$，因此 $C \in \mathbb{P}^*(\tilde{C}_m)$，亦即 $\mathcal{P}(C)$ 成立。由此式(7.8)得到满足，$c \in C_u$ 成立。

定义 7.9 割集(cut-set)及关键部件集(critical component subset, CCS)

对一部件子集 $C_s \in C_0$，若 $C_0 \backslash C_s \in S(C_0, \neg \mathcal{P})$，则称 C_s 为系统配置空间一割集。关键部件集 CCS 是指最小割集。

换言之，割集包含了确保系统属性 $\mathcal{P}$ 满足的必要的关键部件，这些关键部件的缺失将导致属性 $\mathcal{P}$ 不能满足。这里用 $C_{CS}(C_0, \mathcal{P})$ 表示所有 CCS 的集合。

命题 7.2 对于 BUM 属性 $\mathcal{P}$ 而言，可将部件集 C_c 称为关键部件集的充分必要条件是 $C_0 \backslash C_c$ 为最大不可接受配置，即

$$C_{\mathrm{c}} \in C_{\mathrm{CS}}(C_0, \mathcal{P}) \Leftrightarrow C_0 \backslash C_{\mathrm{c}} \in M(C_0, \neg \mathcal{P}) \tag{7.10}$$

证明：

设 $C_{\mathrm{c}} = C_0 \backslash \bar{C}$，其中 $\bar{C} \in S(C_0, \neg \mathcal{P})$。由于 $\bar{C} = C_0 \backslash C_{\mathrm{c}}$，$C_{\mathrm{c}}$ 的缺失将破坏 $\mathcal{P}$ 的可满足性。因此，可视 C_{c} 为一部件割集。另外，$\bar{C} \in M(C_0, \neg \mathcal{P})$ 意味着 $C_0 \backslash C_{\mathrm{c}}$ 是最小的。反之，如果 C_{c} 为一割集，则 $C_0 \backslash C_{\mathrm{c}} \in S(C_0, \neg \mathcal{P})$，当 C_{c} 属于最小割集时，则 $C_0 \backslash C_{\mathrm{c}} \in M(C_0, \neg \mathcal{P})$。

命题7.3 对于BUM属性 $\mathcal{P}$ 而言，可将部件集 C_{c} 称为关键部件集的充分必要条件是 C_{c} 为最小可接受配置空间 $m(C_0, \mathcal{P})$ 的最小碰集。

证明：

设 $h \subset C_0$ 为 $m(C_0, \mathcal{P})$ 的最小碰集。根据碰集定义，对于任一最小配置 $C \in m(C_0, \mathcal{P})$ 都有 $h \cap C \neq \varnothing$。由 $h \cap C \neq \varnothing$ 可得出 $C_0 \backslash h \subset C$，等价于 $C_0 \backslash h \in S(C_0, \neg \mathcal{P})$，因此 h 是一割集。由于 h 是最小碰集，因此 h 为最小割集。反之，设 C_{c} 为最小割集，可得出 $C_0 \backslash C_{\mathrm{c}}$ 属于 $S(C_0, \neg \mathcal{P})$，更准确地讲，$C_0 \backslash C_{\mathrm{c}}$ 属于 $M(C_0, \neg \mathcal{P})$。假设所有 $m(C_0, \mathcal{P})$ 的子集与割集 C_{c} 无交集，即存在 $C_1 \in m(C_0, \mathcal{P})$，使得 $C_1 \cap C_{\mathrm{c}} = \varnothing$。则 $C_0 \backslash C_{\mathrm{c}} \in \mathbb{P}(C_1)$，结合 $C_1 \in m(C_0, \mathcal{P})$，可得出 $C_0 \backslash C_{\mathrm{c}} \in m(C_0, \mathcal{P})$，明显与 C_{c} 是最小割集相违背。因此割集 C_{c} 与所有 $m(C_0, \mathcal{P})$ 的子集存在交集，根据碰集定义，可知割集 C_{c} 也是碰集。

可以看出，命题7.2阐明了建立最大不可接受配置空间的关键在于如何得到系统配置的关键部件集，命题7.3则意味着关键部件集可通过求解 $m(C_0, \mathcal{P})$ 的最小碰集获取。因此，基于最小可接受配置空间 $m(C_0, \mathcal{P})$ 可准确描述 $M(C_0, \neg \mathcal{P})$ 空间。这里只给出BUM属性 $\mathcal{P}$ 最小可接受配置空间 $m(C_0, \mathcal{P})$ 的一般求解过程：

(1) $\tilde{m}_t(C_0, \mathcal{P})$ 表示在迭代第 t 步的配置集，$\tilde{m}_t(C_0, \mathcal{P})$ 的初始值取为 $\mathcal{L}(C_0)$。

(2) 根据对配置 $C \in \tilde{m}_t(C_0, \mathcal{P})$ 可接受性的判断，一般存在两种结果：

$$\mathcal{P}(C) \Rightarrow \mathbb{P}(C) \cap m(C_0, \mathcal{P}) = \varnothing \tag{7.11}$$

$$\neg \mathcal{P}(C) \Rightarrow \mathbb{S}^*(C) \cap m(C_0, \mathcal{P}) = \varnothing \tag{7.12}$$

式(7.11)意味着 C 的父配置集中不存在最小可接受配置。式(7.12)表示 C 及其子配置集中不存在最小可接受配置。在上述情形下，依据式(7.11)和式(7.12)对 $\tilde{m}_t(C_0, \mathcal{P})$ 进行更新：

$$\begin{aligned} \tilde{m}_{t+1}(C_0, \mathcal{P}) &= \tilde{m}_t(C_0, \mathcal{P}) \backslash \mathbb{P}(C) \\ \tilde{m}_{t+1}(C_0, \mathcal{P}) &= \tilde{m}_t(C_0, \mathcal{P}) \backslash \mathbb{S}^*(C) \end{aligned} \tag{7.13}$$

基于式(7.13)对 $\tilde{m}_t(C_0, \mathcal{P})$ 不断迭代更新后最终可获得最小可接受配置集 $m(C_0, \mathcal{P})$。

7.3.2 属性空间评估

根据属性空间的定义,若故障后的配置属于可接受空间 $S(C_0,\ \mathcal{P})$,则结构属性 $\mathcal{P}$ 仍可保持满足,因此推进系统的故障可恢复性判断可通过对 $S(C_0,\ \mathcal{P})$ 空间尺度的度量进行。

设 $x \subseteq C_0$ 为部件集, $\mathcal{L}(x) = 2^x$ 表示 x 部件集对应的配置空间, $\mathcal{P}$ 则为 BUM 单调属性, $\mathcal{L}(x)$ 中满足属性 $\mathcal{P}$ 的配置空间表示为 $S(x,\ \mathcal{P})$。

$\mathcal{J}(x,\ \mathcal{P})$ 表示对配置空间 $S(x,\ \mathcal{P})$ 的度量, $\mathcal{J}(x,\ \mathcal{P})$ 的构造必须满足以下条件:

$$\begin{aligned}&(a)\ \mathcal{J}(x,\ \mathcal{P}) \geqslant 0\\&(b)\ S(x,\ \mathcal{P}) = \varnothing \Rightarrow \mathcal{J}(x,\ \mathcal{P}) = 0\end{aligned} \tag{7.14}$$

$$\begin{aligned}&(a)\ c \in x \Rightarrow \mathcal{J}(x \backslash \{c\},\ \mathcal{P}) \leqslant \mathcal{J}(x,\ \mathcal{P})\\&(b)\ c \in x \cap C_u \Rightarrow \mathcal{J}(x \backslash \{c\},\ \mathcal{P}) = \mathcal{J}(x,\ \mathcal{P})\end{aligned} \tag{7.15}$$

概括地说,若 $S(x,\ \mathcal{P})$ 为空,则 $\mathcal{J}(x,\ \mathcal{P})$ 的值为零,否则大于/等于零,且度量 $\mathcal{J}(x,\ \mathcal{P})$ 的单调性确保为严格非递减,部件集 x 中无用部件 $c_u \in C_u$ 的增减并不会对 $\mathcal{J}(x,\ \mathcal{P})$ 的值产生影响。

为不失一般性,本书通过部件 $c \in C_0$ 的增减来描述系统结构配置的变化。下面对 $\mathcal{L}(x)$ 以及其配置空间 $S(x,\ \mathcal{P})$ 的相关特性进行阐述。

对于 $\alpha = 1,\ 2,\ \cdots |x|$, $\mathcal{L}_\alpha(x)$ 表示在配置层 $(|x| - \alpha)$ 的配置空间, $S_\alpha(x,\ \mathcal{P}) \subseteq S(x,\ \mathcal{P})$ 表示 $S(x,\ \mathcal{P})$ 在配置层 $(|x| - \alpha)$ 的配置空间,即

$$\begin{aligned}&\mathcal{L}_\alpha(x) = \{C \in \mathcal{L}(x),\ |C| = \alpha\}\\&S_\alpha(x,\ \mathcal{P}) = \{C \in S(x,\ \mathcal{P}),\ |C| = \alpha\}\end{aligned} \tag{7.16}$$

对于某个 α 值, $S_\alpha(x,\ \mathcal{P})$ 存在为$\varnothing$的可能,但对于 BUM 属性 $\mathcal{P}$,则式(7.17)一定能够得到满足。

$$\beta > \alpha:\ S_\alpha(x,\ \mathcal{P}) \neq \varnothing \Rightarrow S_\beta(x,\ \mathcal{P}) \neq \varnothing \tag{7.17}$$

定理 7.2 对于 $x \subseteq C_0$, $C \in x$,可将 $\mathcal{L}(x)$ 分解为

$$\mathcal{L}(x) = \mathcal{L}(x,\ \bar{c}) \cup \mathcal{L}(x,\ c)$$

式中, $\mathcal{L}(x,\ \bar{c})$ 表示不包含部件 c 的配置集; $\mathcal{L}(x,\ c)$ 则为包含部件 c 的配置。类似地,属性 $\mathcal{P}$ 配置空间可分解为

$$S(x,\ \mathcal{P}) = S(x,\ \bar{c},\ \mathcal{P}) \cup S(x,\ c,\ \mathcal{P})$$

对配置层 $\alpha = 1,\ 2,\ \cdots |x|$ 同样进行相应的分解:

$$\mathcal{L}_\alpha(x) = \mathcal{L}_\alpha(x,\ \bar{c}) \cup \mathcal{L}_\alpha(x,\ c)$$
$$S_\alpha(x,\ \mathcal{P}) = S_\alpha(x,\ \bar{c},\ \mathcal{P}) \cup S_\alpha(x,\ c,\ \mathcal{P})$$

配置空间 $S(x,\ \mathcal{P})$ 及 $S(x,\ \bar{c},\ \mathcal{P})$ 同时还满足关系式(7.18)。

$$|S(x,\ \mathcal{P})| \geqslant 2|S(x,\ \bar{c},\ \mathcal{P})| \tag{7.18}$$

对于配置层 $\alpha = 1,\ 2,\ \cdots |x|$，存在如下关系：

$$|S_\alpha(x,\ \mathcal{P})| = |S_\alpha(x,\ \bar{c},\ \mathcal{P})| + |S_{\alpha-1}(x,\ \bar{c},\ \mathcal{P})| \tag{7.19}$$

$$|S_\alpha(x,\ \mathcal{P})| \geqslant 2|S_{\alpha-1}(x,\ \bar{c},\ \mathcal{P})| \tag{7.20}$$

并且,对于任一无用部件 $c \in C_u$，式(7.18)~式(7.20)均成立。

证明：

由于 $S(x,\ c,\ \mathcal{P})$ 与 $S(x,\ \bar{c},\ \mathcal{P})$ 非毗邻配置空间,可得：

$$|S(x,\ \mathcal{P})| = |S(x,\ \bar{c},\ \mathcal{P})| + |S(x,\ c,\ \mathcal{P})|$$

显然,配置 $C \in \mathcal{L}(x,\ \bar{c})$ 存在两种可能：$C \in S(x,\ \bar{c},\ \mathcal{P})$ 或者 $C \notin S(x,\ \bar{c},\ \mathcal{P})$。当 $C \in S(x,\ \bar{c},\ \mathcal{P})$，由于 $\mathcal{P}$ 属于 BUM 单调属性,因此 $C \cup \{c\} \in S(x,\ c,\ \mathcal{P})$；对于 $C \notin S(x,\ \bar{c},\ \mathcal{P})$ 情形,并不能确定 $C \cup \{c\}$ 是否属于空间 $S(x,\ c,\ \mathcal{P})$。由此可推出 $|S(x,\ \bar{c},\ \mathcal{P})| \leqslant |S(x,\ c,\ \mathcal{P})|$，则式(7.18)成立,且当部件 $c \in C_u$ 时等式成立。类似地,可得式(7.21)：

$$|S_{\alpha-1}(x,\ \bar{c},\ \mathcal{P})| \leqslant |S_\alpha(x,\ c,\ \mathcal{P})| \tag{7.21}$$

由于 $\mathcal{P}$ 属于 BUM 单调,因此 $|S_\alpha(x,\ \bar{c},\ \mathcal{P})| \geqslant |S_{\alpha-1}(x,\ \bar{c},\ \mathcal{P})|$，则式(7.19)和式(7.20)成立。

针对实际情况,接下来给出两种属性空间度量方式：确定性空间度量(deterministic span measures)以及可能性空间度量(probabilistic span measures)。

1. 确定性属性空间度量

确定性属性空间度量是指仅基于推进系统结构配置栅格图并不考虑单个部件的可靠性进行属性空间度量。

1）覆盖率(coverage)

对 $\mathcal{L}(x)$ 的 BUM 属性 $\mathcal{P}$ 而言,所有满足 $\mathcal{P}$ 的可接受配置的覆盖率 $\tau(x,\ \mathcal{P})$ 可表达成如下形式。

$$\tau(x,\ \mathcal{P}) = \frac{|S(x,\ \mathcal{P})|}{|\mathcal{L}(x)|}$$

2）冗余度(redundancy degrees, RD)

本书给出两种冗余度的概念：强冗余度(strong redundancy degrees, SRD)以及弱冗余度(weak redundancy degrees, WRD)。$\rho(x, C)$ 表示配置 x 到配置 $C \in \mathbb{S}(x)$ 的路径长度($x \subseteq C_0$,设 $\mathcal{L}_0$ 中每条连接边界长度为 1)。

(1) $\mathcal{L}(x)$ 属性 $\mathcal{P}$ 的强冗余度可表示为

$$\begin{aligned}\rho_s(x, \mathcal{P}) &= \min_{C \in S(\neg \mathcal{P}) \cap \mathbb{S}(x)} \rho(x, C) \\ &= \min_{C \in S(x, \neg \mathcal{P})} (|x| - |C|)\end{aligned}$$

显然,$S(x, \mathcal{P}) = \varnothing \Rightarrow \rho_s(x, \mathcal{P}) = 0$。对于 $S(x, \mathcal{P}) \neq \varnothing$ 情形,$\rho_s(x, \mathcal{P}) \geqslant 1$,且 $S_{|x|}(x, \mathcal{P}) = \mathcal{L}_{|x|}(x)$。设 α^* 为满足式(7.22)的 α 最小值($\alpha \in \{1, 2, \cdots |x|\}$)。

$$S_{\alpha^*}(x, \mathcal{P}) = \mathcal{L}_{\alpha^*}(x) \tag{7.22}$$

SRD 则可改写成:$\rho_s(x, \mathcal{P}) = |x| - \alpha^* + 1$。因此,只要故障部件数量小于 $\rho_s(x, \mathcal{P})$,则属性 $\mathcal{P}$ 一定仍能够满足。

接下来给出 $\rho_s(x, \mathcal{P})$ 可作为属性空间度量 $\mathcal{J}(x, \mathcal{P})$ 的证明过程。

证明:

$\rho_s(x, \mathcal{P})$ 显然满足式(7.14)。

基于 α^* 定义,等式 $S_{\alpha^*}(x, \bar{c}, \mathcal{P}) = \mathcal{L}_{\alpha^*}(x, \bar{c})$ 成立,则 $\rho_s(x \backslash \{c\}, \mathcal{P}) = |x| - \alpha^*$。由于 $\mathcal{L}_{\alpha^*}(x, \bar{c})$ 中所有配置都是属性 $\mathcal{P}$ 的可接受配置,因此 $S_{\alpha^*}(x, \bar{c}, \mathcal{P}) = \mathcal{L}_{\alpha^*}(x, \bar{c})$,并可得出 $|S_{\alpha^*+1}(x, \bar{c}, \mathcal{P})| = |\mathcal{L}_{\alpha^*+1}(x, \bar{c})|$。

结合式(7.21),可得 $|S_{\alpha^*+1}(x, c, \mathcal{P})| \geqslant |\mathcal{L}_{\alpha^*}(x, \bar{c})|$,进一步可推导出 $|S_{\alpha^*+1}(x, \mathcal{P})| \geqslant |\mathcal{L}_{\alpha^*+1}(x, \bar{c})| + |\mathcal{L}_{\alpha^*}(x, \bar{c})|$。由于 $|\mathcal{L}_{\alpha^*+1}(x, \bar{c})| + |\mathcal{L}_{\alpha^*}(x, \bar{c})| = |\mathcal{L}_{\alpha^*+1}(x)|$,因此 $|S_{\alpha^*+1}(x, \mathcal{P})| = |\mathcal{L}_{\alpha^*+1}(x)|$,$\rho_s(x, \mathcal{P}) \geqslant \rho_s(x \backslash \{c\}, \mathcal{P})$。

若部件 $c \in C_u$,显然 $\rho_s(x, \mathcal{P}) = \rho_s(x \backslash \{c\}, \mathcal{P})$。

(2) $\mathcal{L}(x)$ 属性 $\mathcal{P}$ 的弱冗余度可表示为

$$\begin{aligned}\rho_w(x, \mathcal{P}) &= \max_{C \in S(\mathcal{P}) \cap \mathbb{S}(x)} \rho(x, C) \\ &= \max_{C \in S(x, \mathcal{P})} (|x| - |C|)\end{aligned}$$

对于 $\mathrm{WRD} = \rho_w(x, \mathcal{P})$,则下式成立:

$$\exists C' \subset x \Rightarrow (|C'| = \mathrm{WRD}) \wedge [x \backslash C' \in m(x, \mathcal{P})]$$

通过对比分析,SRD 与 WRD 之间存在如下关系:

$$\begin{aligned}&\forall x, \rho_s(x, \mathcal{P}) \leqslant \rho_w(x, \mathcal{P}) \\ &\rho_s(x, \mathcal{P}) = \rho_w(x, \mathcal{P}) = 0, \text{当且仅当 } x \in m(C_0, \mathcal{P})\end{aligned} \tag{7.23}$$

针对推进系统故障条件下的可恢复性评估问题，假定推进系统正常全配置为 $C_0 \in S(\mathcal{P})$ 并已知部件子集 $c \subset C_0$ 发生故障，则推进系统当前结构配置为 $C_f = C_0 \backslash c$。

$$
\begin{aligned}
|c| < \rho_s(C_0, \mathcal{P}) &\Rightarrow C_0 \backslash c \in S(\mathcal{P}) \\
|c| \geqslant \rho_w(C_0, \mathcal{P}) &\Rightarrow C_0 \backslash c \in S(\neg \mathcal{P})
\end{aligned}
\tag{7.24}
$$

式中，$|c|$ 表示故障部件的数量。

由式(7.24)可见，只要故障部件数量 $|c|$ 小于 $\rho_s(C_0, \mathcal{P})$，则系统属性 $\mathcal{P}$ 肯定仍能满足；当 $|c| \geqslant \rho_w(C_0, \mathcal{P})$ 时，故障条件下的系统将不可能通过重构措施恢复系统功能。

对于 $\rho_s(C_0, \mathcal{P}) \leqslant |c| < \rho_w(C_0, \mathcal{P})$ 情形，则需结合故障集 c 所包含的故障部件位置以及类型，对故障后配置 $C_0 \backslash c$ 的可恢复配置空间 $S(\mathcal{P}, C_0 \backslash c)$ 进行评估。当 $|m(\mathcal{P}, C_0 \backslash c)| \geqslant 1$ 时，则故障条件下的系统仍可通过重构措施恢复系统功能，否则系统不具可恢复性。针对这种情形，这里提出故障条件下的剩余冗余度(remaining redundancy degrees, RRD)概念。

(3) 剩余冗余度。结合强冗余度概念，系统处于故障配置 $C_f = C_0 \backslash c$ 状态下的剩余冗余度可表示为

$$
\mathrm{RRD} = \rho_s(C_f, \mathcal{P})
$$

当 $\mathrm{RRD} \geqslant 1$ 时，则系统故障后仍具备基于重构的恢复能力。

2. 可能性属性空间度量

在能够获取系统部件可靠性估计的前提下，这里给出基于部件可靠性估计对 $S(x, \mathcal{P})$ 空间的度量。设 $x \subseteq C_0$ 为推进系统初始结构配置，部件故障相互独立，则系统在 t 时刻处于结构配置 $S \subseteq x$ 的可能性为

$$
\Pr[s, t] = \prod_{C \in S} r_c(0, t) \prod_{C \in S} [1 - r_c(0, t)] \tag{7.25}
$$

式中，$r_c(0, t)$ 表示部件 c 在时刻 0 正常的情况下，在时刻 t 仍处于正常状态的可能性估计。

这里引入时间窗[0, T]来表示空间推进系统运行周期。倘若能够确保在[0, T]内系统不会进入结构配置 $S \in S(x, \neg \mathcal{P})$ 所示状态，则可断言属性 $\mathcal{P}$ 在运行周期[0, T]内都能得到满足，推进系统能够安全可靠地运行。在[0, T]内，属性 $\mathcal{P}$ 可满足的可能性由式(7.26)进行计算：

$$
\mathrm{OK}_T(x, \mathcal{P}) = \sum_{s \in S(x, \mathcal{P})} \Pr[s, T] \tag{7.26}
$$

从式(7.26)可看出，$S(x, \mathcal{P}) \neq \varnothing \Rightarrow \mathrm{OK}_T(x, \mathcal{P}) \neq 0$。

属性 $\mathcal{P}$ 平均故障发生时间(mean-time to failure, MTTF)通过式(7.27)进行计

算评估。

$$\mathrm{MTTF}(x,\ \mathcal{P}) = \int_0^{\infty} \mathrm{OK}_T(x,\ \mathcal{P})\,\mathrm{d}T \tag{7.27}$$

接下来给出 BUM 属性 $\mathcal{P}$ 平均故障发生时间 MTTF 估计可以作为属性空间度量的证明。

对于 $\mathrm{OK}_T(x,\ \mathcal{P})$，明显满足式(7.14)。

对于式(7.15)，将 $\mathrm{OK}_T(x,\ \mathcal{P})$ 进行展开：

$$\sum_{s \in S(x,\ \mathcal{P})} \Pr[s,\ T] = [1 - r_c(0,\ T)] \sum_{s \in S(x,\ c,\ \mathcal{P})} \Pr[s,\ T] + r_c(0,\ T) \sum_{s \in S(x,\ c,\ \mathcal{P})} \Pr[s,\ T] \tag{7.28}$$

显然，由于 $|S(x,\ \bar{c},\ \mathcal{P})| \leqslant |S(x,\ c,\ \mathcal{P})|$，可以得出：

$$\sum_{s \in S(x,\ \mathcal{P})} \Pr[s,\ T] \geqslant \sum_{s \in S(x,\ \bar{c},\ \mathcal{P})} \Pr[s,\ T]$$

当 $c \in C_{\mathrm{u}}$ 时，$\sum_{s \in S(x,\ \mathcal{P})} \Pr[s,\ T] = \sum_{s \in S(x,\ \bar{c},\ \mathcal{P})} \Pr[s,\ T]$ 成立。

3. 部件可靠性估计

本书假设推进系统每个部件的可靠性满足泊松分布：$r_c(0,\ t) = \exp(-\lambda_c t)$，其中 λ_c 表示部件故障率。

部件故障率 λ_c 可表示为

$$\lambda_c = \lambda_c^0 \times g(l,\ v)$$

式中，λ_c^0 为基本故障率；$g(l,\ v)$ 与时间无关，用于表征部件工作载荷对部件健康的影响，其中 l 对应工作载荷，v 则表示部件参数。为简化起见，将 $g(l,\ v)$ 取为 1。因此，各部件可靠性评估简化成：$r_c(0,\ t) = \exp(-\lambda_c^0 t)$。

由于缺乏单个元器件故障失效率，假设不易发生故障的部件失效率为 0，易失效部件如阀门系统、喷管、燃烧室参考 Ginn 和 Martin 公司发动机部件的失效率值。阀门系统单个元器件失效率为 $6.48 \times 10^{-6}\ \mathrm{h}^{-1}$，推力器失效率为 $2.13 \times 10^{-6}\ \mathrm{h}^{-1}$。

空间推进系统主要部件的可靠性评估如表 7.1 所示。

表 7.1 空间推进系统主要部件可靠性估计

部件	可靠性
阀门	$r(0,\ t) = \exp(-6.48 \times 10^{-6} t)$
推力器	$r(0,\ t) = \exp(-2.13 \times 10^{-6} t)$

7.4 实例分析

本节针对典型空间推进系统增压气路部分的“故障可恢复性”属性，分别从 ρ_s、ρ_w、MTTF 三个方面对其故障容错性能进行评估。

7.4.1 DFH－4 卫星推进系统故障可恢复性评估

DFH－4 航天器系统的设计寿命为 15 年。

(1) 阶段 I（发射及转移轨道阶段），指从发射到进入同步轨道这一阶段，相应时间长度为 240 小时，该阶段主发动机在恒压状态下工作。

(2) 阶段 II（同步轨道阶段），指卫星进入同步轨道至设计寿命末期这一阶段，相应时间长度为 1.314×10^5 h（15 年）。

对于 DFH－4 推进系统增压气路而言，主要用于确保在阶段 I 处于恒压工作模式（其他阶段推进系统在落压模式下运行，即增压气路处于切断关闭状态），因此，研究中只针对 DFH－4 推进系统增压气路在阶段 I 的可靠性进行评估。表 7.2 为 DFH－4 推进系统平台在各阶段的可靠性指标要求[121]。

表 7.2　DFH－4 推进系统平台在各阶段的可靠性指标要求

工 作 段	要求值
阶段 I（发射及转移轨道阶段）	0.974
阶段 II［同步轨道阶段（至 12 年末）］	0.860
设计寿命［同步轨道阶段（至 15 年末）］	0.823

从 DFH－4 推进系统的结构分布特征可看出，其推进系统气路增压部分并不存在相应的冗余部件，设初始时刻 0 时，系统气路结构配置为 C_0。

由于气路部件并无冗余，则 $S(C_0, \mathcal{P}) = m(C_0, \mathcal{P}) = C_0$，$|S(C_0, \mathcal{P})| = 1$，因此 $\rho_w = 0$，$\rho_s = 0$。

基于 $S(C_0, \mathcal{P}) = C_0$，在 DFH－4 推进系统增压气路工作周期［0, 240 h］内，系统气路能保证持续无故障增压的可能性 Pr 为：$\mathrm{OK}_T(C_0, \mathcal{P}) = \Pr[C_0, T] = 0.978\,3$。系统气路平均故障发生时间 MTTF 的估计为

$$\mathrm{MTTF}(C_0, \mathcal{P}) = \int_0^{\infty} \mathrm{OK}_T(C_0, \mathcal{P})\,\mathrm{d}T = 19\,290.12\ \mathrm{h} \gg 240\ \mathrm{h}$$

因此，无论 OK_T 还是 MTTF 指标，均满足 DFH－4 推进系统增压气路在恒压工作阶

段的可靠性要求。

7.4.2 DS－1 推进系统故障可恢复性评估

从 DFH－4 推进系统增压部分故障可恢复性评估的结果可看出，推进系统增压气路的无冗余设计虽能够保证系统在增压工作周期内的可靠运行，但从其 $\rho_w=0$，$\rho_s=0$ 的评估结果看，故障一旦发生将无法继续确保 DFH－4 航天任务的顺利完成。深空探测器 DS－1 与地球同步轨道航天器的推进系统工作方式存在着一定差异，前者推进系统增压气路在航天器整个服务周期内都要确保能够正常运行，而后者只需保证在转移轨道阶段正常工作即可。因此，为保证 DS－1 增压气路具备在故障条件下的容错能力，实现长期高可靠运行，设计者在气路关键位置增加了大量冗余部件，图 7.2 所示为具有高度冗余的 DS－1 推进系统增压气路部分。

由于 DS－1 推进系统部件众多，因此在对其进行故障可恢复性评估之前，首先要解决由组成部件众多导致系统结构配置图庞大的属性空间 $S(C_0,\mathcal{P})$ 的求解问题。本书采用分层分解的思想，即采用将原结构配置 C_0 分解为相对简单的子配置集 $\breve{C}_0\{C_0^i,\ i=1,\ \cdots\ n\}$ 的方式进行空间 $S(C_0,\mathcal{P})$ 的相关分析。因此，求解 $S(C_0,\mathcal{P})$，首先应对子配置集 C_0^i 通过其相应结构配置图 $\mathcal{L}(C_0^i)$ 执行相关性能分析；然后将 C_0^i 视为一组合部件，则基于 $\mathcal{L}(C_0)$ 栅格图的可恢复性评估转换成对栅格图 $\mathcal{L}(\breve{C}_0)=2^{\breve{C}_0}$ 的分析问题，减少了计算量，有效降低了相关问题求解的复杂度。

这里按系统功能区的划分对结构配置 C_0 进行分解，每个功能区均具有相应的子配置集 C_0^i，且功能区的划分还应遵循以下原则：

（1）各功能区部件的合集必须包含所有推进系统气路部件；

（2）功能区之间还需具备明显的相互对应关系；

（3）划分后的各功能区必须都是实现气路增压不可或缺的一部分。

根据上述原则将 DS－1 推进系统增压气路划分成 6 个功能区，即 6 个子配置集 C_0^i，各功能区组成如图 7.2 中的虚线框所示。

由于故障可恢复性分析只围绕推进系统可控部件进行，因此系统结构配置并不包括过滤器、爆破膜片等不可控部件。针对图 7.2 所示的推进系统增压气路，基于式(7.13)获取系统最小可接受配置空间 $m(C_0,\mathcal{P})$，并根据命题 7.2 和命题 7.3 的结论，分别计算出最大不可恢复配置以及最小可恢复配置的空间尺度：

（1）最大不可恢复配置：$\max\limits_{C\in S(C_0,\neg\mathcal{P})}(|C|)=29$；

（2）最小可恢复配置：$\min\limits_{C\in m(C_0,\mathcal{P})}(|C|)=9$。

由于 DS－1 推进系统增压气路的可控部件数量为 $|C_0|=31$，因此其冗余度评估分别为 $\rho_s=2$，$\rho_w=22$。从结果可看出，DS－1 推进系统增压气路最多可允许 21 个部件同时发生故障，此情形下仍可具备正常增压的能力。

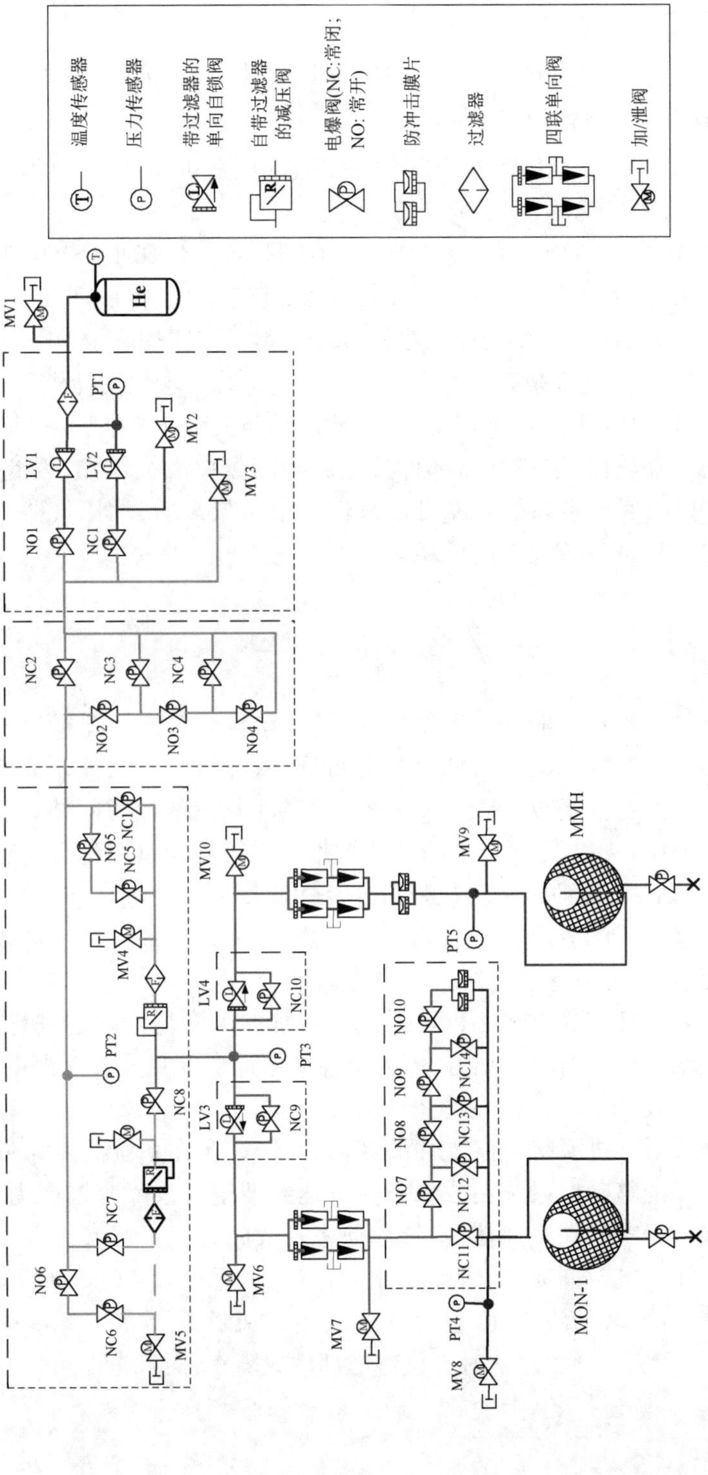

图 7.2　DS－1 推进系统高冗余增压气路段

DS－1 推进系统气路平均故障发生时间 MTTF 的估计则按上述分层分解的方法进行:

(1) 计算 C_0^i 组合部件的失效率 $\lambda(C_0^i)=1/\mathrm{MTTF}(C_0^i,\mathcal{P})$，并计算组合部件可靠性估计: $r_{C_0^i}(0,t)=\exp[-\lambda(C_0^i)t]$;

(2) 结合 $C_0^i(i=1,\cdots n)$ 组合部件的失效率以及可靠性估计的计算结果,进行 $\mathrm{OK}_T(\breve{C}_0,\mathcal{P})$、$\mathrm{MTTF}(\breve{C}_0,\mathcal{P})$ 的计算。

最后求得 $\mathrm{OK}_T(\breve{C}_0,\mathcal{P})=0.8704$，$\mathrm{MTTF}(\breve{C},\mathcal{P})=134\,060$ h 大于 96 360 h(DS－1 推进系统设计寿命为 11 年),远高于 DFH－4 系统气路对应的 MTTF = 19 290 h。因此,无论从 MTTF、OK_T、ρ_s 还是 ρ_w 角度,DS－1 增压气路均高于 DFH－4 系统,其可靠性得到了更为有效的保障。由于 DS－1 推进系统要求主发动机具有 200 次以上以及单次持续工作 170 min 的能力,频繁地启动与关机使得推进系统绝大部分时间处于非稳态工作阶段,造成气路部件发生故障的概率大大增加,因此,从 DS－1 推进系统与 DFH－4 推进系统故障可恢复性评估结果来看,增压气路高冗余度设计可以确保空间推进系统长期高可靠运行。

7.5 结　论

针对系统故障容错性能评估问题,结合系统结构配置栅格图提出了空间推进系统基于系统属性空间的故障可恢复性分析框架,并给出了三种评估故障可容错性度量指标:覆盖率、冗余度、基于部件可靠性的平均无故障时间估计。基于上述度量指标,对 DFH－4 以及 DS－1 两种典型推进系统增压气路部分进行了故障可恢复性评估,评估结果表明:三种故障可恢复性度量指标——ρ_s、ρ_w 以及 MTTF,能够有效地对推进系统的故障容错性能进行评估;增加关键部件冗余可以有效提高系统故障容错能力,有效保证系统长期高可靠运行。

三种故障容错性度量方式不仅可对已有系统的可恢复性问题进行评估,也可作为系统前期结构设计时的评估方案,为部件如何选型以及分布等提供参考,还可以通过预先设定设计要求,指导系统设计改进方向。

本章只涉及对推进系统可恢复性的评估,并未涉及在系统故障条件下的故障处理问题。为了能够确保系统在故障条件下达到期望的故障容错能力,可通过执行系统可容错能力实时在线评估,引导如何进行故障处理,例如,可以对当前不满足的结构配置(系统当前状态估计结果)定义“负冗余度”(negative redundancy degrees, NRD)的概念,负冗余度包含了为满足某属性需要多少部件被修复的信息;或者在进行系统可靠性评估时不仅考虑部件故障率,而且考虑可修复率或可置换率等信息。

第 8 章
基于可满足问题的智能配置和重构方法研究

8.1 引　言

过去几十年,在航天器自主运行研究方面已取得重要进展。例如,基于模型的规划与执行,混杂离散-连续系统,以及基于系统复杂-协作行为建模的执行体等。在系统状态模式评估方面,发展了基于混杂模型的诊断与学习、复杂行为模式的随机贪婪混合估计、近似可行状态估计等理论与方法。但针对航天器系统进行智能配置、容错、重构的研究相对较少。

Livingstone 及其后继者 L2[83],是一种基于对象离散行为模型的诊断与恢复系统。重构的执行是运用类似于诊断推理机的结构来进行的,如图 1.15 所示。重构推理用于发布指令序列,使系统进入期望的目标状态。L2 构成了 Titan(系统级的自主运行框架)的诊断及恢复模块。Livingstone 在 DS－1 的远程智能体实验中得到成功应用。L2 已应用于 X－34 推进系统以及在国际空间站进行测试。2004 年,L2 还参加了 EO－1 卫星的飞行试验。

欧空局也进行了航天器自主运行技术的研究,最具代表性是 AFDIR 以及 smart-FDIR。AFDIR 为了能实现航天器在轨恢复,构建了称为配置空间(configuration space)的数据结构。该配置空间包含大量的航天器可行配置,每个配置由部件状态及该状态下的可行操作组成。AFDIR 按照实现航天器某种功能的服务质量(quality of service, QoS)标准完成配置方案的评估及选取。smart-FDIR 主要是为了验证人工智能技术在提高航天器自主运行能力方面的适用性。smart-FDIR 分三步进行:检测、故障识别/隔离、重构。重构部分使用了多属性决策技术执行故障恢复,但只能运用于系统控制参数的重构而不能运用于系统模式的重构。

另外,有学者研究比较了诊断与重构问题的相似性,探索了如何运用诊断技术执行系统重构,还研究了基于系统定性建模情形下的目标识别以及安全规划问题。与 L2 类似,有学者研究运用了与诊断推理机相似结构执行系统故障下的智能重构,可以将这类方法统一称为基于 FDI 的重构方法。

目前,在实际系统中得到运用的智能模式重构,绝大多数是通过基于 FDI 的重构方法来实现的,即利用了诊断与重构问题间的相似性。这类方法存在的主要问题如下。

(1) 适用于基于 FDI 的重构方法的问题描述主要包括每个离散模式下系统部件性能变量之间的约束、模式间的转换关系以及各部件间的连接约束。其中,模式约束关系主要表征了系统部件在给定模式下的行为,性能变量包括输入变量、输出变量、观测变量以及需要描述部件模式行为的其他变量。模式转换表述动作变量以及模式变量(即状态变量)之间的相互关系。连接约束提供系统部件性能变量间的连接关系,该约束描述某动作效果在部件间的传递关系。如此构建的模型存在大量的中间变量要求解,如部件性能变量以及表示部件间连接关系的共享变量等。这将大大提高对应模型编译以及重构问题的求解复杂度。

(2) 基于 FDI 的重构问题的解是基于产生-测试求解模式产生的,但该过程中存在明显的分离过程,即解的假设产生以及可行性测试不同步进行,这样导致在实际运用中存在求解效率较低的问题。

(3) 基于 FDI 的重构并不能进行扩展,从而在多个可能初始状态时会导致不确定性问题。

根据空间推进系统的功能冗余特点,智能重构通常涉及在多个能够实现目标的配置方案中进行最优方案选择的问题。鉴于可满足问题求解在求解性能以及知识表示方面的明显优势,本章提出将推进系统智能模式重构问题转换成最优可满足问题形式进行求解。相较于基于 FDI 的重构方法,这种转换仅需建立与动作变量赋值、当前以及下一状态变量赋值有关的约束关系用于表述重构问题,编译不涉及任何中间变量,避免了任何中间变量值的求解过程。尽管其不能共享诊断过程中所建立的对象系统模型,但这些约束只需离线编译,约束关系的建立不会对实时性造成影响。另外,基于这种转换,可以借助在可满足问题求解方面已取得的大量先进求解策略,如基于冲突指导的搜索。

本章首先对空间推进系统配置与重构问题进行理论描述,然后,在对航天器自主运行执行体结构及其与实时飞行控制系统间的分层关系进行阐述后,给出基于可满足问题描述重构问题的统一形式,并给出如何将智能重构问题编码为可满足问题。为更有效地获得最优解,本书实现了一种新的智能推理及最优搜索算法,并将该方法用于某空间推进系统进行验证,同时与用于求解最优问题的典型算法——基于冲突指导的 A*(conflict-directed A*, CDA*)搜索算法进行比较分析。

8.2　空间推进系统配置与重构问题描述

8.2.1　配置与重构问题

推进系统配置与重构问题由目标性能 O、控制动作系列 σ、系统状态模式 S 间的转换关系描述 Γ 以及偏好性指标 J 描述。最佳的控制动作系列 σ 应满足 $\min[J(\sigma)]$ 或 $\max[J(\sigma)]$。

定义 8.1　推进系统配置与重构问题(图 8.1)：求解 $\langle O,\ \hat{S},\ \Gamma,\ \sigma,\ J\rangle$，其中 $\hat{S}$ 表示对系统当前状态的估计，由诊断过程获取。最优控制解 σ 应满足：

$$\begin{cases}\sigma(\hat{S}) = \arg\min\limits_{\sigma\in\Delta(\hat{S})} J(\hat{S},\ \sigma) \\ \text{s.t.}\ \hat{S}\cup\Gamma\cup\{\sigma(c)\mid c\in \text{COMP}\}\mid = O\end{cases} \tag{8.1}$$

式中，COMP 为系统部件集，$\Delta(\hat{S})$ 为适用于状态 $\hat{S}$ 的控制集。

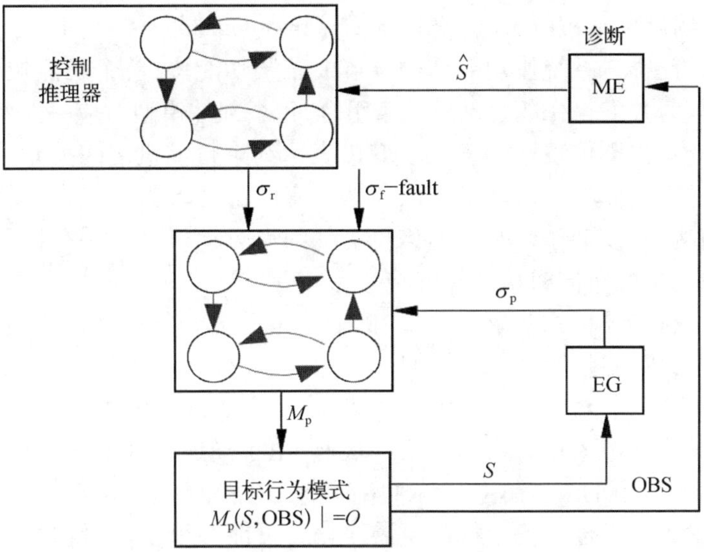

图 8.1　空间推进系统基于离散事件的容错控制过程

Γ 为系统状态间的转换模型，即 Γ：$S\times\sigma\rightarrow S$，其中 $\sigma=\sigma_p\times\sigma_f\times\sigma_r$，$\sigma_p$ 表示系统内在的正常转换事件，σ_f 表示作用于系统的故障事件，σ_r 表示用于系统故障处理的重构等控制事件。

EG(event generator)为系统正常事件产生器，即 EG：$S\rightarrow\sigma_p$。$M_p(S,\ \text{OBS})$ 描述在目标状态模式下系统的行为，OBS 表示该模式下的观测值。ME 为模式评估过程，即 mode estimation。

8.2.2 系统状态转换关系

根据空间推进系统可模块划分(按结构功能划分)以及分布式组成特点,推进系统模型可表示为分层性并发约束自动机(hierarchical concurrent probabilistic constraint automata, HCPCA)的形式,由功能块自动机以及用于描述单个部件的约束自动机(constraint automata)组合而成。

该描述形式有以下特点:① 并发性(concurrency),单个功能块模型描述由可以实施同步操作的部件自动机集基于某约束关系组合而成;② 约束(constraint),用于表征部件状态间的相互关系以及部件间的连接关系等约束行为;③ 分层性(hierarchy),基于推进系统可按结构功能模块划分,通过系统模型描述分解成多个功能块模型来描述,有利于降低模型描述规模,同时也能有效提高问题求解效率;④ 转化(transitions),表征对部件离散行为的建模,如故障以及中断等离散事件的产生,而且每个转换结果可能对应多个目标状态(存在可能性分布 P);⑤ 奖惩(reward),用来评价部件在具体模式下的代价及效能,合理引导获取符合偏好性指标 J 的最优控制系列。

1) 可能约束自动机(probabilistic constraint automata)

通过将空间推进系统按功能结构分解成若干功能块,单个功能块模型表达成一系列可以同时并发操作的自动机约束组合,每个部件模型对应一个约束自动机。自动机间的约束性则体现在运用共享变量表达约束自动机之间关系,由此构成了整个功能块的行为模型。自动机可以表达丰富的部件行为信息,包括部件的正常操作、故障行为、修复动作以及延迟信息等。约束自动机可以并行操作,即在同一时间步内,每个部件可同时执行状态转换。

每个自动机涉及模式变量 x_i, 相应的取值范围为 $\boldsymbol{D}(x_i)$。 对于当前某部件的模式, $x_i=v$, 可以通过转换 $\tau_i(x_i=v)$ [$\tau_i(x_i=v)\in \boldsymbol{T}_i(x_i=v)$, $\boldsymbol{T}_i$ 表示当前模式 $x_i=v$ 下可执行的转换集, $\boldsymbol{P}_{\mathrm{T}i}(x_i=v)$ 为 $\boldsymbol{T}_i$ 对应的分布], 实现部件模式的转变。部件在具体模式下的行为可表达为由 $\boldsymbol{M}_i(x_i=v)$($\boldsymbol{M}_i$ 用于描述部件属性变量间的约束关系)以及在该模式下的效应 $\boldsymbol{R}_i(x_i=v)$ 两部分组成。

图 8.2 给出了推进系统中将推力器简化为可能约束自动机模型,共有四种模式,即 off、standby、firing 和 failed。每一种模式用变量 thurst 和 power_in 来描述。推力器的故障模式,是用来描述任一种非正常行为的。正常状态之间的转换由命令 cmd 引发,从准备和工作模式到故障模式的可能性为 0.01。

每个约束自动机 C_i 可更详细描述成 $\langle \Pi_i, \boldsymbol{M}_i, \boldsymbol{T}_i, \boldsymbol{P}_{\Theta i}, \boldsymbol{P}_{\mathrm{T}i}, \boldsymbol{R}_i \rangle$, 具体如下。

(1) Π_i 表示部件的变量集,每个变量 var $\in \Pi_i$, 都具有相应的取值范围 $\boldsymbol{D}$(var)。Π_i 可分解成: Π_i^m 集,包括模式变量 x_i;属性变量 a_i 集, Π_i^a, 属性变量 a_i 主要包括输入、输出变量,以及其他用于描述部件行为所需的变量。$\boldsymbol{C}(\Pi_i)$ 为涉及变量集 Π_i 的约束关系集合。

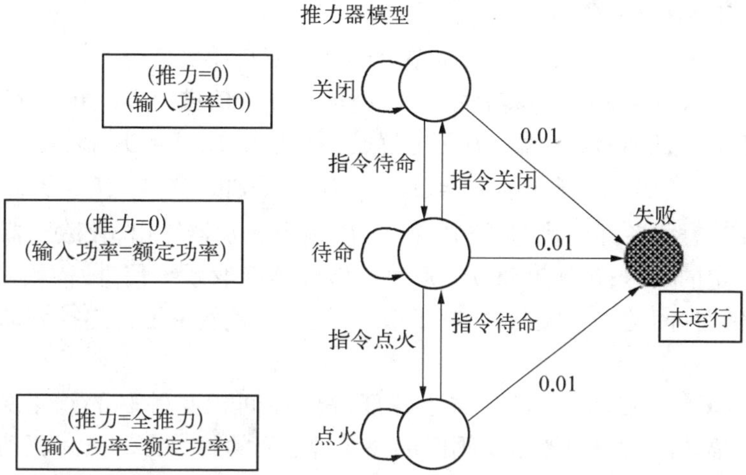

图 8.2　推力器状态转换模型

(2) $\boldsymbol{M}_i$: $\boldsymbol{D}(x_i) \rightarrow \boldsymbol{C}(\Pi_i)$，则描述了部件在给定模式 $x_i=v$ 下的部件约束行为关系 $\boldsymbol{M}_i(x_i=v) \in \boldsymbol{C}(\Pi_i)$。

(3) $\boldsymbol{T}_i$: $\boldsymbol{D}(x_i) \times \boldsymbol{C}(\Pi_i) \rightarrow \boldsymbol{D}(x_i)$，$\boldsymbol{T}_i$ 表示的是赋予每个部件模式 $x_i=v$ 下的可转换集 $\boldsymbol{T}_i(x_i=v)$。每个转换关系 $\boldsymbol{\tau}_i(x_i=v) \in \boldsymbol{T}_i(x_i=v)$ 则描述了在满足 t 时刻约束 $\boldsymbol{C}(\Pi_i)$ 的前提下，时刻 $t+1$ 时部件模式 x_i 的赋值。$\boldsymbol{T}_i(x_i=v)$ 是由正常转换 $\boldsymbol{\tau}_i^n(x_i=v)$，故障转换 $\boldsymbol{\tau}_i^{f_1}(x_i=v)$、$\boldsymbol{\tau}_i^{f_2}(x_i=v)$，… 等组成的集合。

(4) $\boldsymbol{P}_{\Theta i}$: $\boldsymbol{D}(x_i) \rightarrow \mathcal{P}[0,1]$ 表示的是部件 i 在初始时刻/当前时刻部件模式为 $x_i=v$ 的可能性分布，通常为模式评估结果。

(5) $\boldsymbol{P}_{\mathrm{T}i}$: $\boldsymbol{T}_i(x_i=v) \rightarrow \mathcal{P}[0,1]$，表示适用于部件 i 处于模式 $x_i=v$ 条件下的转换 $\boldsymbol{\tau}_i(x_i=v)$ 的可能性分布。如图 8.2 所示，发动机故障转换 $\boldsymbol{\tau}^{\mathrm{f}}(x)$ 包括由状态 off、standby、firing 到故障状态 failed，发生的可能性为 0.01，而正常模式间转换是基于命令触发的，发生的可能性为 0.99。

(6) $\boldsymbol{R}_i$: $\boldsymbol{D}(x_i) \rightarrow \mathcal{R}$，表达与模式 $x_i=v$ 相关的代价与奖励。

状态模式转换是以变量 Π_i 间的约束关系为前提条件进行的。对于部件 i，模式变量取值 $x_i=v$，转换 $\boldsymbol{\tau}_i(x_i=v)$ 可表达成转换关系对 (l, v')，其中 $v' \in \boldsymbol{D}(x_i)$，$l$ 则为与约束 $c \in C(\Pi_i)$ 有关的转换触发条件：$\models c$（c 满足），$\not\models c$（$\bar{c}$ 满足）。

2）并发约束自动机（concurrent probabilistic constraint automata, CPCA）

根据空间推进系统的分布式特点，其功能块模型可表达成一系列并发约束自动机（部件模型）的组合，即 CPCA 的形式。CPCA 包括部件间的相互关系以及与环境间的相互作用关系。

CPCA 可描述成〈C, Π, $\boldsymbol{I}$〉。

(1) $C = \{C_1, C_2, \cdots, C_n\}$ 表示单个部件约束自动机集合。

(2) Π表示系统变量集,其中每个变量 var $\in \Pi$,值域为$\boldsymbol{D}$(var)。$\boldsymbol{C}(\Pi)$表示与变量集 Π相关的所有约束集。Π可分解成:模式变量 $\Pi^{\mathrm{m}} = \cup_{i=1,\cdots,n} \Pi_i^{\mathrm{m}}$,控制变量 $\Pi^{\mathrm{c}} = \cup_{i=1,\cdots,n} \Pi_i^{\mathrm{c}}$,观测变量 $\Pi^{\mathrm{o}} = \cup_{i=1\cdots n} \Pi_i^{\mathrm{o}}$,以及依赖变量 $\Pi^{\mathrm{d}} = \cup_{i=1,\cdots,n} \Pi_i^{\mathrm{d}}$。模式变量 Π^{m} 表征各部件状态;控制变量 Π^{c} 则由激励器输出,较激励器输入命令而言具有一定的延迟;观测变量 Π^{o} 则通过传感器获取系统信息;依赖变量 Π^{d} 则用于表示各部件间的相互关联性,基于系统模型,依赖变量可传递控制动作效果以及观测信息。

(3) $\boldsymbol{I} \in \boldsymbol{C}(\Pi^{\mathrm{c}} \cup \Pi^{\mathrm{o}} \cup \Pi^{\mathrm{d}})$ 描述各部件属性间相互关联的约束关系集合。

图 8.3 描述的是驱动器以及阀门部件变量之间的约束自动机。驱动器具有单故障模式:"resettable",即对应一可恢复故障。同样视阀门部件包含单一故障模式"stuck-closed"。部件驱动器属性变量包括:$\mathrm{dcmd_{in}}$ 以及 $\mathrm{dcmd_{out}}$,阀门部件属性变量有 vcmd、inflow 以及 outflow。

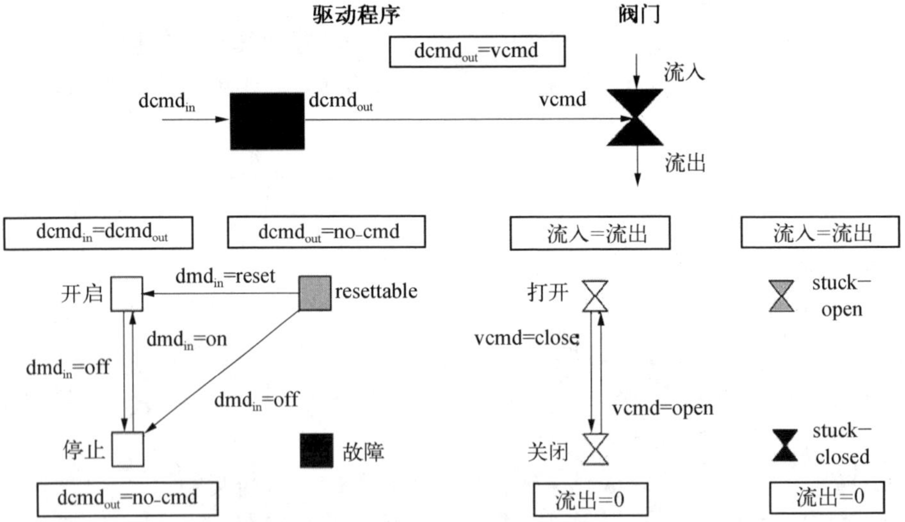

图 8.3　驱动器以及阀门部件变量之间的约束自动机

驱动器模式约束 $\boldsymbol{M}_i$ 关系集包括:

$$\boldsymbol{M}_{\mathrm{Driver}}(\mathrm{Driver} = \mathrm{on}) = (\mathrm{dcmd_{in}} = \mathrm{dcmd_{out}})$$

$$\boldsymbol{M}_{\mathrm{Driver}}(\mathrm{Driver} = \mathrm{off}) = (\mathrm{dcmd_{out}} = \mathrm{no\_cmd})$$

$$\boldsymbol{M}_{\mathrm{Driver}}(\mathrm{Driver} = \mathrm{resettable}) = (\mathrm{dcmd_{out}} = \mathrm{no\_cmd})$$

驱动器模式转换包括正常转换 $\tau_{\mathrm{Driver}}^{n}$ 以及故障转换 $\tau_{\mathrm{Driver}}^{\mathrm{f}}$,即

$\tau^{n}_{Driver}(Driver = on) = \{(dcmd_{in} = off, off), (\overline{dcmd_{in} = off}, on)\}$

$\tau^{n}_{Driver}(Driver = off) = \{(dcmd_{in} = on, on), (\overline{dcmd_{in} = on}, off)\}$

$\tau^{n}_{Driver}(Driver = resettable) = \{(dcmd_{in} = reset, on), (\overline{dcmd_{in} = reset}, resettable)\}$

$\tau^{f}_{Driver}(Driver = on) = \{(true, resettable)\}$

$\tau^{f}_{Driver}(Driver = off) = \{(true, resettable)\}$

$\tau^{f}_{Driver}(Driver = resettable) = \{(true, resettable)\}$

与 τ^{n}_{Driver}、τ^{f}_{Driver} 对应的可能性 $\boldsymbol{P}_{\tau_{Driver}}$ 分别为 0.99、0.01，可能性分布 $\boldsymbol{P}_{\tau_{Driver}}$ 假定独立于当前模式变量赋值。控制变量集为 $\Pi^{c} = \{dcmd_{in}\}$，观测变量集为 $\Pi^{o}\{inflow, outflow\}$，依赖变量集为 $\Pi^{d} = \{dcmd_{out}, vcmd\}$。

阀门部件与驱动器间的关联性可表达为

$$\boldsymbol{I} = (dcmd_{out} = vcmd)$$

3）HCPCA

HCPCA 用于系统完整模型的描述，可描述为 $\langle H, \Pi, \boldsymbol{I}\rangle$。

（1）$H = \{H_1, H_2, \cdots, H_n\}$，表示功能模块约束自动机集合；

（2）Π 表示变量集，$\boldsymbol{C}(\Pi)$ 表示与变量集 Π 相关的所有约束集，Π 只包括依赖变量 Π^{d}，用于表示各模块间的相互关联性；

（3）$\boldsymbol{I} \in \boldsymbol{C}(\Pi^{d})$ 描述各模块属性间相互关联的约束关系集合。

8.2.3　偏好性指标

对于偏好性指标 J，通常需要考虑能量消耗代价（energy consummation cost）、故障处理后的系统可靠性（system reliability）以及系统性能损失。系统性能损失包括物理性能下降，如推力等；故障容错性能（fault-tolerant performance）下降；剩余冗余度（remaining redundancy degrees）等。

因此，系统重构问题实质上是一个多目标约束优化问题。多目标优化往往不具有单一目标优化那样的“最优解”，而是存在一个最优解集，即帕累托（Pareto）最优解集或非劣解集。因此，空间推进系统重构问题实质是 Pareto 最优解集的获取问题。

8.3　基于可满足问题的空间推进系统配置与重构

自主运行执行体由控制序列产生器（control sequencer）以及推理控制器（deductive controller）两个模块组成。控制序列产生器基于对象系统当前状态估计

$\hat{S}$ 产生配置目标序列。每个配置目标详细描述了期望对象系统处于什么状态。推理控制器基于对象系统的观测值,对系统最可能的当前状态进行模式评估(ME),并发出控制指令系列,使系统进入可实现配置目标的状态,即实现状态重构(mode reconfiguration, MR)。目标解释(goal interpretation, GI)用于识别能够满足配置目标的系统目标状态 S_{goal}。图 8.4 给出了一种航天器系统基于模型的自主化结构体系。

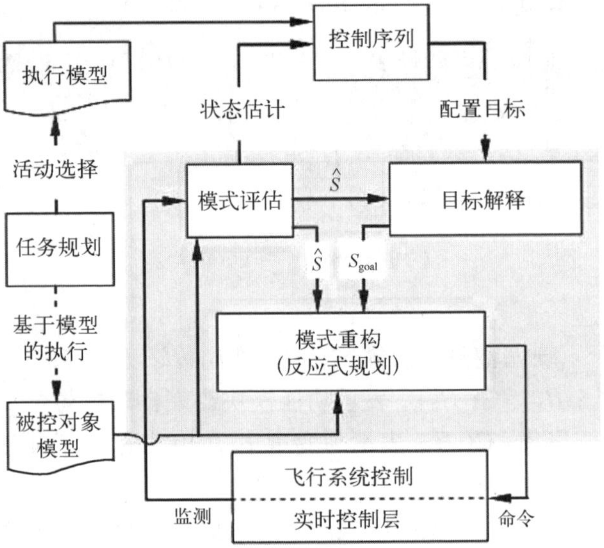

图 8.4 航天器系统基于模型的自主化结构体系

模式评估(ME)模块的主要功能包括提供命令并对执行情况进行确认、跟踪航天器状态、进行故障检测与诊断。ME 结合实时遥测数据以及建立的系统状态模型,评估航天器当前状态。基于系统模型以及已发布的指令集,当观测到的系统行为与期望系统行为存在差异时,则表明发生故障。在故障被检测后,ME 基于建立的系统可能性模型,推理出与最新观测一致的、可能性最大的当前系统状态。

目标解释(GI)模块与模式识别模块紧密相关,如图 8.4 所示。当模式识别模块搜索到与观测值一致的状态模式时,GI 则搜索能够支持配置目标的状态模式,并产生满足当前配置目标的目标状态 S_{goal}。该目标状态 S_{goal} 从当前最可能状态估计 $\hat{S}$ 是可达的。

模式重构(MR)模块基于给定的配置目标返回一系列指令,基于这些发布的动作指令,使对象系统进入能够实现的配置目标,即效益最大化的系统状态。模式重构过程是与模式识别紧密配合的。MR 基于目标状态 S_{goal} 以及当前模式估计值

$\hat{S}$，产生能够实现目标状态 S_{goal} 的指令系列，如图 8.4 所示。

例如，考虑 DS－1 航天器进入土星轨道时所产生的控制问题。产生于该机动过程中的一个配置目标包括实现推进系统点火工作。推进系统由增压气瓶、两个推进剂贮箱、两台主发动机、冗余电磁阀以及电爆阀等组成，如图 8.5 所示。电爆阀属于一次性阀门，相对打开或关闭普通电磁阀而言，触发电爆阀需要更多能量，代价更高。

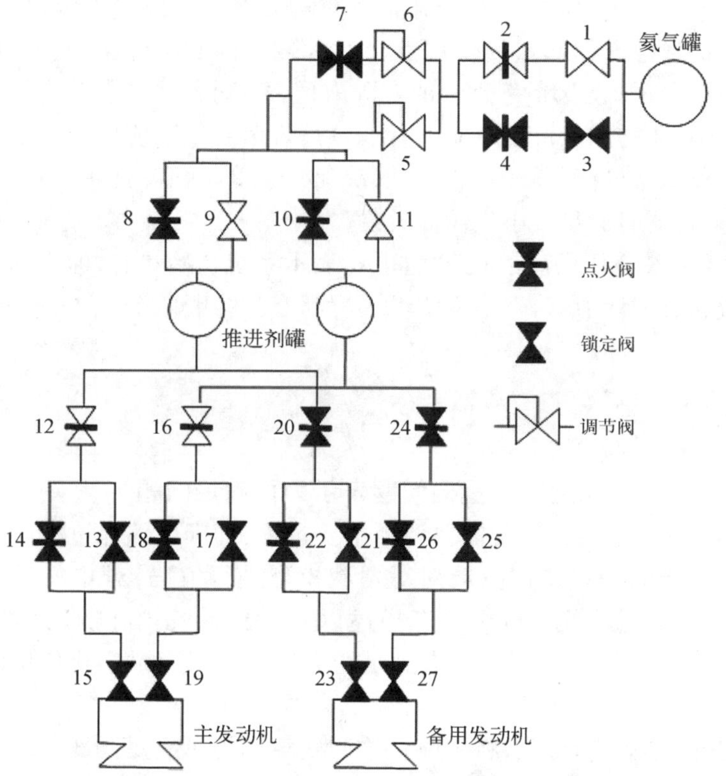

图 8.5　深空探测器 DS－1 推进系统简化结构图

现假设推进系统主发动机不能提供正常期望的推力。ME 识别出故障产生的可能诱因，例如，与主发动机相连的电磁阀 19 发生卡住-关故障。MR 则搜索可选择的、能够实现发动机产生推力的其他部件模式。由于故障电磁阀处于卡住-关状态，因此，该主发动机对要产生期望推力的配置目标而言已不能使用。MR 则推理获取实现该配置目标且代价最低的替代方案。在这种情况下，打开控制通向备份发动机管路的电爆阀 20、24，以及打开其余电磁阀 21、25、23、27 而不是打开电爆阀 22、26。

依据给定的评价指标，不同的重构方案通常具有不同的实现代价。MR 通常需要寻找识别满足目标的最优控制解,本章只考虑实现代价最小且可行的重构解。因此,对于基于满足性(satisfiability, SAT)的模式重构,具体执行求解过程可看作是求解一种最优可满足问题(optimal satisfiability problem, OpSAT),这里统一表达为$\langle X, J, C\rangle$:

$$\min J(x_1, \cdots, x_l) = \sum_{j=1}^{m}\sum_{i=1}^{l} R_{ij}[v(x_i)] \quad \text{s.t.}\ C(x_1, \cdots, x_l) \tag{8.2}$$

$\min J(x_1, \cdots, x_l)$ 是一个用于评估某重构方案的正值代价函数,该函数在评价重构方案优劣性方面起重要作用。x_i 表示第 i 个其值域为 $D(x_i)$ 的决策变量(即动作变量)。$v(x_i)$表示变量 x_i 的实际取值,R_{ij} 则表示在第 j 步重构变量 x_i 的实际取值 $v(x_i)$所需的代价。$C(x_1, \cdots, x_l)$是表示变量取值之间约束关系的子句集。求解 OpSAT 的过程就是为了获取决策变量的赋值,且赋值必须满足约束 $C(x_1, \cdots, x_l)$,同时满足最小化代价函数。

S 为对象系统有限的离散状态空间,s_0 表示系统初始状态,即为图 8.4 中所示的当前系统状态估计值 $\hat{S}$, $S_{\text{goal}} \subseteq S$ 为目标状态。约束集 $C(x_1, \cdots, x_l)$可写成如下形式:

$$\Phi = \langle S_0, \Gamma, S_{\text{goal}}\rangle \tag{8.3}$$

8.3.1 系统智能配置与重构问题表示为可满足问题

基于 SAT 进行重构,通常需要两个主要过程,即问题编译过程和变量赋值候选集的产生-测试过程。首先,针对对象域模型进行编码,对相关问题进行合理描述,包括初始状态描述、目标状态描述以及对象系统内在的动作事实等。然后,假设产生变量赋值候选集,仅有满足约束集 C 并具有最小化代价的候选集才是期望解。

本书基于命题逻辑形式,将智能重构问题编码为可满足问题。构建过程主要基于如下两个思想。

(1) 把重构问题限定为定界配置问题。对于给定的正整数 n,求解获取长度为 n 的配置方案问题。该问题可称为定界配置问题,$i(0\leqslant i\leqslant n)$ 称为配置问题的步。

(2) 把定界重构问题转换成可满足问题。从第 0 步(对应初始状态)到第 n 步(对应目标状态)中的每一步中,定界配置问题的状态以及动作描述映射成描述状态以及动作的命题逻辑。

对一个具体的定界配置与重构问题,该具体问题的描述形式可由若干描述公式的合取组成,这些公式描述初始状态和目标状态(分别在第 0 步和第 n 步的状态描述谓词)以及对这 n 步动作的行为描述(包括动作可执行的前提条件以及动作执行后的状态变化等)。

这里采用一种可行的办法建重构问题,即将定界配置问题编码为一个可满足问题,具体由式(8.4)~式(8.8)等5种公式的集合构成。其中,f_i 是第 i 步的状态谓词,是对指定步状态的命题逻辑的描述,a_i 是第 i 步执行动作的命题逻辑表达式。

(1) 将初始状态编码为一个命题表达式。它是第0步中成立的状态谓词和不成立的状态谓词的非的合取,即

$$\bigwedge_{f\in s_0} f_0 \wedge \bigwedge_{f\notin s_0} \neg f_0 \tag{8.4}$$

(2) 将目标状态集编码为必须在第 n 步中成立的状态谓词和不成立的状态谓词的合取,即

$$\bigwedge_{f\in g^+} f_n \wedge \bigwedge_{f\in g^-} f_n \tag{8.5}$$

式中,g^+表示的是必须在第 n 步中成立的状态谓词;g^-则表示在第 n 步不成立的状态谓词。

(3) 动作在应用时产生一定的效果,将这一事实编码为一个公式。公式断言:如果在给定的一步中执行这个动作,那么它的前提条件在这一步中成立且它的效果在下一步中成立。设 A 是所有可能动作的集合,对每一个 $a_i\in A$ 和 $0\leqslant i\leqslant n-1$,有

$$a_i \Rightarrow \left(\bigwedge_{p\in \text{precond}(a)} p_i \wedge \bigwedge_{e\in \text{effects}(a)} e_{i+1}\right) \tag{8.6}$$

(4) 还应注意到,动作只改变在其效果集中的状态谓词。例如,打开某一电磁阀并不会改变其他电磁阀的状态。这类事实的形式化和推理就是所谓的框架问题。这类事实也可以等价地表示为另一种稍稍不同的事实,即如果一个状态谓词有变化,则必有一个与它有关的动作已经执行。更确切地说,如果状态谓词 f 在第 i 步不成立,但在第 i+1 步成立,那么必有一个正效果集中包含它的相关动作在第 i 步已执行了。相似地,如果状态谓词 f 在第 i 步成立,但在第 i+1 步不成立,那么必有一个负效果集中包含它的相关动作在第 i 步已执行了。这类公式称为解释性公理。对所有状态谓词 f 和每一步 $i(0\leqslant i\leqslant n-1)$ 有

$$\left[\neg f_i \wedge f_{i+1} \Rightarrow \left(\bigvee_{a\in A|f_i\in \text{effect}^+(a)} a_i\right)\right] \wedge \left[f_i \wedge \neg f_{i+1} \Rightarrow \left(\bigvee_{a\in A|f_i\in \text{effect}^-(a)} a_i\right)\right] \tag{8.7}$$

(5) 每一步只能有一个动作发生,这一事实可由式(8.8)保证,其被称为完全互斥公理。对每一步 $i(0\leqslant i\leqslant n-1)$ 和所有不同的动作 $a_i,\ b_i\in A$,有

$$\neg a_i \vee \neg b_i \tag{8.8}$$

同时,在实际运用中,智能重构系统必须考虑如何排除问题相关领域中不存在的状

态或者在某状态下不可能采取的动作指令等知识信息。因此,智能重构问题高度依赖于问题领域的知识。对于航天器系统,解决基于 SAT 的智能重构问题,必须对领域相关约束知识进行描述,如图 8.6 所示。本书将在第 8.4.1 小节给出在编码描述推进系统智能重构问题过程中如何引入其相关的领域知识。

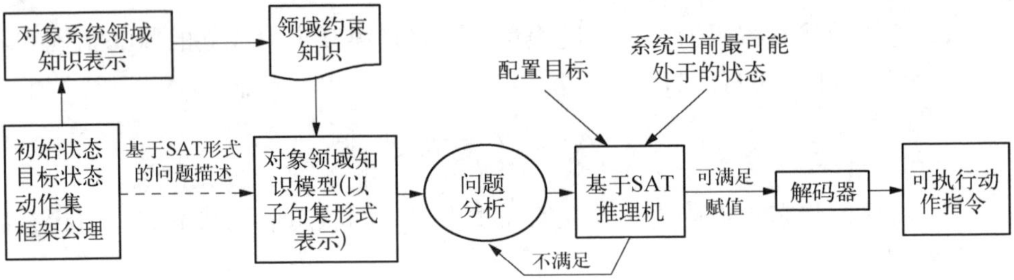

图 8.6 基于 SAT 的航天器系统配置与重构框架

8.3.2 基于子句权重的 A* 搜索算法

作为同时涉及优化以及自动推理搜索的新研究领域,求解 OpSAT 问题需要在离散空间中搜索能够满足约束集 $C(x_1, \cdots, x_l)$ 的最优解。

1. 基于 A* 的最优搜索

最优搜索是求解可满足问题首先应具备的一个重要功能。A* 搜索被公认为能够确保获取最优结果的最优算法。A* 是通过基于每个搜索节点的代价评估函数 f,执行最佳-优先策略寻找能到达目标的最低代价路径。代价函数 f 是 g 与 h 之和。g 表示的是从搜索根节点到当前节点的代价,h 表示从当前搜索节点到目标节点所需代价的局部启发式估计值。

启发式估计 h 的选取,必须能够确保获取最优解,即给定节点的启发式估计值 h 必须是从当前节点到目标节点路径代价的低估值。最优结果是通过执行最佳-优先策略来保证的。对于某个解,基于这种策略,如果存在更优代价的搜索路径,则该路径将会更早地被找到。对于任何仍在考虑的部分搜索路径,其代价估计始终是低于其真实代价的,因此,绝不可能通过后续扩展获取比已产生节点更低代价估计的路径。

本书中,搜索节点的代价 f 取通过计算已赋值变量所需代价之和,g 取对未赋值变量进行赋值所需的最低代价之和。

2. 基于子句的 A* 搜索

通过扩展 A* 搜索方法,已获得不少求解 OpSAT 问题的结果。例如,基于冲突指导的搜索算法 A*(conflict-directed A*, CDA*)和戴维斯-普特南-洛吉曼-洛夫兰德 A* 算法(Davis-Putnam-Logemann-Loveland A*, DPLL-A*)。在搜索节点扩展时，DPLL－A*通过更新维护储存每个扩展节点（已扩展节点按基于f的最佳-优先顺序进行入列或出列）的堆栈，代替了DPLL求解中的递归调用过程。CDA*则采用一种基于赋值候选集产生以及候选集一致性判断进行搜索的策略。

然而，基于CDA*的搜索过程存在不同步性，即基于最佳-优先策略的候选集产生的过程与可满足性测试过程是分开进行的。针对这个问题，设计了一新的基于A*的搜索算法——基于子句的A*（clause-based A*，CBA*）算法。

1）基于子句约简不可行赋值空间

CDA*搜索的关键思想是利用冲突集去产生新的赋值候选集，使该候选集能够克服所有已找到的冲突集，以有效地避开不一致的赋值子空间。因此，冲突集对于CDA*非常重要。CDA*在搜索中，变量分为决策变量（影响f取值的变量）和非决策变量（不影响f的最终取值）。冲突仅引导对决策变量的赋值，剩下变量的取值可在可满足性测试过程中获取。

本书的研究基于如下认知：子句集中，每个子句的文字负是不能同时成立的，进一步发展基于冲突指导的搜索方法。如此，可以把每个子句看作是一种冲突。因此，每个子句就是很好的启发式信息，据此可以建立CBA*的搜索算法，如图8.7所示，其中树节点代表的是每一步搜索过程中约减后的子句集。在每一步搜索过程中，CBA*选择在当前节点还没有满足的子句，并以满足该子句的最优赋值扩展该节点。按照最新选择的文字以及单元传递，该过程父节点的值域是被约减的。基于子句的搜索强烈引导搜索偏向可行子空间。因此，基于子句的A*搜索能够完全融合CDA*中的两个分离过程，实现了对每一步搜索的引导，同时满足最优且可行的要求。

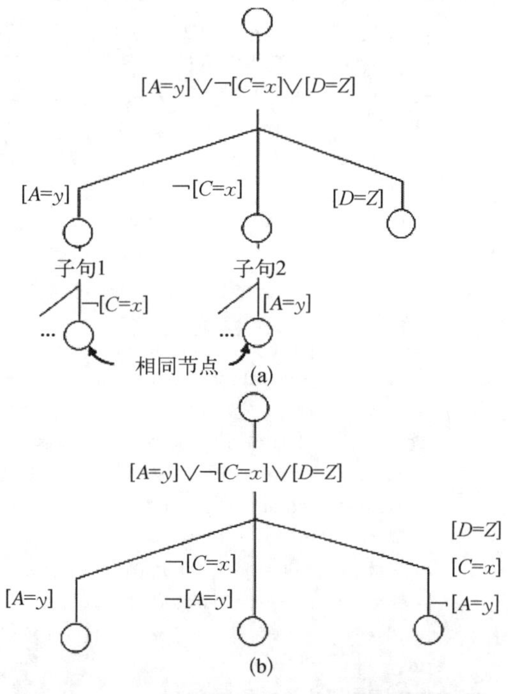

图8.7　基于CBA*的搜索过程

然而，待扩展节点的子节点中有可能存在蕴含着同样变量赋值的两个子节点。这会导致某搜索路径被重复进行，影响搜索效率。为了避免这种状况，在节点扩展时，每个子节点的部分变量赋值不仅包含自身对应的文字，而且包含代表该子节点的姐妹文字的负，如图8.7（b）所示。通过这种变化，通常情况下子节点间的交集赋值仅会出现在节点扩展过程中最早的节点。

2）子句选择策略

显然，子句的选择顺序以及子句中文字的扩展顺序将会对 CBA* 搜索效率产生重要的影响。通常，可以使用为 SAT 求解器所发展的启发式信息。例如，优先选择最短的子句、优先扩展约束更多的变量等。然而，这些启发式信息，仅是用来引导获取可行解，而不是针对获取最优解。

本书提出了一种改进的 CBA* 方法，称为基于子句权重的 A* 搜索算法（clause-weighted-based A*, CWBA*）。该改进算法对每一子句赋予相应权重，该子句权重在某种程度上效仿了最陡梯度下降的特性。子句权重可通过每个子句中代价最小的文字赋值与代价最大的文字赋值之间的代价差进行衡量。具体地，对于给定的两个子句，基于该启发式信息，选择包含更大代价差的子句。子句权重越大，在最优可满足问题求解过程中，该子句的文字间的差异性更明显。因此，这种子句最有可能将搜索树的扩展深度最小化，使拥有更高代价的子代不会被搜索或者被扩展搜索的程度很浅。

最终的 CWBA* 推理过程可详细描述如下。

```
Clause-Weighted-Based A* (init-clauset, init-varset)
   return the least-cost assignments
   unit-propagate (init-clauset, init-varset)
   init-node ← {init-clauset, init-varset}
   queue ← {init-node}
   loop do
     if queue =∅                 // ∅ denotes empty
       then return null
     best-node ← Best-First (queue)     // Based on A*
     if clauset(best-node) is empty
       then return best-node
     clauset ← clauset(best-node)
     varset ← varset(best-node)
     best-cluase←Selection-By-Weight(clauset(best-node))
     siblings ← { }
     for each literal in best-cluase do
       child ←{clauset∪{literal∪siblings}, varset}
       Unit-Propagate(clauset(child), varset(child))
       if not Conflict (clauset (child), varset(child))
         then Instack-by-cost(queue, child)
       siblings ← siblings∪{¬ literal}
     end
   end
Selection-By-Weight(clauset)
```

```
  For each clause C in clauset do
      Calculation the clause weight for each clause
      best-cluase←the clause with the most cost difference
      End
Unit-Propagate (clauset)
      for unit clause {L} in clauset do
      For every clause C∈clauset
        If L←C then clauset←clauset -{C}
        Else if¬ L∈C
            then clauset←{clauset -{C}}∪{C-{¬ L}}
    End
```

8.4　基于可满足问题的智能配置与重构的验证

本节以图8.5所示的深空探测器DS－1推进系统为例，评估CWBA*算法的性能。为了验证利用子句以及子句权重等信息的有效性，同时还对基于冲突指导的搜索——CDA*算法进行并行测试比较。

为了实现对空间推进系统配置与重构方案的快速求解，除了发展先进的推理算法外，在处理具体问题时还可以将原问题分解成多个相对简单的子问题进行求解。通过对对象问题结构进行分析，可以看出推进系统具有明显的结构功能块分区，而对每个功能块配置解进行合并即可得出推进系统一种完整的配置解。因此，可将整个系统的配置问题分解成一系列独立的子问题，即针对每个功能块的配置问题。

每个功能块对应一个子问题 OpSAT_i。如果赋值 S_i 是 OpSAT_i 的一个解，那么 $\cup_i S_i$ 是 s$\cup_i \mathrm{OpSAT}_i$ 的一个完整解。假设每个 OpSAT_i 有总共 n 个变量中的 c 个变量，那么就有 n/c 个子问题，解决每个子问题最多花费 d^c 步工作（d 表示每个变量最多有 d 个取值）。因此，总的计算量是 $O(d^c n/c)$，其为 n 的线性函数；而不进行问题分解则总的计算量是 $O(d^n)$，其为 n 的指数函数。问题分解后，可通过独立求解每个子问题。如果其中任何一个无解，那么原始问题就无解。

对于推进系统功能模块的划分，主要基于以下假设。

（1）推进系统传感器的分布所提供的观测信息至少能够实现到功能块的定位。

（2）每个功能块在实现整个系统功能上是独一无二的，一旦某功能块部件发生故障，只有两种途径维持系统正常运行，一种是对该功能块内部件进行重构配置，另一种是启用冗余功能块。否则，该系统将失效，不能正常工作，且不能通过不同功能块部件的再组合实现系统功能。

研究中,按照对象系统拓扑及功能结构,将图 8.5 所示的推进系统分成八个功能块:BL_1-(1, 2, 3, 4)、BL_2-(5, 6, 7)、BL_3-(8, 9)、BL_4-(10, 11)、BL_5-(12, 13, 14, 15)、BL_6-(16, 17, 18, 19)、BL_7-(20, 21, 22, 23)、BL_8-(24, 25, 26, 27)。基于这种分解,任何一子功能块相对应的重构问题无解,则整个问题无解,即不能实现配置目标。

将每个功能块对应的子问题 Φ 描述成可满足问题形式。当需要进行系统重构配置时,求解器首先识别与目标状态 S_{goal}(通过 GI 过程产生的配置目标)相关的功能块,然后作为 CWBA* 求解器的输入,输出为最优动作指令系列 π,即

$$\pi = \bigcup_{i=1}^{k} \mathrm{CWBA}^{*}[\Phi(\mathrm{BL}_i)]$$

式中,BL_i 表示与目标状态 S_{goal} 有关的功能模块。

8.4.1 基于可满足问题的系统建模

基于第 8.3 节对问题的描述,本节的研究对象是系统的模式重构问题。为简化描述,本研究中只编码了功能块 BL_1 所对应的基于 SAT 的重构问题描述。该功能块为推进系统的气路部分,主要由电磁阀 1、3 和电爆阀 2、4 两类部件组成,如图 8.8 所示,典型部件状态转换模型如图 8.9 所示。

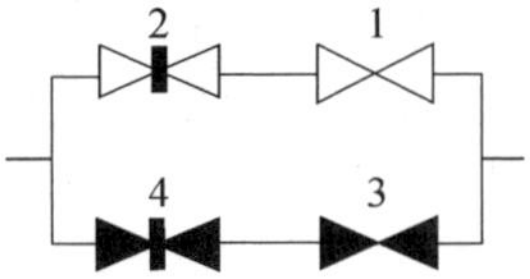

图 8.8 空间推进系统增压气路段

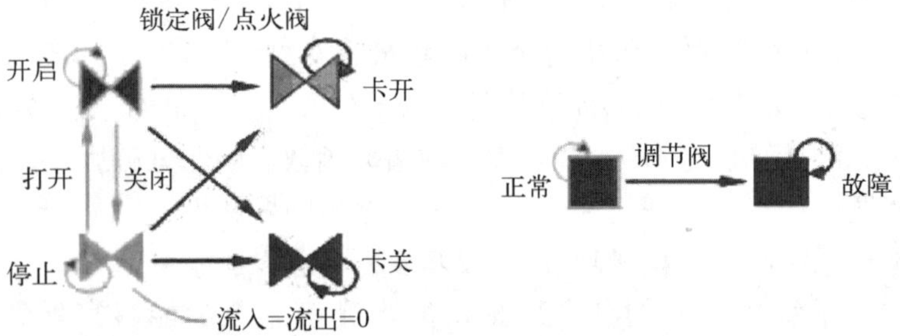

图 8.9 空间推进系统典型部件状态转换模型

1. *编码方法*

本书采用 Iwama 等[131]和 Nozue 等[132]提出的基于二进制编码的方法,其特点是,可以得到较少的命题变元,能有效地减少编码长度。例如,变量 x 有 8 种取值

{0, 1, 2, 3, 4, 5, 6, 7}。按照编码方法，可用三个命题变元 P_0、P_1、P_2 来表示 x 的所有取值，以代替原本的8个变元。P_0 对应于二进制的低位。如果 $P_2=0$、$P_1=1$、$P_0=1$，即($\neg P_2 \wedge P_1 \wedge P_0$)表示变量 x 取值为3。

气路段的每个元件相当于一个变量，四种模式相当于该变量的取值。因此，可用两个 P、Q 命题变元表示四种模式，其中 Q 表示低位。该情况下，($\neg P \wedge \neg Q$)、($\neg P \wedge Q$)、($P \wedge \neg Q$)、($P \wedge Q$)分别对应四种取值 off、stuck_off、on、stuck_on。在实际运用时发现，当四个表达式对应的变量值不同时，会导致编码规模存在很大差异。下面，$P_i(j)$、$Q_i(j)$ 表示第 i 个元件在第 j 步配置的命题变元，其中 $i \in \{1, 2, 3, 4\}$，$j \in \{0, 1\}$。

2. 初始状态描述

气路段元件初始状态如图8.8所示，即电磁阀1处于 on 状态，电爆阀2处于 on 状态，电磁阀3处于 off 状态，电爆阀4处于 off 状态。

该元件组的初始状态可编码为

$$[P_1(0) \wedge \neg Q_1(0)] \wedge [P_2(0) \wedge \neg Q_2(0)] \wedge \\ [\neg P_3(0) \wedge \neg Q_3(0)] \wedge [\neg P_4(0) \wedge \neg Q_4(0)] \tag{8.9}$$

上述过程并不需要写出初始时刻不成立状态谓词的非，因为成立的初始状态谓词值为真时，对应的不成立状态谓词的逻辑值一定为假。例如，对于电磁阀1状态谓词，$[P_1(0) \wedge \neg Q_1(0)]$，取值 true 时，所有其他谓词 $[\neg P_1(0) \wedge \neg Q_1(0)]$，$[\neg P_1(0) \wedge Q_1(0)]$，$[P_1(0) \wedge Q_1(0)]$ 取值都为 false。因此，基于二进制编码，在初始状态编码中，不需要表达在初始状态中不成立的状态谓词的非。初始状态编码可简化表示为

$$\bigwedge_{f \in s_0} f_0$$

3. 目标状态描述

目标状态 S_{goal} 是指对象系统在执行重构指令时其第 n 步期望实现的状态。为了使发动机产生推力，气路段必须为开状态。按照冗余结构的特点，仅需位于其中一条管路的元件组(图8.8)开通，两管路不能同时为开状态。

在系统重构时，尽管某些器件处在故障状态，按照配置目标仍具有期望的效果。例如，处于 stuck_on 状态的阀门不能关闭，但可以看作一个永久打开的器件。因此，当目标状态为开状态时，处于 stuck_on 状态的阀门仍然是有效的。

按照二进制编码及领域约束知识，目标状态可描述为

$$\{[P_1(1) \wedge P_2(1)] \vee [P_3(1) \wedge P_4(1)]\} \wedge \{\neg [P_1(1) \wedge P_2(1)] \wedge [P_3(1) \wedge P_4(1)]\} \tag{8.10}$$

式(8.10)中,前半部分表示只需一条管路打开(电磁阀1、电爆阀2所处的管路为开或电磁阀3、电爆阀4所处的管路为开),后半部分约束两管路不能同时打开。

4. 行为描述

推进系统在气路段内的动作行为描述如下:

$$A_1 \Rightarrow [P_1(0) \wedge \neg Q_1(0)] \wedge [\neg P_1(1) \wedge \neg Q_1(1)] \tag{8.11}$$

$$B_1 \Rightarrow [\neg P_1(0) \wedge \neg Q_1(0)] \wedge [P_1(1) \wedge \neg Q_1(1)] \wedge [\neg P_3(0) \vee \neg P_4(0)] \tag{8.12}$$

$$A_2 \Rightarrow [P_2(0) \wedge \neg Q_2(0)] \wedge [\neg P_2(1) \wedge Q_2(1)] \tag{8.13}$$

$$B_2 \Rightarrow [\neg P_2(0) \wedge \neg Q_2(0)] \wedge [P_2(1) \wedge Q_2(1)] \wedge [\neg P_3(0) \vee \neg P_4(0)] \tag{8.14}$$

$$P_1(0) \wedge Q_1(0) P_1(1) \wedge Q_1(1) \tag{8.15}$$

$$\neg P_1(0) \wedge Q_1(0) \neg P_1(1) \wedge Q_1(1) \tag{8.16}$$

$$[P_1(0) \wedge \neg Q_1(0)] \wedge \{\neg [P_1(1) \wedge \neg Q_1(1)]\} \Rightarrow A_1 \tag{8.17}$$

$$\{\neg [\neg P_1(0) \wedge \neg Q_1(0)]\} \wedge [\neg P_1(1) \wedge \neg Q_1(1)] \Rightarrow A_1 \tag{8.18}$$

$$[\neg P_1(0) \wedge \neg Q_1(0)] \wedge \{\neg [\neg P_1(1) \wedge \neg Q_1(1)]\} \Rightarrow B_1 \tag{8.19}$$

$$\{\neg [P_1(0) \wedge \neg Q_1(0)]\} \wedge [P_1(1) \wedge \neg Q_1(1)] \Rightarrow B_1 \tag{8.20}$$

$$\neg (A_1 \wedge A_3),\ \neg (A_1 \wedge B_3),\ \neg (A_1 \wedge A_4),\ \neg (A_1 \wedge B_4) \tag{8.21}$$

$$\neg (B_1 \wedge A_3),\ \neg (B_1 \wedge B_3),\ \neg (B_1 \wedge A_4),\ \neg (B_1 \wedge B_4) \tag{8.22}$$

$$\neg (A_2 \wedge A_3),\ \neg (A_2 \wedge B_3),\ \neg (A_2 \wedge A_4),\ \neg (A_2 \wedge B_4) \tag{8.23}$$

$$\neg (B_2 \wedge A_3),\ \neg (B_2 \wedge B_3),\ \neg (B_2 \wedge A_4),\ \neg (B_2 \wedge B_4) \tag{8.24}$$

式(8.11)~式(8.14)断言了电磁阀1及电爆阀2在分别执行动作A、B(close, open)后产生的效果。为了阻止这样的情形:当位于同一管路的元件,如电磁阀1及电爆阀2,初始状态为开状态,重构求解依旧会选择打开电磁阀3或电爆阀4,必须对动作的前提增加约束。例如,对动作B_1的前提除了有$\neg P_1(0) \wedge \neg Q_1(0)$之外,还要以部件电磁阀3或电爆阀4的初始状态处于off或stuck_off为条件,即$\neg P_3(0) \vee \neg P_4(0)$。

除上述动作效果的事实描述外,还应注意到,对于目标状态为关或开的部件而言,其为stuck_off、stuck_on的初始状态仍然是有效的。需要对这一事实进行进一步表述,其作用相当于对不做任何事的哑动作(dummy)的描述,即将初始状态为

stuck_off、stuck_on 的信息传递到目标状态,如式(8.15)~式(8.16)所示。

式(8.17)~式(8.20)断言对应动作只改变在其效果集中的状态谓词。

此外,当部件 1、2 处于开状态,而部件 3、4 处于关状态,给出的配置方案可能为先关掉 1、2,后打开的方案。为避免该类事实的产生,应增加动作之间的约束关系,如式(8.21)~式(8.24)。但并不需要约束每个部件自身两个动作不能同时执行,即$\neg(A_i \wedge B_i)$,因为两个动作的前提条件(初始状态)是不可能同时被满足的。

8.4.2 验证与结果分析

推进系统配置与重构问题求解过程所对应的决策变量包括开或关动作,即"close""open"(A, B),其他变量是代价为零的状态变量。由于打开电爆阀是不可逆的,并且打开电爆阀比打开普通电磁阀消耗更多的能量,因此,研究中将电爆阀的相应动作代价定为 50,而普通电磁阀设为 5。

本小节比较分析了 CWBA* 和 CDA* 针对推进系统不同状态下的求解性能,包括无故障下的配置,以及系统故障状态下的恢复重构配置。在故障状态下的重构,需要改变某些部件模式以实现推进系统在故障时的配置目标。

例如,由于处于 5 - fault、2 - stuck_off、17 - stuck_on 状态下(由 ME 提供的系统当前最可能的状态),推进系统主发动机不能产生所期望的推力,CWBA* 和 CDA* 均给出了涉及改变部件 3、4、7 模式的最佳配置方案,而不是对部件 3、4、7、18 的模式进行改变。按照配置目标,电磁阀 17 仍具有期望效果,尽管该部件处于永久的不可修复状态。该最佳配置方案的获取主要基于最低代价原则。

对于另一种状态,即 9 - stuck_off、19 - stuck_off、21 - stuck_off(由 ME 过程识别出导致无推力的可能起因),由于电磁阀 19 处于卡住-关状态,主发动机已不能使用。因此,MR 过程推理得出:为应对该故障,推进系统必须切换到备份主发动机。重构求解过程首先识别与备份发动机相关的功能模块 BL_1, BL_2, BL_3, BL_4, BL_7, BL_8。然后 MR 通过推理,得出重新恢复推力的最低代价方案,即打开控制通向备份发动机管路的电爆阀 20、22、24 以及普通电磁阀 27、23、25,并不需要打开代价更大的电爆阀 26。由于电磁阀 9 处于卡住-关状态,必须打开电爆阀 8。对于功能模块 BL_7 的配置结果也是如此。

表 8.1 还包含了其他情形下的最终重构结果。尽管 CDA* 在整体上表现优异,但 CWBA* 在求解性能上更好,后者较前者在计算时间上有一个数量级的提高。因此,利用每个子句包含的信息可以更好地排除不可行赋值空间。因此可以认为,CWBA* 算法能更好地应用于解决快速响应航天器系统的模式重构问题。

表 8.1　基于 CDA* 与 CWBA* 搜索效率对比　（单位：s）

当前状态估计($\hat{S}$)	CDA*	CWBA*
trouble-free	1.53	0.259
1 - stuck_off[a],11 - stuck_off, 13 - stuck_off	1.436	0.206 5
5 - fault, 2 - stuck_off,17 - stuck_on	2.125	0.3126
9 - stuck_off,19 - stuck_off, 21 - stuck_off	2.837	0.451 3

a 1 - stuck_off 表示部件 1 处于 stuck_off 状态,"1"为部件编号。

与 CDA* 的比较分析

（1）CDA* 求解分成两个过程进行,即以最佳-优先的方式产生解候选集的过程和基于 SAT 求解器对候选集可行性进行测试的过程。影响该方法求解效率的主要因素是 SAT 求解器需要反复被调用。通过将每个子句视为冲突,CWBA* 将这两个过程融合在一起。因此,CWBA* 搜索过程直接由子句集以及从被选择的子句中获取的最佳文字进行引导和开展,由此实现了搜索过程同时指向了最佳、可行的赋值空间,搜索效率得到大幅度提高。

（2）相较 CWBA* 而言,CDA* 以更直接的方式处理 OpSAT 问题。在 CDA* 搜索过程中,赋值变量分为决策变量[出现在 $f(x)$ 中的变量,其通过搜索获取最佳代价的赋值]以及状态变量(存在于约束关系中,在配置解中并无涉及)。冲突仅引导对决策变量的赋值,非决策变量值通过基于 SAT 推理器所进行的可行性测试过程得到。对于 CWBA* 而言,这些状态变量被看成是代价为 0 的决策变量,自然可以同时进行最优搜索以及可行性测试。

（3）主蕴含是指能够满足子句集中表示约束关系 $C(x)$ 的部分变量赋值。如果能够识别出这样的部分变量赋值,就可以停止进一步扩展搜索未赋值变量的赋值,降低搜索树的规模。由于在 CDA* 搜索过程中,候选集产生与测试之间是松配合关系,CDA* 很难获取所有约束的支撑集。然而,CWBA* 通过候选集产生与测试之间的紧配合,能够较容易地获取主蕴含,只需要简单地判断某个搜索节点的所有子句是否全部消除,即所有字句是否已满足,则可返回目前为止的部分赋值作为主蕴含,不再需要进行进一步的节点扩展。

（4）CWBA* 利用了有关子句选择顺序的启发信息,可以引导搜索更快地通向最优可行解。

8.5　结　　论

本章针对自主健康管理关键技术之一的配置与重构问题开展了研究。作为容错控制的一项重要策略，配置与重构能够使空间推进系统具备对故障进行自主处理的能力，从而自主恢复系统功能以确保航天器正常运行。

首先，针对空间推进系统基于离散事件的配置与重构问题从状态转换约束关系、偏好性指标等方面进行了理论阐述，并最终将该问题归纳为多目标优化问题的 Pareto 最优解集获取问题。在配置与重构问题描述框架的基础上，基于问题转换的思想，给出了推进系统智能配置与重构问题基于最优可满足问题(OpSAT)求解的统一形式。

其次，针对 OpSAT 问题的求解，设计实现了一种新的最优智能搜索策略——CWBA*。在引导搜索最优配置的过程中，由于 CWBA* 采用了变量赋值候选集产生与测试过程紧配合的搜索方式，搜索效率得到了大幅提升。

最后，针对 DS－1 空间推进系统的无故障、单故障以及多故障等情形进行了验证。结果表明，CWBA* 和 CDA* 均能给出代价最优的配置方案，但在搜索效率上，CWBA* 较 CDA* 具有近一个数量级的提高，因而更适用于解决快速响应航天器系统的配置与重构问题。

第9章 推进系统自主健康管理原型系统分析与设计

9.1 引　言

随着航天器空间应用的不断发展，尤其是飞船、空间站、月球探测器、火星探测器等对高可靠性、高安全性、长寿命不断增长的需求，对空间推进系统高性能和自主健康管理能力提出了更迫切的需求。自主健康管理系统可以实现在无地面飞控人员参与的情况下，自主地进行推进系统实时状态记录、判断，并在出现故障的情形下，实现对故障的自主处置，提升航天器自身对突发故障的紧急处置能力。

国外在自主健康管理方面已经得到较好发展，部分自主健康管理系统已进行了应用，例如：深海探测器 Autosub 6000 实时诊断系统、Ames 研究中心针对航天器月球自主着陆问题启动的 ALDER 工程、欧空局针对 SMART－1 姿控系统设计的 AFDIR 系统以及日本为“隼鸟”号行星探测器开发的第三代 ISACS－DOC 健康管理系统等。近十年来，国内提出了不少关于空间推进系统故障检测、诊断等的理论和方法，但用于航天器地面试验与在轨管理的实用自主健康管理系统还处于初级阶段，对在轨航天器的长管监视仍以大量地面飞控人员为主。

从技术实现和实际应用方面而言，自主健康管理是一种个性极强的交叉前沿技术，必须与被研究和应用的对象进行“捆绑”，才能真正发挥作用。也就是说，先进的自主健康管理系统的开发，必须充分利用推进系统中共用模块的历次试验数据才能获得优化的模型与算法，各种模型与算法必须在推进系统的试验中考核与磨炼，才能最终形成可用的技术。因此，在研究途径方面，必须首先解决在地面对航天器进行健康管理的问题，然后再解决在轨运行中自主健康管理的实现问题。

本章在深入进行自主健康管理功能需求分析的基础上，设计实现了自主健康管理原型系统中的两个核心模块：故障检测与报警模块、智能配置与重构模块，并对它们进行考核验证。自主健康管理系统最终目标是实现在轨应用，但受航天器内部空间的限制，本章还设计实现了模块化的、紧凑的嵌入式自主健康管理原型硬件系统。另外，针对基于传统遥测获取航天器实时状态信息量有限，传输过程易受干扰，而且长距离传输易导致信号延迟等问题，设计实现了空间推进系统在轨实时状态记录系统,并进行了某发动机地面热试车实时数据记录考核。

9.2　自主健康管理原型系统设计与实现

航天器自主健康管理系统的开发分为三个阶段进行,包括: ① 实验室考核验证系统开发;② 试验台搭载验证系统开发;③ 星载应用系统开发。不同开发阶段,设计要求和预期实现的目标存在差异。

本节主要针对实验室条件下的航天器自主健康管理原型系统进行了设计与实现,并基于已有的历史数据或仿真数据,完成对系统软硬件的考核。验证与考核包括: ① 考核系统软硬件设计的合理性并进行再优化;② 故障检测、重构推理等功能的考核和优化。为此,研究中还需要设计实现数据回放模块,并构建实验室验证环境,对原型系统进行考核。

9.2.1　系统功能分析

自主健康管理原型系统的功能需求主要包括测试、数据回放、状态监测、故障诊断、预测、故障重构、系统与数据库管理、方法验证以及实时显示等方面的内容。因此,该系统由从测试、诊断到功能重构的一系列的软硬件子系统所组成。

图 9.1 给出了推进系统自主健康管理原型系统基本功能架构,具体功能如下。

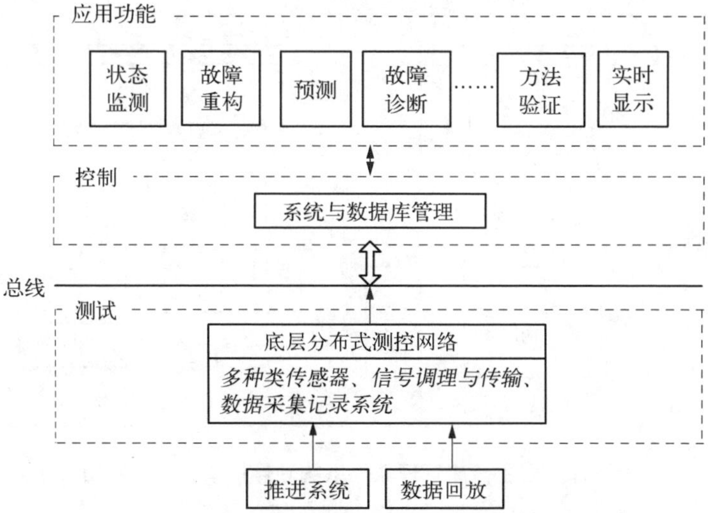

图 9.1　推进系统自主健康管理原型系统基本功能架构

(1) 测试。基于底层测控网络,完成对推进系统多种类传感器信号调理与传输、数据采集记录。

(2) 数据回放。可作为推进系统自主健康管理原型系统信号来源,由系统动力学仿真模块或者实时状态记录系统、回放数据库、模拟输出模块组成。

(3) 状态监测。用于完成传感器验证/重配,并针对采集参数通过适当的故障检测算法确定推进系统及相关部件的状态。

(4) 故障诊断。根据已有的异常状态信息,通过各种适用的诊断算法确定故障发生的位置和类型。

(5) 预测。预测过程利用当前测试或近期测试的数据、历史数据,深层次地分析部件状态趋势,甚至还包括评估部件或推进系统剩余寿命。

(6) 故障重构。根据故障诊断及预测的结果,分析推进系统本身的功能冗余度,据此给出系统智能配置与重构的策略。

(7) 系统与数据库管理。系统管理负责管理和协调所有实时模块,数据库管理则包括对推进系统实时观测数据以及非实时数据的管理。

(8) 方法验证。为故障检测、诊断、重构、预测等算法以及逐步扩展的各种功能的验证、演示与考核提供接口。

(9) 实时显示。含有交互图形显示界面,对测试流程、测试过程中的提示信息、测试结果进行实时显示,并能提供声光报警。

9.2.2 系统硬件设计与实现

图 9.2 给出了自主健康管理原型系统硬件框架,具体如下。

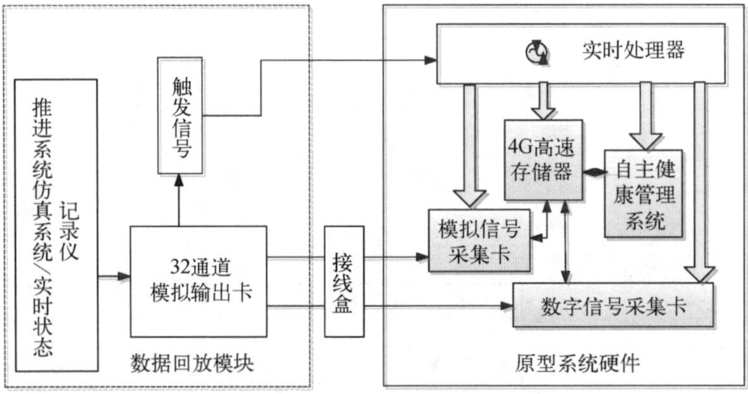

图 9.2 自主健康管理原型系统硬件框架结构示意图

(1) 推进系统仿真系统/实时状态记录仪。将系统仿真数据或者航天器飞行过程实时状态记录数据作为实验室条件下的信号来源。

(2) 数据采集模块。包括:① 八通道高性能数字信号 NI9025 采集卡 2 块,可用于记录流量数据;② 八通道高性能模拟信号 NI 9041 采集卡 2 块,用于采集电压和温度信号;③ 两个带屏蔽功能的 SCB－68 接线盒体。采集通道通过内置的程序在工作前进行配置。例如,可配置 8 个通道采集压力数据,8 个通道采集温度数据,9 个通道记录转速,7 个通道记录流量。

(3) 模拟输出。由 PCI－6723 模拟输出卡一块(32 通道),带屏蔽功能的线缆 SH68－C68－S 两条,接线盒 BNC－2110(8 个模拟输出接口)和 BNC－2115(24 个模拟输出接口)组成。其主要功能是将数据源转换成模拟电压信号,作为数据采集模块信号源。

(4) 触发信号。为了能够模拟试验过程中的采集触发功能,在实验室条件下采用外部硬件模拟触发,触发信号占用模拟输出通道(AO－0),连接到 SCB－68－1 的 APFI0(引脚 20)上,在数据回放系统输出阶跃信号(～5 V)的跳变时,通过通道(AO－0)触发数据采集工作。

(5) 主控制器。主控制器是原型系统硬件的核心,其功能主要是协调、控制其他模块顺利完成空间推进系统状态信号的采集、存储以及对推进系统的健康管理。采用 NI cRIO－9025 实时控制器,如图 9.3 所示,它是内存(DRAM)大小为 512M 的 MPC 实时控制器,系统主板(实时操作系统并集成自主健康管理原型系统)内置高速存储器(4G),集成于 NI cRIO－9113 可重构的 FPGA 机箱内。

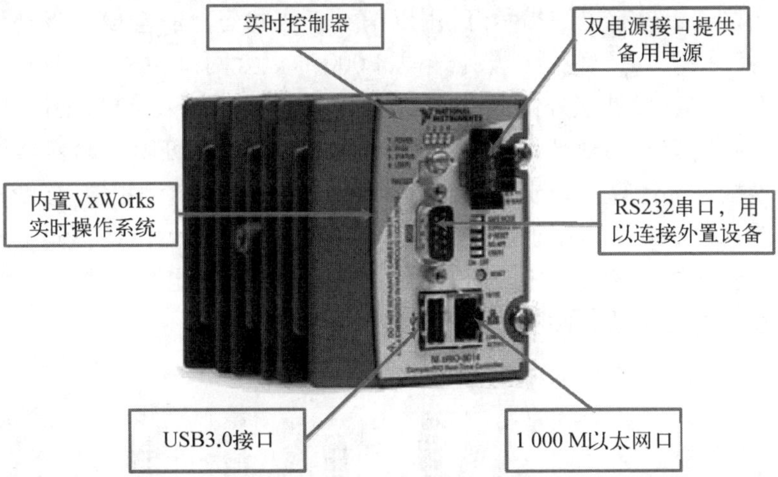

图 9.3　NI cRIO－9025 实时控制器

自主健康管理原型系统设备的具体硬件装配结构,主要由两个独立电气仓段的壳体和集成数字采集卡的嵌入式系统所组成,如图 9.4 所示。

在壳体的左仓段内,安装固定电池组、电压调节电路和电源输入接口;右仓段内,固定安装集成数字采集卡的嵌入式系统;左仓段与右仓段分别用盖板封口,左仓段电源与右仓段系统之间由带有屏蔽功能的线缆连接。

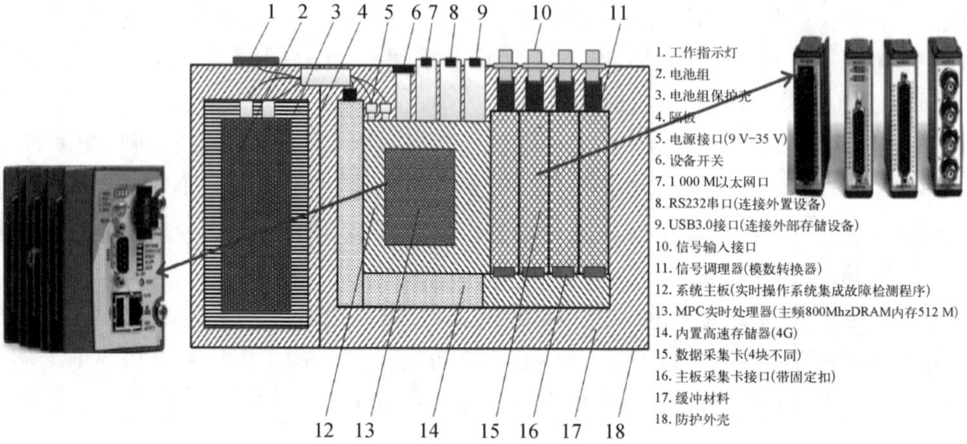

图 9.4　自主健康管理原型系统设备硬件配置剖面结构示意图

在左仓段内，电池组由保护壳包裹，保护壳内置电压调节电路，保护壳外部设置电源输出接口，电池组可更换。右仓段内的嵌入式系统主要包括：NI cRIO - 9025 主控制器和数据采集卡。电池组保护壳与嵌入式系统四周填充缓冲材料，起到缓冲保护作用。

在左仓段盖板外有电源指示灯，用以指示工作状态。右仓段盖板外设置有嵌入式系统各种接口，主要包括：设备开关，1 000 M 以太网口、RS232 串口（连接外置设备）、USB3.0 接口（连接外部存储设备）以及各类信号输入接口，如图 9.5 所示。以太网口可以用于连接外部设备，既可用于数据传输，也可用于远程操作；RS232 串口用于连接外部计算系统或者其他设备，可以实现故障检测报警、诊断以及故障处理等功能；USB3.0 接口用于连接外置存储设备，实现扩大设备存储量和数据卸载功能。在设备核心模块内核四周增加缓冲层保护，使其能够抗高冲击过载，以保证系统能在强冲击振动条件下完好可靠地记录保存数据。

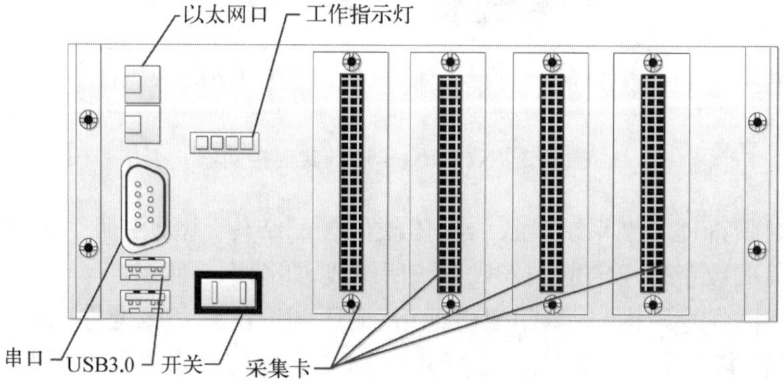

图 9.5　控制面主视图

自主健康管理原型系统的工作过程则分为工作前设备参数配置、工作中数据实时记录分析以及任务结束后的数据卸载三个阶段，具体如下。

(1) 工作前，设备配置，根据传感器的类型和任务需要，配置采集通道。

(2) 工作中，设备的以太网口与飞行器控制系统相连接，由控制系统下发脉冲信号控制设备开始和结束记录，在实验室阶段，通过模拟输出通道(AO－0)输出一阶跃信号(~5 V)进行触发。具体为高电平信号控制设备开始记录，低电平信号控制设备结束记录。在进行数据记录的同时，通过内置的故障检测模块，判断设备工作情况，一旦发生故障，通过指示灯进行报警，同时触发故障诊断、智能配置与重构模块对该故障进行定位并处理。

(3) 任务结束后，设备的以太网口连接主控计算机，由计算机控制设备进行数据卸载。具体有两种卸载方式，一种是通过以太网口直接将设备数据回传计算机；另一种是由主控计算机控制设备，将数据拷贝到连接在 USB3.0 接口上的存储设备。数据卸载完毕后，可以清空记录数据，并配置设备为下次飞行任务做好准备。

图 9.6 所示为自主健康管理原型系统实验室验证的实物照片。

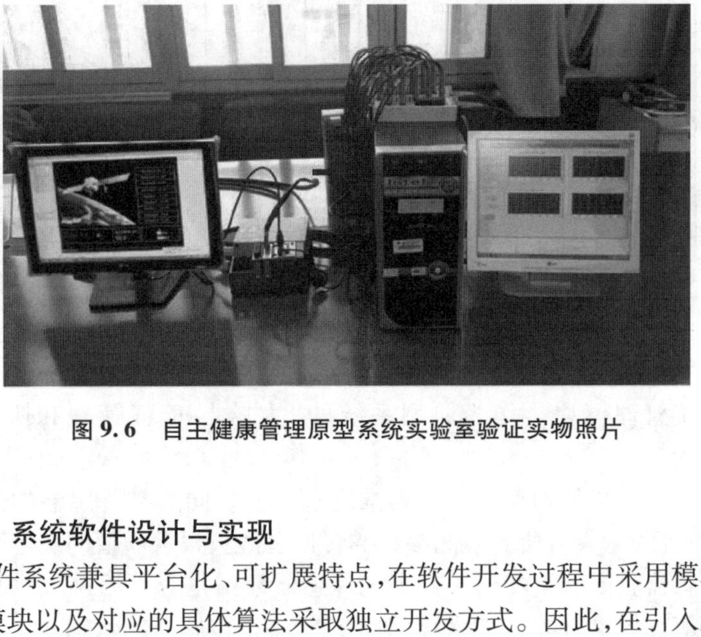

图 9.6　自主健康管理原型系统实验室验证实物照片

9.2.3　系统软件设计与实现

为使软件系统兼具平台化、可扩展特点，在软件开发过程中采用模块化设计思想，各功能模块以及对应的具体算法采取独立开发方式。因此，在引入新算法或添加新模块时，不必对软件平台进行改动，扩展灵活。另外，为实现模块间的信息交互，采用标准数据库存储数据信息，实现以信息数据库为中心的信息共享机制。

所设计的自主健康管理原型系统软件功能模块如图 9.7 所示。软件系统主要由系统管理模块、数据采集与处理模块、验证模块、故障检测与报警模块、实时诊断模块、智能配置与重构模块、信息管理系统模块和辅助功能模块等构成。

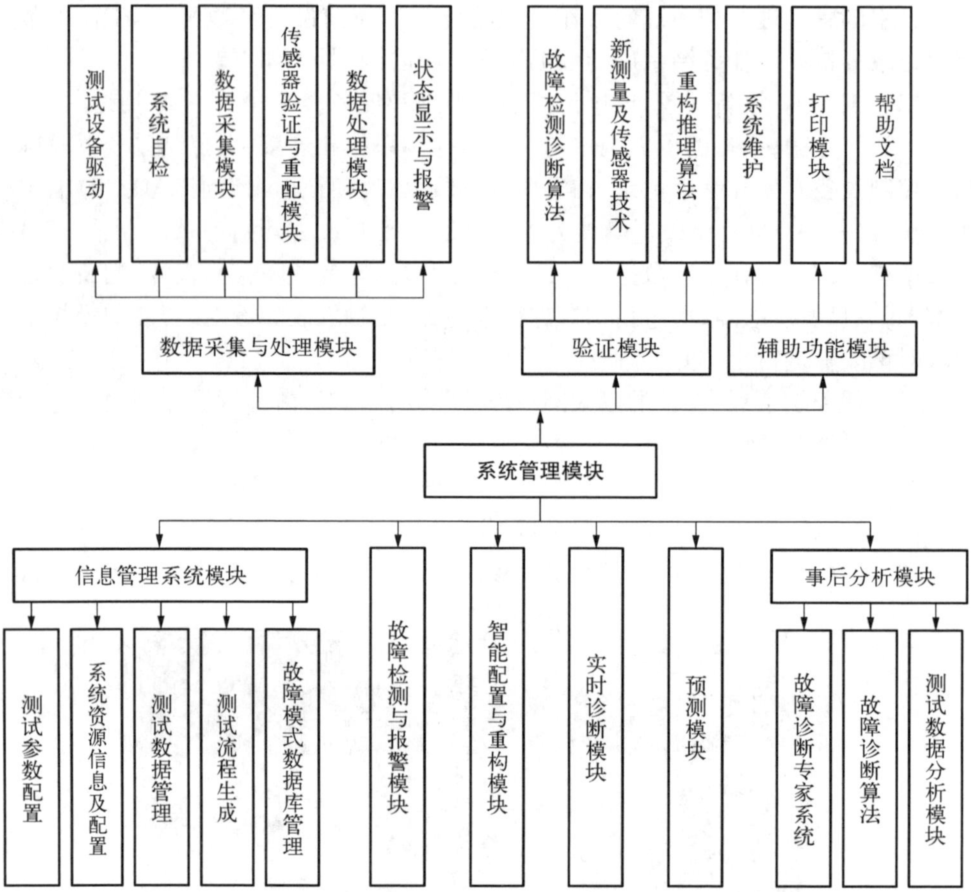

图 9.7　原型系统的软件功能模块组成

图 9.8 所示为系统主要模块间的相互关系,描述如下。

(1) 系统管理模块。作为原型系统的"大脑",负责管理和协调所有实时模块。

(2) 数据采集与处理模块。采集推进系统上不同类型传感器的数据;对传感器数据进行验证,完成对所有观测参数的转换、标定、报警阈值的设定等。

(3) 传感器验证和重配模块。决定传感器数据是否可用,标识故障传感器并提供其取代值。如果有冗余传感器,则要确定每个传感器的状态。

(4) 故障检测与报警模块。该模块实现对推进系统的实时故障检测,显示推进系统的健康状况。

(5) 实时诊断模块。系统管理模块确定需要进行诊断分析后,再触发诊断模块。诊断模块进行故障诊断,识别故障类型、位置、属性等。存储诊断结果,并传输至系统管理模块。

（6）预测模块。预测模块与诊断模块类似，它利用当前测试或近期测试的数据、历史数据，深层地分析部件状态趋势。另外还提供部件或推进系统剩余寿命的信息。需要多个预测模块来覆盖不同类别的故障源数据，它也保存预测结果并传输到系统管理模块。

（7）智能配置与重构模块。其输入来自实时诊断模块、预测模块和系统管理模块，它对检测到的异常提出解决措施。该模块主要涉及推进系统配置与重构问题建模与表达，定性推理技术，搜索和配置最优重构方案。

在实验室条件下，还要增加实现仿真/遥测参数等数据源的回放模块，实现推进系统工作过程再现。

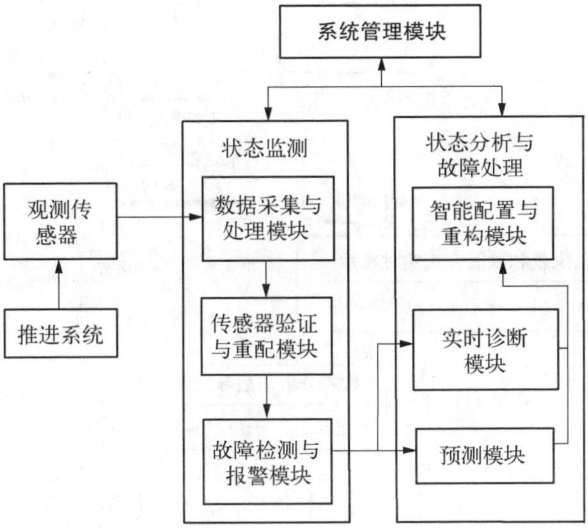

图 9.8　原型系统主要模块间的相互关系流程图

图 9.9 所示为原型系统工作流程。

（1）主控制器启动，首先完成数据采集与处理模块等设备的自检和驱动，处于准备状态。

（2）若为实验室环境，需进行系统参数设置，包括数据选择、模拟输出通道及采集通道等配置，设置完成后，等待触发信号（触发信号由模拟输出卡一通道输出），接收触发信号后，信号输出；若为实时地面试验，触发信号由试验现场提供。

（3）接收到触发信号，主控制器开始运行，完成观测数据的实时存储、传输、解包、显示以及状态判断，并将结果存储于数据库中。

（4）若判断异常，调用实时诊断模块以及故障处理模块，进行推进系统故障源的诊断以及处理措施分析，主控制器终止。

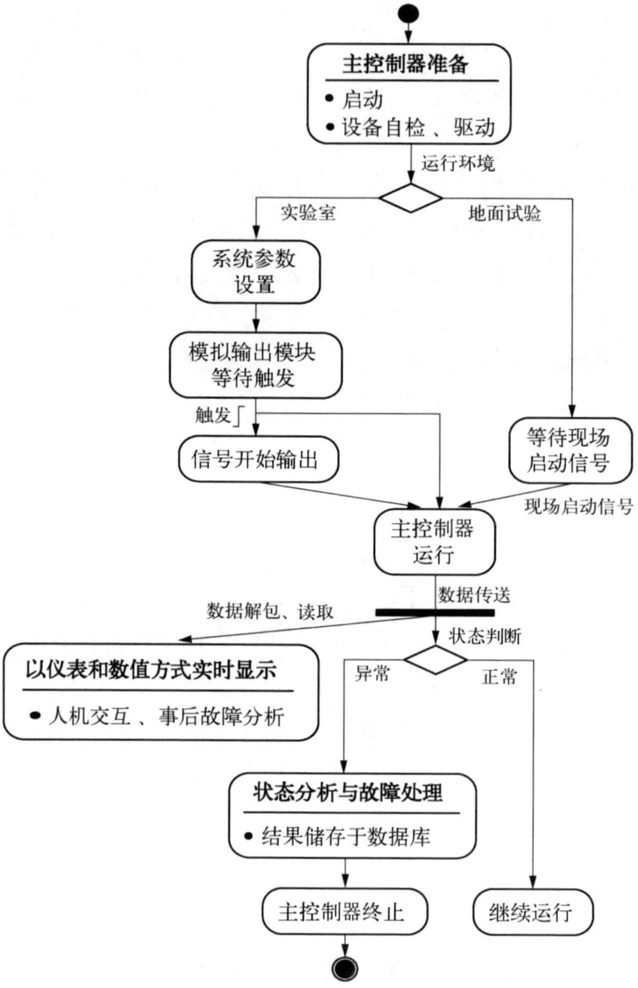

图 9.9 原型系统工作流程

9.2.4 系统考核与验证

本书的研究中,重点针对原型系统中的故障检测与报警和智能配置与重构两个核心模块进行了实现与功能验证。

1. 故障检测与报警模块

图 9.10 给出了推进系统故障检测与报警模块界面。以 DFH－4 卫星推进系统为研究对象,对其 9 路参数进行监测(其中包括 3 路增压气路参数),分别为 Phet(增压气瓶出口压力)、Pntg(MON 贮箱入口压力)、Pmtg(MMH 贮箱入口压力);6 路液路监测参数,即 Pntl(MON 贮箱出口压力)、Pmtl(MMH 贮箱出口压力)、Fm(轨控发动机 MMH 电磁阀入口流量)、Pem(轨控发动机 MMH 电磁阀入口压力)、

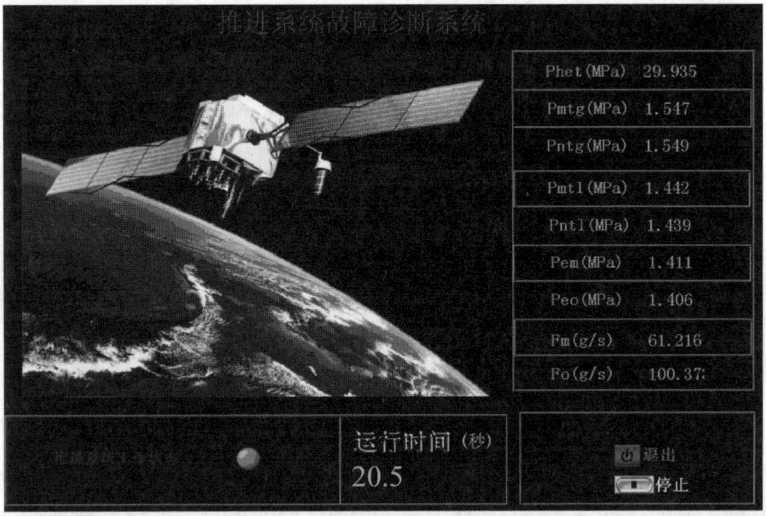

图 9.10　空间推进系统故障检测与报警界面

Fo(轨控发动机 MON 电磁阀入口流量)、Peo(轨控发动机 MON 电磁阀入口压力)。

在实验室条件下,基于数据回放,对推进系统故障检测与报警模块进行了考核与验证,图 9.11 所示为数据回放模块界面。

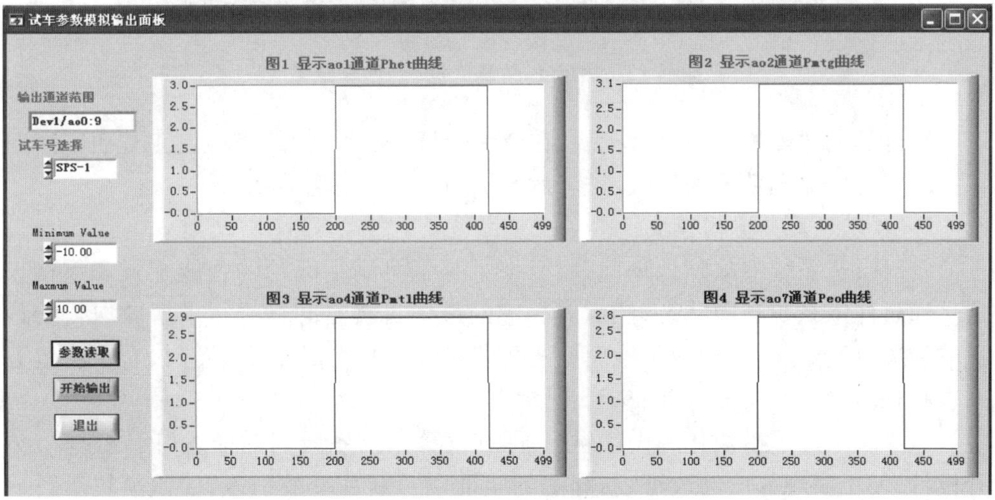

图 9.11　实验室条件下的数据回放模块

图 9.10 给出的是 DFH - 4 推进系统在正常工作条件下的实验室考核情况。其中核心算法采用的是 CS - SVDD - BC 故障检测方法,检测结果为正常,没有出现误报情况。

为了进一步考核该模块的有效性，对推进系统在故障条件下进行了考核。图 9.12 为故障 1(仿真数据)的检测结果，从图中可看出，检测模块在 36.1 s 进行了报警。实际上，该故障数据是推进系统在 36.0 s 时刻，贮箱入口处部件 R2 出现了泄漏故障(仿真设置故障)。由于数据采样间隔为 0.1 s，因此，可以表明该模块能够实现对推进系统故障的准确及时报警。

图 9.12　故障 1(仿真数据)的检测结果

所开发的故障检测与报警模块，在 2010 年还通过了由北京控制工程研究所组织的基于历史遥测数据的验收考核，达到了用户单位的验收要求。

2. 智能配置与重构模块

针对推进系统的故障处理问题，开发了基于可满足问题的智能配置和重构模块。通过注入系统当前状态，然后对相应的最优可满足问题进行求解获取代价最优的配置方案。同时，为便于推理算法间求解效率的比较，该模块还设置了配置方案求解耗时的记录功能，如图 9.13 所示。

该模块采用了模块化的设计思想，即推理算法与系统问题描述(问题建模)分开设计，便于实现算法的改进、新算法的验证以及新系统的引入，使该模块具备一定的可扩展功能。

图 9.13 首先给出了以 DS－1 推进系统为对象，在无故障情形下的配置求解。从给出的配置看，可满足主发动机点火工作的部件配置要求，且该配置只涉及对可逆部件(电磁阀 15、13、19、17)的控制，其实现代价是最低的，同时，0.259 s 的求解耗时较短，满足对推进系统无故障下的控制要求。图 9.14 则给出了 DS－1 推进系

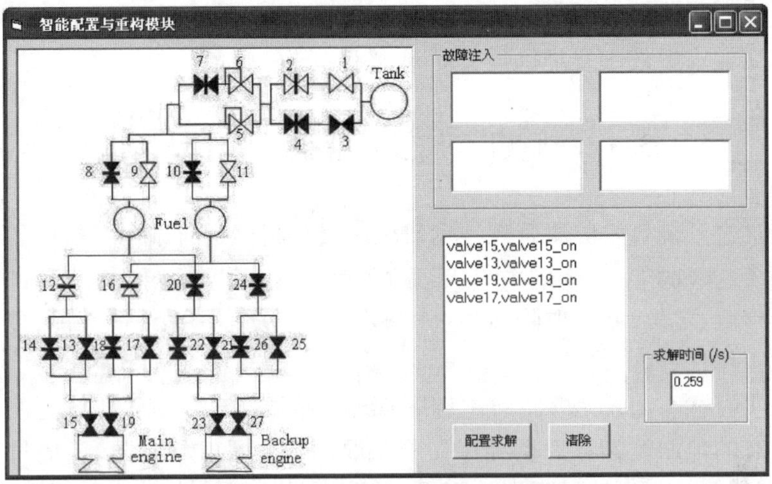

图 9.13　智能配置与重构模块界面

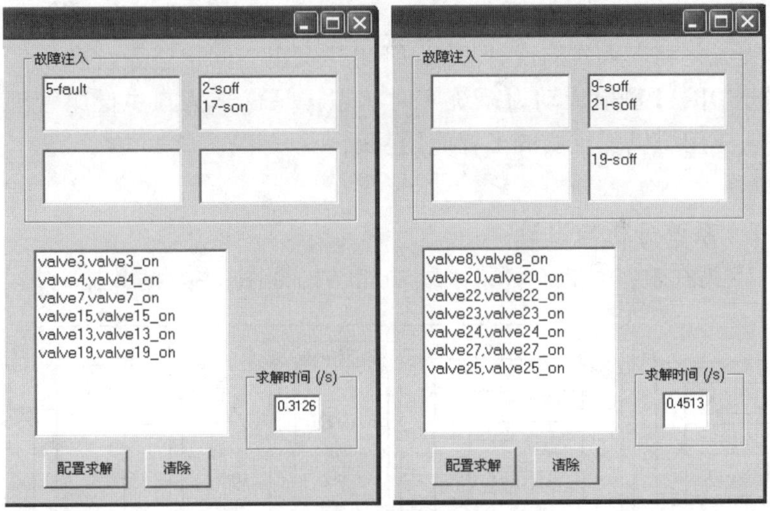

图 9.14　原型系统智能配置与重构实例

统处于故障情形下的配置结果，可看出，在故障状态下只有进行部件配置的重构，即改变某些部件模式才能继续确保推进系统正常工作的要求。当推进系统当前处于 5 – fault，2 – stuck_off，17 – stuck_on 状态时，其主发动机未能产生推力，通过该模块的重新配置，给出了只涉及改变电磁阀 3、4、7 模式的配置方案，按照配置目标，电磁阀 17 仍具备期望效果，因此并不需要对电磁阀 17 所处功能块 BL_6 的部件模式进行重新配置，可见该重构方案是正确的，且满足了最低代价的原则。该模块在推进系统其他多故障情形下，如 9 – stuck_off，21 – stuck_off，19 – stuck_off，耗时 0.451 3 s 就迅速给出正确的最优恢复配置。

因此,从 DS-1 推进系统无故障以及多故障情形下的考核结果看,该智能配置与重构模块在求解效率及准确性方面得到了一定的验证。

9.3 在轨实时状态记录系统设计与实现

空间推进系统自主健康管理技术研究的最终目标是研制出在轨应用的自主健康管理系统,实现对空间推进系统状态的在轨实时采集与记录,对出现的故障能够自主进行检测、定位,并采取隔离和重构等措施,恢复推进系统的功能,以确保系统能够完成工作任务。

在轨实时状态记录是实现自主健康管理的重要基础。基于传统遥测获取航天器实时状态的地面健康管理系统存在着获取的信息量非常有限、传输过程易受干扰、长距离传输易产生信号延迟等问题,导致对推进系统实时状态判断的准确性、故障定位精度以及故障控制的及时性等性能降低。而且,由于航天器的资源限制,对自主健康管理系统在体积、质量、功耗、可靠性以及抗振性上有严格要求。因此,本书基于集成化和嵌入式的设计思想,研制开发出空间推进系统在轨实时状态记录系统(APSDR-I 型航天动力系统实时状态记录仪),为自主健康管理系统在航天器的在轨应用提供了重要的工程应用基础。

9.3.1 系统分析与设计

图 9.15 为在轨实时状态记录系统功能结构框图,主要由数据采集与存储、系

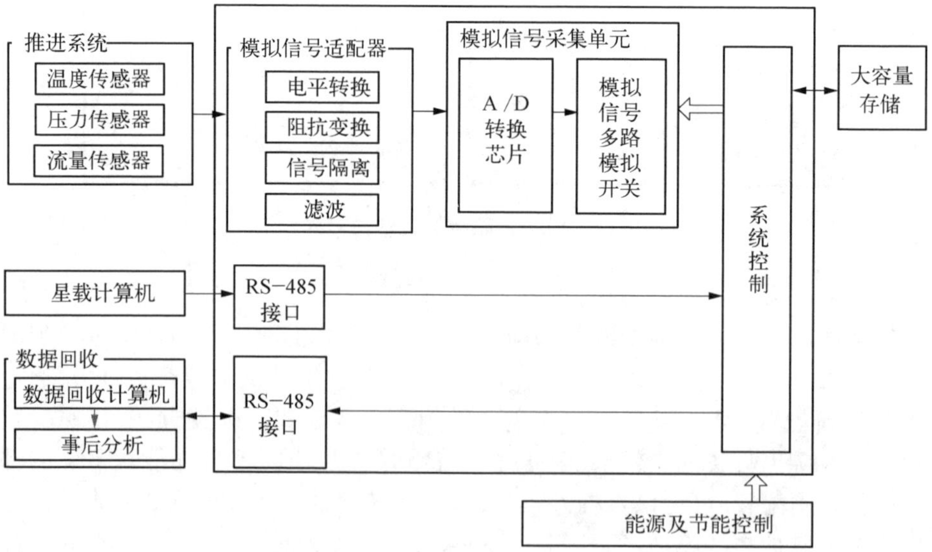

图 9.15 在轨实时状态记录系统功能结构框图

统控制、数据回收和辅助功能等组成。

1）数据采集与存储

数据采集与存储是在轨实时状态记录系统的核心，其主要功能是完成数据的预处理、转换和压缩存储等，包括信号采集以及数据存储两部分。其应满足推进系统状态数据的实时写入、安全可靠存储和长时间记录等要求。

数据存储用于保存采集到的传感器数据。为满足航天器系统长时间飞行的要求，其需具备实时快速存储和擦除功能，存储单元的容量还要足够大。

在轨实时状态记录系统必须具备多路状态参数同时在线记录的能力，其数据采集设备主要包括模拟信号适配器、模拟信号采集单元等。

模拟信号适配器的功能是根据传感器的输出特性，调整待采集的模拟信号，使其满足模拟信号采集单元的输入条件，主要有电平转换、阻抗变换、信号隔离及滤波等过程。此外，该单元还需对一些传感器提供电源激励。模拟信号采集单元包括模拟信号多路开关和 A/D 转换芯片等部分。

2）系统控制

系统控制是在轨实时状态记录系统的指挥中心。其功能主要是协调、控制其他模块顺利完成空间推进系统在轨飞行过程参数的采集、存储以及回放任务。系统控制具体可分为飞行和回收分析两种工作模式。在飞行模式下，系统控制启动、协调和控制数据采集与存储、能源管理等功能模块共同完成数据的采集、记录任务；飞行结束后，该模块终止任务，直至系统被回收或电池能源耗尽。在回收分析模式下，该模块接受外部计算机的各种请求，完成数据读取、与外部计算机的数据传输、数据擦除等功能。

3）数据回收

数据回收主要是对记录系统所存储的数据进行还原、卸载、回收和分析。记录系统可利用 RS－485 接口，与数据回收计算机连接，实现记录存储数据的读取与分析。该模块还必须根据数据来源解密数据并还原成其对应的实际物理量，生成各参数随时间变化的值和各种曲线，以深入地进行性能状态的事后分析。

4）辅助功能

辅助功能包括抗坠毁抗爆轰外壳、能源及节能控制等部分。抗坠毁抗爆轰外壳用于确保记录系统内部电路的完好和数据存储单元的完整，尤其是防止数据储存单元的破坏。为此，需要采取在核心模块内核四周增加缓冲层的保护措施，能够使其抗高冲击过载，保证在轨实时记录系统在随航天器飞行时的强冲击振动条件下的记录数据保存完好、可靠。能源管理则基于内部电源为整个记录系统芯片提供工作需要的稳定电压，记录系统电源管理可由锂电池和各个电源转换芯片组成。记录系统还应提供可直接由外部电源供电的接口，用于数据回收。

9.3.2 系统开发与实现

基于对在轨实时状态记录系统的功能分析,实现了基于 Freescale MK50D256CLL10 处理器的 APSDR－I 型记录仪。图 9.16～图 9.18 分别为 APSDR－I 型记录仪的正面视图、前视图和后视图。其正面有信号指示灯,前面有电源开关和信号输入端口,后面有 USB 信号输出端口。

图 9.16　APSDR－I 实时状态记录仪正面视图

APSDR－I 型记录仪工作时,会受到周围环境和内部的各种干扰,严重影响数据准确性尤其是对微弱信号的测量精度。同时,地面实际测量条件与实时数据 APSDR－I 型记录仪要求的输入条件不尽相同。因此,需要对输入电压信号采取放大调理和隔离措施。图 9.19、图 9.20 分别为信号调理器的前视图和后视图。信号调理器的前面有 32 个信号输入端口,对应 32 路传感器输入通

图 9.17　APSDR－I 型实时状态记录仪前视图

图 9.18　APSDR－I 型实时状态记录仪后视图

道。每个通道经过独立的信号放大和光电隔离后,汇聚到两个输出端口,与实时状态记录系统连接。图9.21为APSDR－I型记录仪和信号调理器的连接与考核验证视图。

图9.19　信号调理器前视图

图9.20　信号调理器后视图

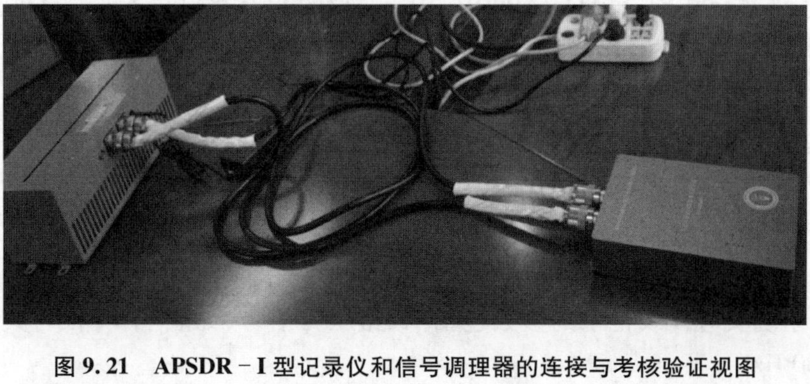

图9.21　APSDR－I型记录仪和信号调理器的连接与考核验证视图

APSDR－I 记录系统技术性能指标如下。

1）功耗、容量等

（1）通道数：总数为 32 路，用于采集温度、压力等电压信号。

（2）采集频率：100 Hz，采样精度 16 bits。

（3）基于闪存的储存方式，存储容量：64G。

（4）功耗：≤75 W。

2）外形尺寸

（1）APSDR－I 系统体积为 25 cm×15 cm×10 cm，质量 2.5 kg。

（2）采用金属外壳进行独立封装，并采用醒目的橙色。

3）外部接口

（1）提供电源开关和外部电源接口。

（2）采用航空插头提供信号输入和输出接口，实时状态记录系统输入电压范围为 0~5 V；信号调理器输入信号为传感器观测信号，输出电压范围为 0~5 V。

（3）每个通道提供独立的信号放大和光电隔离电路。

（4）提供 RS－485 接口，用于读取记录存储的数据。

（5）具备 RS－485 接口，可直接与星载计算机进行数据通信。

（6）提供 USB 接口用于读取记录存储的数据。

APSDR－I 记录仪的工作流程如下。

（1）记录仪上电后处于等待状态，并基于外部提供的激励触发信号启动和停止采集记录。

（2）可以实现硬件触发和软件触发两种方式。硬件触发要有很高的精确度，采集卡可以等待一个外部仪器发出的数字脉冲到来后初始化采集卡并进行采集，并基于外部提供的激励触发信号开始和停止记录。

（3）外壳指示灯显示系统“等待”“工作”“故障”等工作状态，并显示工作时间。

（4）工作完毕后，可通过 APSDR－I 记录仪的 USB 接口与外部计算机相连，将数据导出进行分析和回放。

9.3.3 系统考核与验证

APSDR－I 型记录仪分别于 2016 年 6 月 2 日与 2016 年 6 月 7 日两次参加了北京航天试验技术研究所研制的新一代液氧甲烷发动机（代号为 D9102－9 和 D9102－10）的地面试车实时状态数据记录考核，两次试车时长分别为 205 s、520 s。系统实时在线记录的参数包括 13 路压力信号，如表 9.1 所示，其采样频率为 100 Hz。

表 9.1　系统记录的发动机状态参数表

序号	参数名称	符号	单位	序号	参数名称	符号	单位
1	甲烷副汽蚀管入口压力	Pwif	MPa	8	冷却夹套入口压力	Pil1	MPa
2	氧副汽蚀管入口压力	Pwio	MPa	9	氧泵前阀入口压力	Pivo	MPa
3	燃气发生器室压	Pgs	MPa	10	甲烷泵出口压力	Pefs	MPa
4	燃气发生器氧喷前压力	Pgios	MPa	11	甲烷涡轮入口压力	Pitf	MPa
5	推力室氧喷前压力	Pcio	MPa	12	氧泵出口压力	Peos	MPa
6	推力室压力	Pc3s	MPa	13	氧涡轮入口压力	Pito	MPa
7	甲烷泵入口压力	Pif	MPa				

图 9.22 为 APSDR－I 型记录仪两次试车采集参数的 Pito 曲线。

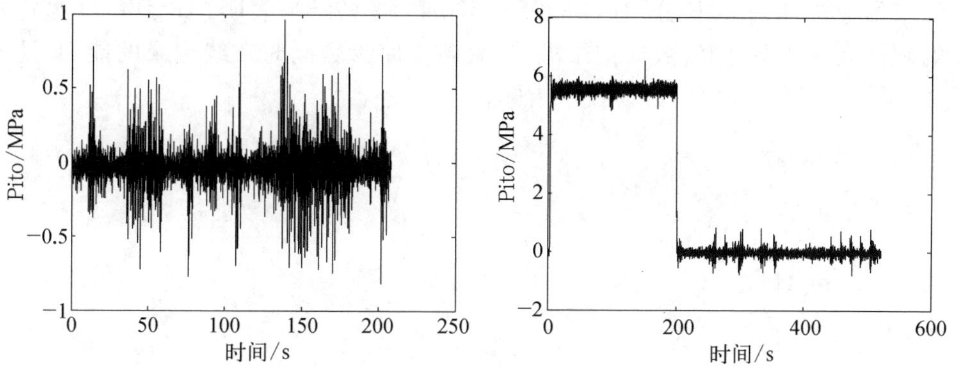

图 9.22　APSDR－I 型记录仪两次试车采集参数的 Pito 曲线

考核结果表明，APSDR－I 记录仪的硬件运行稳定可靠，数据记录准确，具备多路参数同时在线记录的能力，达到了预定的技术指标，为进一步实现空间推进系统的在轨应用奠定了重要的基础。

9.4　结　　论

本章在对空间推进系统自主健康管理系统的功能需求分析的基础上，对自主健康管理原型系统软、硬件进行了分析设计，实现了在实验室条件下原型系统的硬件系统设计，并针对原型系统的两个核心模块进行了开发与验证。

针对故障检测与报警模块，基于 DFH－4 推进系统仿真数据以及历史试车数据进行了实验室条件下的考核验证：对于推进系统正常工作状态没有出现误报警；同时对发生泄漏故障的推进系统在 36.1 s 进行了报警，与故障仿真设置时间相差 0.1 s,报警及时准确。此外,该模块于 2010 年通过了由北京控制工程研究所组织的基于历史遥测数据的验收考核,达到了用户单位的验收要求。考核结果验证了基于 SVDD 检测方法运用于推进系统故障检测的有效性,同时验证了原型系统的稳定性与可靠性。

基于模块化设计思想实现了智能配置与重构模块,该模块实现了问题建模与推理求解的分离,方便对算法的改进、新算法的验证和新对象系统的引入,具备一定的扩展能力。在 DS－1 推进系统发生多故障情形下,该模块能够分别在 0.4513 s, 0.3126 s 给出最优重构方案,重构方案满足对推进系统故障控制的要求,表明该模块在求解效率及准确性方面得到了一定验证。

设计实现了 APSDR－I 型航天动力系统实时状态记录仪,该记录仪具备 32 路信号的采集能力、16 位的采样精度,功耗不超过 75 W。分别于 2016 年 6 月 2 日与 2016 年 6 月 7 日两次对该系统进行了液氧甲烷发动机地面试车 13 路实时压力信号的采集考核,记录时长分别达到 205 s、520 s。考核结果表明,APSDR－I 型记录仪的硬件运行状态良好,数据记录准确,具备多路参数同时在线记录的能力,达到了 APSDR－I 型记录仪的设计技术指标。

第 10 章
空间推进系统故障诊断系统的设计与实现

10.1 引　　言

空间推进系统结构复杂,工作条件恶劣,一直是航天器的主要故障源之一。空间推进系统的故障,轻则影响性能,重则导致寿命缩短甚至空间任务失败。因此,发展实用的推进系统故障诊断系统是故障诊断技术在空间推进系统领域应用研究的核心内容。

在空间推进系统试验和在轨运行期间使用故障诊断系统,可以实时监测推进系统的工作状态,及早检测出所发生的故障,确认故障源,并采取必要的控制措施,以避免灾难性事故的发生。同时,功能完备的故障诊断系统还可以进行深入的事后故障诊断与分析,这对于改进推进系统设计、提高推进系统可靠性、缩短研制周期、降低研制费用也具有重要意义。

20 世纪 80 年代至今,伴随着航天器空间应用的迅速发展,故障诊断技术在国内外航天器中逐步得到应用,其中尤以 Livingstone 系列诊断与恢复引擎的应用研究为代表。国内针对 SZ 飞船的推进舱推进子系统和卫星也开发了不同的诊断原型系统。另外,美国针对 SSME、国内针对液体火箭发动机开发了多个故障检测与诊断系统,也可为空间推进系统故障诊断系统的设计提供借鉴。

目前,国内虽然已提出不少针对空间推进系统的故障诊断方法,但从整体看,这些研究工作多数还处于理论研究和方法验证阶段,用于航天器地面试验与在轨管理的实用故障诊断系统很少,针对空间推进系统的故障诊断系统应用研究还有待进一步开展。

本章针对空间推进系统故障诊断的工程实用问题,将在深入进行功能与需求分析的基础上,提出可扩展的推进系统故障诊断系统总体框架;基于该系统框架,分别设计实现了故障诊断子系统和模拟仿真子系统;针对 DFH 卫星推进系统,进行了系统的集成测试与仿真、遥测数据考核验证。

10.2 系统总体分析与框架设计

10.2.1 系统总体分析

在设计和开发空间推进系统故障诊断系统之前,首先要明确故障诊断系统的设计要求,通常包括: ① 明确系统的检测、诊断功能组成和指标要求;② 明确系统的工作模式组成和要求;③ 明确检测与诊断的信息处理方式,确定其记录存储、指示报警和数据导出方式;④ 明确对系统运行时间的要求;⑤ 明确系统的可靠性要求,一般要求故障诊断系统的可靠性不低于空间推进系统的可靠性。

故障诊断系统总体设计内容包括: 系统功能设计、系统信息处理设计和系统研发阶段设计。

1. 系统功能设计

系统功能设计主要是使故障诊断系统满足数据采集、状态监测、故障检测、故障隔离、故障评估(故障辨识)、故障预测及故障决策等功能要求。

(1) 故障检测。利用传感器测量或者遥测得到反映推进系统当前工作状态的数据,做出二元决策,判断系统是否出现了故障,确保推进系统正常运行以及任务可靠性、安全性。

(2) 故障隔离。根据已有的异常状态信息,确定故障发生的位置和类型,例如,判断出现故障的部位是管路还是阀门,是泄漏还是阻塞故障等,有利于尽快采取相应的控制措施。

(3) 故障评估(故障辨识)。估计故障的程度和属性,评价其对航天任务的影响程度。

(4) 故障预测。通过对关键参数的变化趋势分析,在故障发生之前预测到故障将要发生,并提前采取相应的控制措施。

(5) 故障决策。根据故障评估的结果、系统可用资源和运行要求,采取相应的措施,尽可能保证航天器的安全和航天任务的完成。对于推进系统而言,可能的故障决策包括报警、改变工作状态、紧急关机、启动冗余备份、改变系统配置等。

2. 系统信息处理设计

一般可将信息处理功能分为信息记录存储、信息指示报警和信息导出等三类。对于故障诊断系统而言,测试内容范围广而详细,需要存储大量诊断信息,以提供丰富的故障检测、故障隔离及相关信息。在系统信息处理设计阶段,应满足以下设计要求。

(1) 数据采集。实现信号拾取、信号调理、实时数据处理等功能。

(2) 数据库管理。存储与管理实时采集数据、系统用户信息、测量信息、故障检测信息、故障隔离信息、故障发生时间等,并为试验后故障诊断和故障分析提供数据支持。

(3) 信息指示与报警功能设计应考虑以下几个方面：① 指示报警参数和故障诊断结果；② 报警形式，如灯光报警、声响报警、文字(或编号)报警、图像报警，或者组合形式等；③ 报警指示器，如指示灯、仪表板、数码显示、显示器，或者组合形式等；④ 报警级别，针对推进系统不同的状态，故障诊断系统可设置不同的报警级别。

3. 系统研发阶段设计

根据成熟度不同，故障诊断系统可分为实验室考核验证系统、试验台搭载演示验证系统和星载实用系统三个研发阶段。在不同的阶段，系统的设计要求和实现目标均有所不同。

(1) 实验室考核验证系统。故障诊断系统设计完成之后，即可在实验室进行软硬件的实现，并利用已有的历史试验数据，完成系统软硬件的考核验证。此阶段的主要目标是验证系统软硬件设计，考核和优化各种故障检测、故障隔离算法，使之趋于成熟。

(2) 试验台搭载演示验证系统。故障诊断系统经过实验室内多次、严格的考核验证和改进之后，即可过渡到试验台搭载演示验证。在试验台搭载阶段，为减小测量噪声对测量精度的影响，保证采集的准确性，需要进行信号调理和传感器系数标定；为避免与现有试验台采集系统的相互干扰，还需要进行信号隔离。此阶段的主要目标是解决故障诊断系统与推进系统的兼容问题。

(3) 星载实用系统。故障诊断系统经过试验台多次搭载和改进之后，采用嵌入式的硬件实现，即可发展为实用的星载系统。此阶段故障诊断系统已经发展成熟，可在控制系统调度下，实际应用于空间推进系统的故障诊断。此阶段的主要目标是解决嵌入式实现问题。

在上述三个不同的研发阶段，故障诊断系统皆可应用于不同阶段的对象，完成相应的故障诊断任务。

10.2.2　系统总体框架设计

基于上述分析，为了使所研制的故障诊断系统有效地实现推进系统试验数据的实时采集、存储与处理，达到实时故障检测的目的，并且不对试验台原有的数据采集系统造成影响，本书提出了如图 10.1 所示的空间推进系统故障诊断系统的总体框架。

图 10.1 所示的系统总体框架包括模拟仿真子系统和故障诊断子系统，其主要功能介绍如下。

1. 故障检测与诊断子系统

故障检测与诊断子系统由数据采集模块、故障检测模块、故障诊断模块、诊断数据库组成。

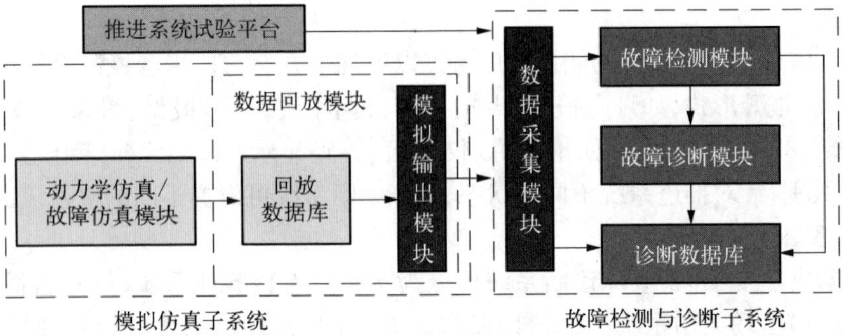

图 10.1　空间推进系统故障诊断系统总体框架图

(1) 数据采集模块实时采集推进系统的温度、压力、流量等信号,进行关键参数的数值、曲线和仪表实时显示。在实验室考核验证阶段,采集数据来自数据回放模块;在试验台搭载阶段,采集数据来自推进系统试验平台的传感器信号。

(2) 故障检测模块采用实时采集到的数据,调用故障检测算法对推进系统状态进行在线分析与判别,实时显示监测参数和推进系统的运行状况;若故障检测算法判断推进系统出现故障,则进行报警。

(3) 对于表明存在故障的试验数据,试验结束后调用故障诊断模块,进行推进系统潜在故障源的诊断,并将文件数据录入到诊断数据库中。

(4) 诊断数据库实现测量、检测、诊断数据的实时存储与管理,并具备数据查询、报表输出等功能。在试验结束后,可将文件数据录入到回放数据库中,以便试验后进行数据分析。

2. *模拟仿真子系统*

在开展推进系统试验台搭载之前,需要验证故障诊断子系统的软硬件设计,并考核和优化各种故障检测算法,为此需要模拟仿真子系统提供一个模拟的数据源。模拟仿真子系统由系统动力学仿真/故障仿真模块、回放数据库、模拟输出模块组成。

(1) 仿真模块进行推进系统动力学仿真与故障模式仿真,获取推进系统正常工况和故障工况下的参数,为回放数据库提供数据源。

(2) 回放数据库存储仿真、试验和遥测数据。

(3) 模拟输出模块将回放数据库的数据转换为模拟信号进行输出,完整再现推进系统的运行过程,供故障诊断子系统使用。

10.3　系统硬件设计与实现

故障诊断系统的总体功能设计和框架确定以后,即可选择系统硬件来完成预想的功能。

推进系统地面试验时间短，为了获得更多、更准确的试验数据，一般要求传感器测点较多、采样频率较高，并进行高速存储。另外，由于推进系统试验无法大规模重复进行，因此，数据采集、储存及检测的可靠性至关重要。

据此，数据采集模块应满足以下要求：① 采样频率 50 Hz 以上，模拟输入分辨率 16 位以上；② 为降低噪声，每路信号应具备差分输入功能；③ 为满足多个参数的同时采集，应具备 16 路差分信号的采集能力；④ 为与试验平台进行时间统一，应具备触发采集功能。

根据上述分析，数据采集模块采用了如下硬件环境：① 高性能 PC 机一台；② 美国国家仪器有限公司（National Instruments, NI）M 系列 PCI－6259 数据采集卡一块（单端输入 32 通道，差分输入 16 通道）；③ 带屏蔽功能的线缆 SHC68－68－EPM 两条；④ 带屏蔽功能的 SCB－68 接线盒两个。

在研发推进系统参数采集模块与故障检测算法验证改进过程中，难以直接采用推进系统试验平台的测量数据，并且其试验次数也相当有限，因此经常需要为数据采集模块提供模拟数据源。为了接近试验过程中推进系统参数采集环境，需要设计数据回放模块，构建实验室模拟仿真子系统。该子系统可按推进系统的工作过程，将回放数据库中的试验数据转换为模拟信号，完整再现推进系统的运行过程。模拟输出模块的通道数应与数据采集模块相匹配。

根据上述分析，模拟输出模块采用了如下硬件环境：① 高性能 PC 机一台；② NI PCI－6723 模拟输出卡一块（32 通道）；③ 带屏蔽功能的线缆 SH68－C68－S 两条；④ 接线盒 BNC－2110（8 个模拟输出接口）和 BNC－2115（24 个模拟输出接口）。

根据前述系统总体框架，本书构建了卫星推进系统故障检测硬件系统，其框架如图 10.2 所示，系统采用 PCI 总线技术，主要包括如下硬件。

（1）仿真机。实现推进系统动力学仿真与故障仿真，运行推进系统回放数据库，并搭载模拟输出模块。

（2）模拟输出模块。由一块 PCI－6723 模拟输出卡，BNC－2110、BNC－2115 输出接线盒各一个及两条附属屏蔽线缆 SH68－C68－S 组成，将回放数据库内数据转换为模拟电压信号，成为数据采集模块的信号源。

（3）推进系统回放数据库。储存于仿真机上，为模拟输出模块提供数字模式的推进系统试验数据，并具备数据查询、报表输出等功能。

（4）主控机。由数据采集模块和故障诊断系统软件构成，负责推进系统工作过程状态参数的实时采集和记录、故障检测的综合决策与报警、试后数据分析和故障诊断。

（5）数据采集模块。由基于 PCI 总线的一块 32 通道高性能数据采集卡 PCI－

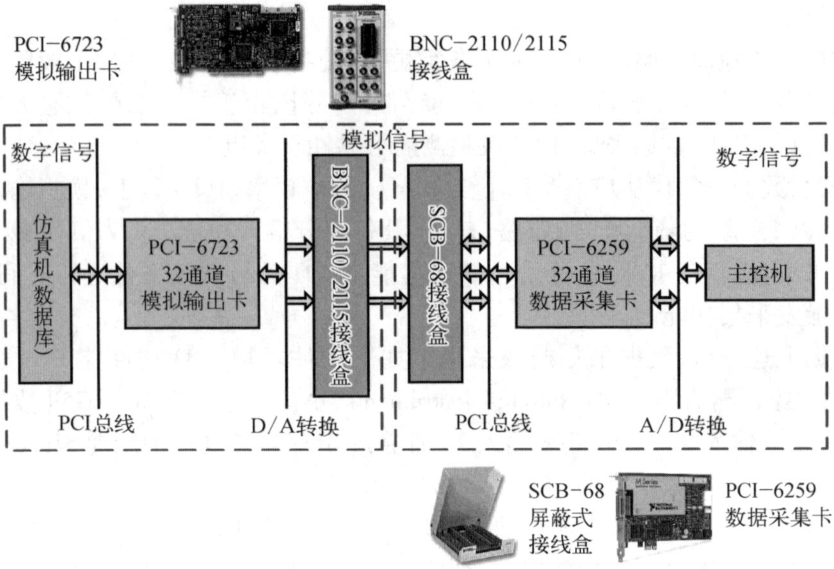

图 10.2　故障诊断系统的硬件框架图

6259、两个 SCB－68 接线盒和两条附属屏蔽线缆 SHC68－68－EPM 组成。连接于主控机上,完成对推进系统温度、压力、流量等参数的采集。在实验室考核验证阶段,采集由模拟输出模块提供的信号源;在试验台搭载阶段,采集由协作单位提供的传感器信号源。

由图 10.2 可知,硬件系统由两台计算机、模拟输出模块、数据采集模块及附属设备组成,见表 10.1。

表 10.1　实验室考核验证系统所选用的硬件

硬件名称	型　号	数量
数据采集卡	NI PCI－6259	1
屏蔽 I/O 接线盒	NI SCB－68	2
屏蔽线缆	NI SHC68－68－EPM	2
模拟输出卡	NI PCI－6723	1
屏蔽线缆	NI SH68－C68－S	2
模拟输出接线盒	NI BNC－2110	1
模拟输出接线盒	NI BNC－2115	1

其中,PCI－6259 数据采集卡安装在主控机的 PCI 插槽,PCI－6723 模拟输出卡安装在仿真机的 PCI 插槽。2 个 SCB－68 接线盒依次命名为 SCB－68－0、

SCB－68－1,分别与 PCI－6259 的 Connector0 和 Connector1 相连,图 10.3 所示为实物图。

图 10.3　实验室考核验证系统实物图

硬件系统的数据流程如下。

(1) 模拟仿真系统将选用的 9 个压力、温度参数从回放数据库中读出,经过 D/A 转换,转化为模拟信号进行输出,通过屏蔽线缆输入到 BNC－2110 和 BNC－2115 接线盒内。

(2) 故障诊断硬件系统采用外部硬件模拟触发,触发信号占用模拟仿真系统的一个通道(AO－0),AO－0 模拟产生一个阶跃信号(~5 V),连接到 SCB－68－1 的 APFI0(引脚 20)上,在模拟仿真系统开始输出信号的时候跳变,触发检测系统开始工作。

(3) 监控系统设置 PCI－6259 数据采集卡的采样方式为连续采集,采样频率为 50 Hz,信号输入范围为 0~10 V,采用差分输入方式,每个 SCB－68 接线盒能够输入 8 路信号(2 个 SCB－68 接线盒一共提供 16 路信号,目前使用了 9 路信号)。

(4) 将采集到的数据实时进行存储,同时运行故障检测算法对数据进行实时分析和检测,在有故障的情况下给出报警信息,并进行记录。

10.4　系统软件设计与实现

10.4.1　故障诊断子系统的实现

故障诊断系统软件要实现的功能主要有:实时采集和测量各种试验数据及其相关信息,具有对数据进行接收、转换、预处理、压缩存储的能力;具有系统运行状态的实时显示、状态监测与报警分析、报警画面显示、报警信息存储的能力;具有事后故障诊断与分析的能力，能够对测点数据报警信息及故障信息进行管理、查询、分析和处理。

在软件设计过程中，吸收其他系统的软件开发经验，考虑软件平台的概念。为使软件平台具有较好的适应性，各个功能模块和具体算法独立进行设计。在系统引入新的算法或加入新的模块时，不必对软件平台进行改动，扩展灵活。另外，在软件设计中还遵循以下原则。

（1）提高系统的可靠性。采用软件工程中数据流思想进行软件开发，并采用单元测试、集成测试和确认测试等测试手段，对软件系统进行严格测试，不仅便于故障诊断系统的开发和管理，而且提高了系统软件的可靠性。

（2）保证系统的通用性和可扩展性。推进系统故障诊断系统应配有丰富的支撑软件，采用模块化系统结构设计，使系统结构的设计更加灵活合理，便于对系统进行扩充和完善。

（3）采用标准数据库，便于数据信息交互。选择通用数据库存储数据信息，使数据接口更标准化，而且系统的各功能模块也可以通用数据库为中心进行工作。

（4）提供良好的人机交互功能。故障诊断系统实时显示各测点数据及报警信息，画面清晰直观；允许用户查询各种数据并修改各种参数。

综合上述分析，故障诊断系统软件功能模块设计如图 10.4 所示。结合故障诊断系统的硬件结构，软件系统由数据采集与处理模块、故障检测与报警模块、故障诊断模块、信息管理模块和辅助功能模块组成。

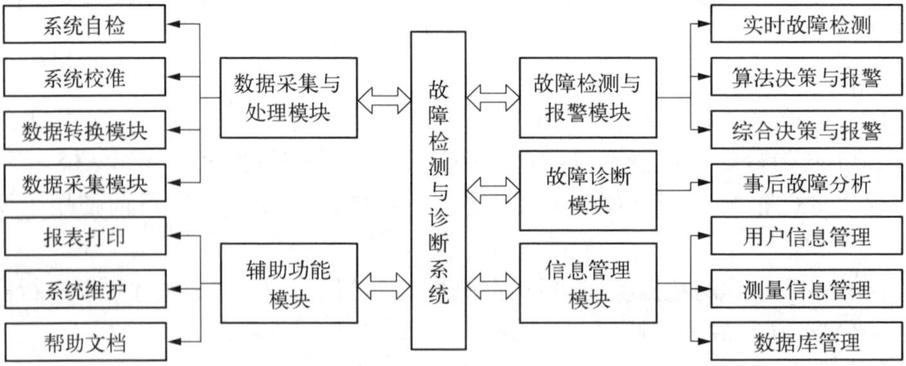

图 10.4 故障诊断系统的软件功能模块设计图

软件系统各个模块的功能如下。

（1）系统控制模块。作为系统的主控制模块，该模块负责信息管理和任务调度，管理和协调各软件模块工作。

（2）数据采集与处理模块。该模块采集空间推进系统不同类型的传感器数据，进行传感器数据的校验，完成对所有监测量的转换、标定、报警阈值的设定等。

同时，对于实验室考核验证系统，增加模拟输出模块实现试车数据的模拟转换和输出功能。

(3) 故障检测与报警模块。该模块实现对测量数据的实时故障检测，并基于多算法的检测结果进行综合决策与报警，动态显示推进系统的运行状态和报警信息。

(4) 故障诊断模块。在检测算法报警之后，系统控制模块调用该模块进行故障诊断。

(5) 信息管理模块。该模块实现用户信息管理、测量信息管理和数据库管理。

(6) 辅助功能模块。该模块实现报表输出、系统维护和帮助等辅助功能。

在故障诊断软件系统的设计中，考虑到开发的便捷性以及与系统硬件的匹配，选取了 LabWindows 7.1.0 作为开发工具。LabWindows/CVI 是 NI 公司面向测控领域虚拟仪器开发的交互式 32 位 C 语言开发平台。LabWindows/CVI 以标准 C 语言为基础，提供了丰富的库函数，包括数据采集、仪器控制、网络通信、用户界面设计等，为建立数据采集系统、自动检测系统及过程监控系统提供了一个理想的软件开发环境。

图 10.5 所示为所开发的卫星推进系统故障诊断系统界面，其工作流程如下。

图 10.5　卫星推进系统故障诊断系统界面

(1) 故障诊断系统启动，完成数据采集模块的自检，并处于准备状态。

(2) 若为实验室考核验证环境，触发信号和模拟数据由仿真机输出；若搭载推进系统试验平台，触发信号由现场时间统一信号提供，数据由试验平台的传感器提供。

(3) 接收到触发信号,主控机即开始运行,完成测量数据的实时存储、传输和故障检测,对故障检测结果进行综合决策,并将检测结果存储于诊断数据库中。

(4) 若检测到故障,试验结束后调用故障诊断模块,进行推进系统潜在故障源的诊断。

10.4.2 模拟仿真子系统的实现

选取 LabWindows 7.1 作为技术开发平台,设计和开发推进系统模拟仿真系统软件。图 10.6 给出了模拟输出模块中的数据流程,其工作流程如下。

(1) 数据读取、储存。连接服务器中推进系统回放数据库,读取所需要的参数值,并储存在仿真机内存中。

(2) 数据处理、配置。将参数值进行简单乘除代数运算,使其值介于 0~10 V 的电压范围内,在数据采集模块采集到数据之后再乘除该系数即可得到正确的参数。为了提高信号的信噪比,并且不至于溢出,输出时的最大幅值尽可能接近 7~10 V。

(3) 数据输出。数据处理后,将处理过的参数值编程配置,分配通道,从 PCI-6723 模拟输出卡中并行输出,传送至接线盒终端。

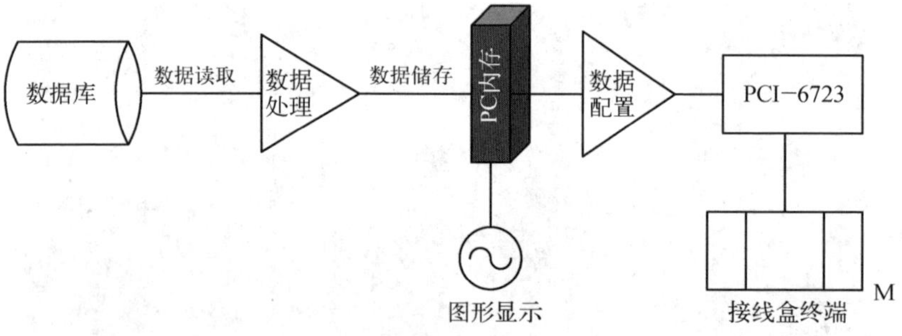

图 10.6 数据模拟输出流程图

开发实现的试验参数数据回放系统主界面,如图 10.7 所示。模拟输出的界面提供了简洁、容易操作的人机交互功能,主要包括试车号选择、参数读取、通道配置、参数输出和图形显示等。

(1) 模拟通道配置。根据在实际试验过程中采集模块及推进系统故障检测算法需要,配置 ao0~ao9 共 10 个通道,其中 ao0 通道提供时间触发信号,ao1~ao9 分别输出参数: Phet、Pmtg、Pntg、Pmtl、Pntl、Pem、Peo、Fm、Fo,各参数的物理意义如表 10.2 所示。

(2) 数据号选择。可以任意选择某数据编号,并连接到回放数据库中的对应数据,该区域共有 6 组数据。

(3) 参数读取。将选定数据编号的 9 个参数读入,进行数据处理并存储在仿真机内存中。首先在内存中分配一个空间,再根据多通道数据模拟输出编程需要,将触发时间及含有 9 个参数的数组按照通道配置顺序放置于数组 data[9 * Num]中,其中的 Num 指一个通道模拟输出的点数。

(4) 参数输出。该控件实现数据采集模块及推进系统故障检测算法中所需的参数模拟输出。数据采集模块是由 ao0 通道输出的时间触发信号触发开始采集,因此,在 ao0 通道没有输出触发信号之前,ao1 ~ ao9 通道输出零值;ao0 通道输出触发信号时,ao1 ~ ao9 通道开始按照推进系统工作过程输出参数经 D/A 转换后的电压信号。

(5) 图形显示。该区域以图形的形式显示了一些通道输出数据的变化,方便与采集到的数据进行对比。

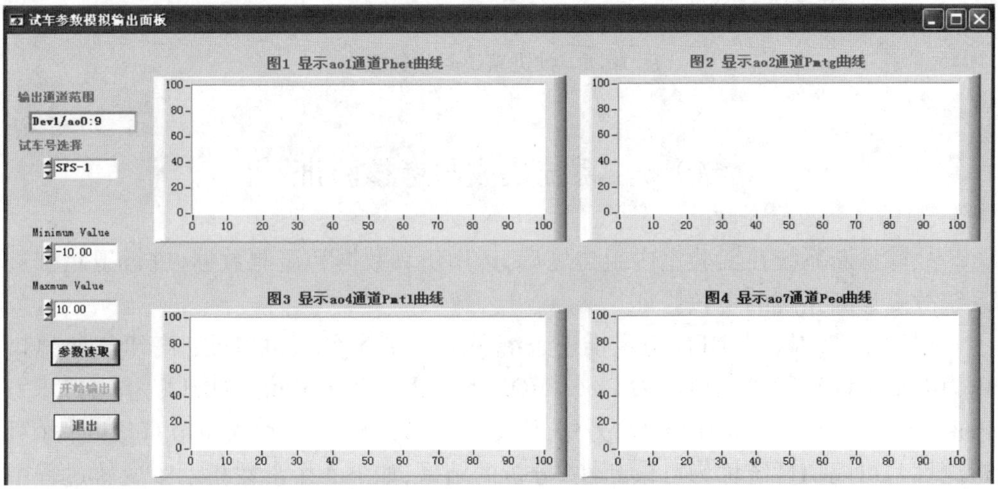

图 10.7　数据回放系统主界面

在实验室考核验证系统的回放数据库设计中,考虑到便于各模块间的数据交互,选取了 SQL Server 2000 Enterprise Edition 作为回放数据库的开发工具。

对于推进系统试验过程实时采集的测量数据和检测过程中所生成的检测结果信息,由于对数据存储和处理的实时性要求较高,因此,采取二进制文件的形式进行存储,既提高了数据存储的实时性,又减少了磁盘空间的需求。

基于从工程单位获得的数据和 3.5 节故障仿真的结果,建立了推进系统回放数据库(图 10.8),既方便了数据的读取,满足某些数据频繁读取的需要,又防止了对数据的无意修改,保证了数据的安全。推进系统回放数据库保存了系统历次试验数据和仿真数据,可为模拟推进系统的工作过程提供有力的数据资源。

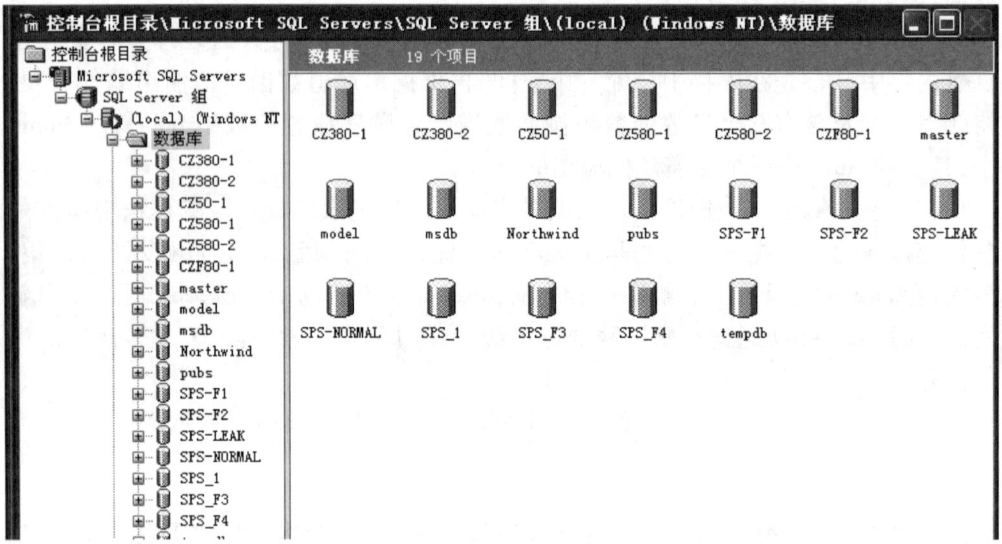

图 10.8 推进系统回放数据库

10.5 系统集成与考核验证

故障诊断系统在实验室内组建之后,运用仿真数据和遥测数据,进行卫星推进系统故障诊断系统的考核验证。

根据系统结构图,DFH 卫星推进系统星上测量 5 个压力参数:高压气瓶出口压力 Phet、MMH 贮箱入口压力 Pmtg、MON 贮箱入口压力 Pntg、MMH 贮箱出口压力 Pmtl、MON 贮箱出口压力 Pntl。另外,根据 2.5 节故障仿真和 4.4 节可诊断性(可检测性与可隔离性统称为可诊断性)分析的结果,如下 4 个参数指示了变轨过程中主发动机的输入情况,因此也是关键参数:主发动机 MMH 电磁阀入口压力 Pem、主发动机 MON 电磁阀入口压力 Peo、主发动机 MMH 电磁阀入口流量 Fm、主发动机 MON 电磁阀入口流量 Fo。上述合计 9 个实时故障检测参数,其中压力参数 7 个、流量参数 2 个,如表 10.2 所示。

表 10.2 实时故障检测参数

编号	参数名称	参 数 描 述	单 位	参数标称值
1	Phet	高压气瓶出口压力	MPa	30.00
2	Pmtg	MMH 贮箱入口压力	MPa	1.55

续　表

编号	参数名称	参 数 描 述	单　位	参数标称值
3	Pntg	MON 贮箱入口压力	MPa	1.55
4	Pmtl	MMH 贮箱出口压力	MPa	1.44
5	Pntl	MON 贮箱出口压力	MPa	1.44
6	Pem	主发动机 MMH 电磁阀入口压力	MPa	1.41
7	Peo	主发动机 MON 电磁阀入口压力	MPa	1.41
8	Fm	主发动机 MMH 电磁阀入口流量	g/s	61.05
9	Fo	主发动机 MON 电磁阀入口流量	g/s	100.36

卫星推进系统故障诊断系统的主要功能是,在试验过程中实时进行推进系统关键参数的采集、分析与处理,检测推进系统故障,并给出报警信息。在实验室条件下与模拟仿真系统相连以后,就可以很好地模拟推进系统工作过程的数据采集过程,为以后的试验台搭载演示验证打下良好的技术基础。

利用回放数据,对卫星推进系统故障诊断系统进行考核的具体步骤如下:

(1) 启动故障诊断系统,如图 10.5 所示;

(2) 单击“运行”,故障诊断系统进入运行状态,数据采集模块开始采集数据。在数据回放系统输出之前,采集模块空采,得到的数据全为零;

(3) 启动数据回放系统,如图 10.7 所示,在“试车号选择”中选择要回放的推进系统试验数据;

(4) 选择试验数据后,界面上会显示选择的数据编号,单击“参数读取”将该数据读入内存;

(5) 单击“开始输出”,数据回放系统输出数据,实现对系统的考核;

(6) 考核完成后,分别单击两个系统的“退出”按钮退出系统。

10.5.1　正常数据的考核验证

首先考核验证卫星推进系统故障诊断系统在正常工况下的检测能力,确保系统不出现误报警。

配置数据回放系统,选择正常工况的 SPS-1 数据,如图 10.9 所示。需要说明的是,为了考核触发信号,图 10.9 中所有数据前均增加了 200 个数据点,该数据不影响相应的故障检测判断。

对于输出的 9 路参数,故障诊断系统的运行结果如图 10.10 所示,系统中绿灯表示检测结果正常。结果表明,故障诊断系统的阈值设置合理,系统没有出现误报警。

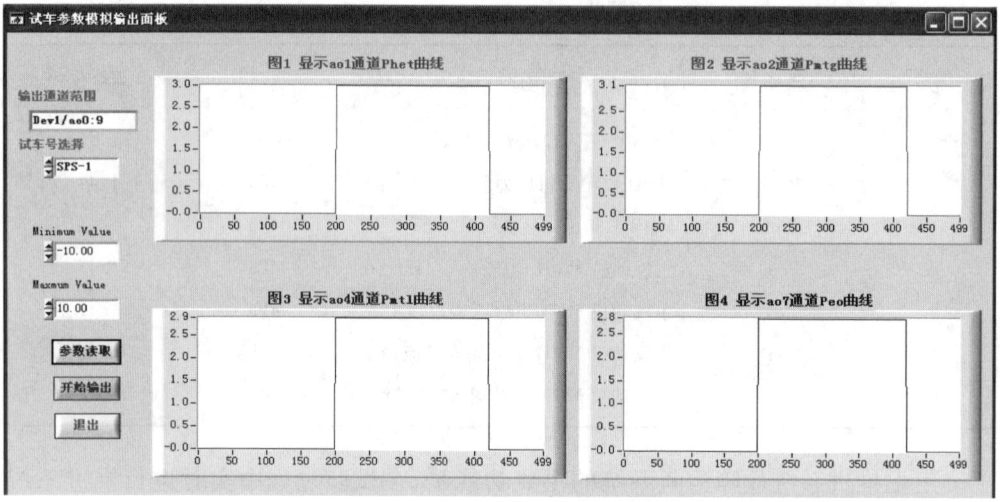

图 10.9　数据回放系统主界面

图 10.10　正常工况 SPS-1 数据的检测结果

10.5.2　故障数据的考核验证

在前述正常数据的考核中，确认了系统不会出现误报警，然后在此基础上考核故障工况下系统的检测能力。

配置数据回放系统，选择故障工况 SPS-F1 数据，故障诊断系统的运行结果如图 10.11 所示。

在时间 9.100 s，故障诊断系统检测到参数 Fm（主发动机 MMH 电磁阀入口流

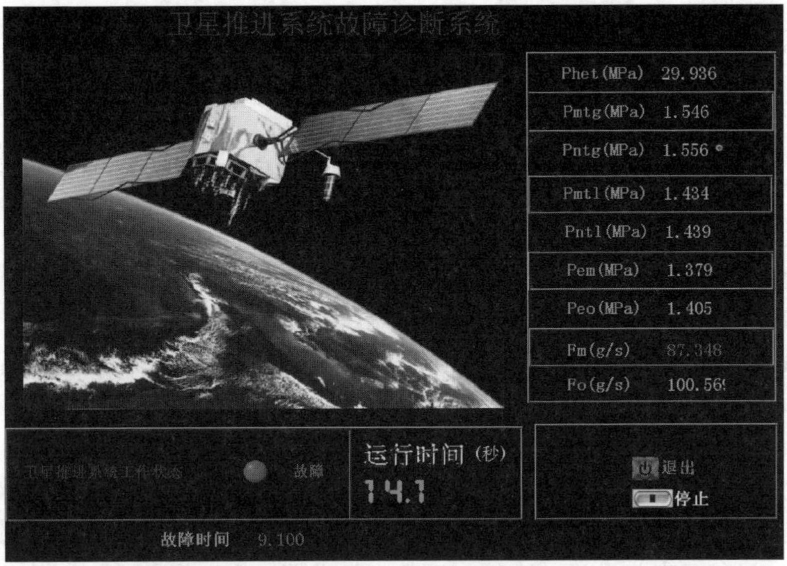

图 10.11　故障工况 SPS－F1 数据的检测结果

量）偏高，进行了报警。事实上，该故障数据是推进系统在变轨过程 9 s 时刻，主发动机 MMH 液路电磁阀出现外漏故障。考虑到故障诊断系统的采样时间间隔为 0.1 s，该系统准确、及时进行了报警。

2010 年 12 月，该系统在北京接受了工程单位的验收，并进行了 1 次正常遥测数据、5 次仿真数据（1 次正常数据、4 次故障数据）的考核，结果如表 10.3 所示。考核过程中，系统对 2 次正常数据没有误报警，对 4 次故障数据都及时准确地进行了报警，采用本书第 4 章和第 5 章的诊断方法，准确确定了故障类型，诊断结果定位到了对应的推进剂管路。

表 10.3　故障诊断原型系统的实验室考核验证结果

数据类型	数据编号	报警参数	报警时间/s	实际故障时间/s	诊断结果
遥测参数	SPS－5887	/	/	/	系统正常
仿真参数	SPS－1	/	/	/	系统正常
	SPS－F1	Fm	9.1	9.0	主发动机 MMH 路外漏
	SPS－F2	Pem、Fm	9.9	9.1	主发动机 MMH 路堵塞
	SPS－F3	Fo	22.5	22.3	主发动机 MON 路外漏
	SPS－F4	Peo、Fo	31.9	30.3	主发动机 MON 路堵塞

上述考核验证结果表明,该系统工作稳定可靠,采集数据准确,没有误报警和漏报警,能够满足工程实用的需要,具备应用于空间推进系统地面试验平台的实时在线运行能力。

10.6 结论

本章针对空间推进系统故障诊断的工程实用问题,在深入进行功能与需求分析的基础上,提出了可扩展的推进系统故障诊断系统总体框架。基于该系统框架,设计实现了故障诊断子系统(包括数据采集模块、故障检测模块、故障诊断模块、诊断数据库);为满足故障诊断子系统的考核验证需求,设计实现了模拟仿真子系统(包括系统动力学仿真与故障仿真模块、回放数据库、模拟输出模块)。

针对 DFH 卫星推进系统,进行了故障诊断系统的集成与考核验证。对工程单位提供的 1 次正常遥测数据和回放数据库中的 5 次仿真数据(1 次正常数据、4 次故障数据)进行了考核验证。系统对 2 次正常数据没有误报警,对 4 次故障数据都能够及时准确地进行报警;准确确定了故障类型,诊断结果定位到了对应的推进剂管路。考核验证结果表明,该系统工作稳定可靠,采集数据准确,没有误报警和漏报警,能够满足空间推进系统地面试验平台的工程实用需求。

参考文献

[1] 中国人民解放军总装备部军事训练教材编辑工作委员会. 运载火箭推进系统[M]. 北京：国防工业出版社，2002.

[2] 徐福祥. 卫星工程概论[M]. 2 版. 北京：中国宇航出版社，2004.

[3] 戚发轫. 载人航天器技术[M]. 2 版. 北京：国防工业出版社，2003.

[4] 毕龙生. 国外卫星泄漏故障分析[J]. 航天控制，1999，17(4)：72 - 77.

[5] 周前祥，郭华岭. 载人航天器故障特点及其诊断技术的研究展望[J]. 中国航天，1999，22(9)：30 - 32.

[6] 赵海涛，张云彤. 东方红三号系列卫星在轨故障统计分析[J]. 航天器工程，2007，16(1)：33 - 37.

[7] 谭春林，胡太彬，王大鹏，等. 国外航天器在轨故障统计与分析[J]. 航天器工程，2011，20(4)：130 - 136.

[8] Goertz C. A Modular Method for the Analysis of Liquid Rocket Engine Cycles [C]. San Diego：31st AIAA Joint Propulsion Conference and Exhibit，1995.

[9] 沈赤兵. 液体火箭发动机静特性与响应特性研究[D]. 长沙：国防科学技术大学，1997.

[10] 曹春岳. 火箭发动机动力学[M]. 长沙：国防科技大学出版社，2004.

[11] 张黎辉. 补燃循环液体火箭发动机静态与动态特性的工程研究[D]. 北京：北京航空航天大学，1999.

[12] 蔡亦刚. 压力流量控制器稳压储能原理探讨[J]. 上海节能，2005(4)：103 - 105.

[13] 刘昆. 分级燃烧循环液氧/液氢发动机系统分布参数模型与通用仿真研究[D]. 长沙：国防科技大学，1999.

[14] Kolcio K，Helmicki A J. Propulsion System Modelling for Condition Monitoring and Control：Part Ⅱ Application to the SSME[C]. Indianapolis：30th Joint Propulsion Conference and Exhibit，1994.

[15] 程谋森. 液氢液氧发动机预冷与起动过程模型及 PVM 仿真研究[D]. 长沙：

国防科学技术大学,2000.

［16］ 陈杰,王克昌,陈启智. 液体火箭发动机系统静态特性模拟［J］. 推进技术,1990(6)：7－11,6－72.

［17］ 许琨,张宝炯. 液体火箭发动机运动循环参数通用计算方法的研究［J］. 宇航学报,1996,17(4)：26－34.

［18］ 黄卫东,朱恒伟,王克昌,等. 液体发动机分级燃烧循环最高室压通用模块化计算方法［J］. 上海航天,1997(2)：11－15.

［19］ 李家文,张黎辉,张振鹏. 液体火箭发动机数值模拟的计算模型建立方法［J］. 推进技术,2002(5)：363－365.

［20］ 蒋志坚,张黎辉,李家文. 空间推进系统静态特性通用仿真方法［J］. 推进技术,2003(5)：448－451.

［21］ 黄敏超,刘昆,张育林,等. 分级燃烧循环火箭发动机的动态特性研究［J］. 航空动力学报,2002,17(4)：500－504.

［22］ 刘昆,张育林,程谋森. 液体火箭发动机系统瞬变过程模块化建模与仿真［J］. 推进技术,2003(5)：401－405.

［23］ 李家文,张黎辉,张雪梅,等. 空间推进系统静动态特性仿真软件研究［J］. 推进技术,2004(2)：148－152.

［24］ 高芳,陈阳,张振鹏,等. 液体火箭发动机实验台液路系统工作过程仿真［J］. 航空动力学报,2006,21(2)：417－420.

［25］ 张金容,汪亮. 液体火箭发动机起动过程的动态仿真计算［J］. 低温工程,2008(2)：22－27.

［26］ 张黎辉,李伟,段娜. 液体火箭发动机模块化通用仿真［J］. 航空动力学报,2011(3)：687－691.

［27］ 刘红军. 补燃循环发动机静态特性与动态响应特性研究［D］. 北京：航天工业总公司第十一研究所,1998.

［28］ 魏鹏飞. 可重复使用液体火箭发动机智能减损控制方法研究［D］. 长沙：国防科学技术大学,2005.

［29］ 程玉强. 可重复使用液体火箭发动机关键部件损伤动力学与减损控制方法研究［D］. 长沙：国防科学技术大学,2009.

［30］ 刘文静,刘成瑞,王南华. 故障可诊断性评价与设计研究进展［J］. 航天控制,2011, 29(6)：72－78, 87.

［31］ Caglayan A K, Lancraft R S. Reinitialization Issues in Fault Tolerant Systems［C］. San Francisco：American Control Conference, 1983.

［32］ 宝音贺西. 基于模型的故障诊断技术研究及其在卫星中的应用［D］. 哈尔滨：哈尔滨工业大学,1999.

[33] 王巍. 基于模型残差分析的航天器故障诊断技术研究[D]. 哈尔滨：哈尔滨工业大学,1999.

[34] 李家文,张振鹏. 一种故障可诊断性分析方法[J]. 航空动力学报,2002, 17(5)：645-649.

[35] 刘文静,刘成瑞,王南华,等. 定量与定性相结合的动量轮故障可诊断性评价[J]. 中国空间科学技术,2011,31(4)：54-63.

[36] 朱恒伟. 液体推进剂火箭发动机地面试车故障检测与诊断研究[D]. 长沙：国防科学技术大学,1997.

[37] 黄敏超. 液体火箭发动机故障的神经网络诊断研究[D]. 长沙：国防科学技术大学,1998.

[38] 朱恒伟,王克昌,陈启智. 液体火箭发动机地面试车故障检测的自适应阈值算法[J]. 推进技术,2000(1)：2-5.

[39] 李广武. 航天动力试验故障诊断技术研究[D]. 长沙：国防科学技术大学,2007.

[40] Hawman M W, Galinaitis W S, Tulpule S, et al. Framework for a Space Shuttle Main Engine Health Monitoring System[R]. NASA-CR-185224, 1990.

[41] 王建波. 液体火箭发动机泄漏故障机理及检测方法的研究[D]. 哈尔滨：哈尔滨工业大学,2000.

[42] 于勇. 预测方法研究及其在航天器故障诊断中的应用[D]. 哈尔滨：哈尔滨工业大学,2001.

[43] 张纯良. 空间推进系统故障检测与诊断技术研究[D]. 北京：北京航空航天大学,2002.

[44] Kato K, Kanmuri A, Kisara K. Data Analysis for Rocket Engine Health Monitoring System[C]. San Diego：31st Joint Propulsion Conference and Exhibit, 1995.

[45] 谢廷峰,刘洪刚,吴建军. 基于主元分析法的液体火箭发动机传感器故障检测与诊断[J]. 宇航学报,2007,28(6)：1668-1672,1703.

[46] 杨尔辅. 液体火箭推进系统状态监控和故障诊断正反问题与算法研究[D]. 北京：北京航空航天大学,1999.

[47] 任海峰. 基于独立分量分析的液体火箭发动机故障诊断方法研究[D]. 长沙：国防科学技术大学,2003.

[48] 吴丽娜. 卫星姿态控制系统故障诊断研究[D]. 哈尔滨：哈尔滨工业大学,2006.

[49] 朱恒伟,王克昌,陈启智. 液体火箭发动机地面试车故障检测的自适应相关方法[J]. 导弹与航天运载技术,1998(3)：21-26.

[50] 黄敏超,张育林,陈启智. 模糊超球神经网络在模式聚类中的应用[J]. 自动

化学报,1997(2):137－140.
[51] 刘冰.液体火箭发动机智能化故障诊断与健康评估系统研究[D].长沙:国防科学技术大学,1999.
[52] 蔡燕霞.基于神经网络的专家系统在卫星故障诊断中的应用研究[D].哈尔滨:哈尔滨工业大学,2001.
[53] 李清东.火箭故检系统故障诊断专家系统设计与实现[D].西安:西北工业大学,2004.
[54] 刘发金.基于神经网络的卫星故障诊断专家系统及其应用[D].哈尔滨:哈尔滨工业大学,2006.
[55] 夏勇.基于故障树的运载火箭故障诊断专家系统[D].重庆:重庆大学,2007.
[56] 金亮亮.基于故障树的航天器故障诊断专家系统研究[D].南京:南京航空航天大学,2008.
[57] Wheeler K R, Dhawan A P. SSME Sensor Modeling Using Radial Basis Function Neural Networks[C]. Indianapolis: 30th Joint Propulsion Conference and Exhibit, 1994.
[58] 吴建军.液体火箭发动机故障检测与诊断研究[D].长沙:国防科学技术大学,1995.
[59] 杨尔辅,张振鹏,刘国球,等.应用 BP－ART 混合神经网络的推进系统状态监控实时系统[J].推进技术,1999(6):10－15.
[60] 于达仁,王建波.应用自组织网格识别火箭发动机泄漏故障[J].推进技术,2001(1):47－49.
[61] 王志武.基于神经网络的液体火箭发动机泄漏检测方法[J].火箭推进,2005, 31(1):55－58.
[62] 黄强.高压补燃液氧煤油发动机故障检测与诊断技术研究[D].长沙:国防科学技术大学,2012.
[63] 孙振明.预测理论与技术在航天器故障诊断中的应用研究[D].哈尔滨:哈尔滨工业大学,2004.
[64] Li Z Q. Fault Detection and Isolation in Reaction Wheels by Using Neural Network Observers[D]. Montreal: Concordia University, 2005.
[65] 李化南.基于神经网络的航天器多故障诊断的研究[D].哈尔滨:哈尔滨工业大学,2006.
[66] 岑朝辉.卫星姿态控制系统中的故障诊断研究[D].武汉:华中科技大学,2011.
[67] 宝音贺西,李俊峰,黄文虎.系统存在建模误差时的鲁棒性故障检测[J].高

技术通讯,2001(7):60-62.

[68] 崔定军.液体火箭发动机功能监测与故障诊断算法研究[D].北京:北京航空航天大学,1995.

[69] 程惠涛,黄文虎,姜兴渭.基于灰色模型的故障预报技术及其在空间推进系统上的应用[J].推进技术,1998,19(3):74-77.

[70] 刘冰,张育林.奇偶空间法用于液体火箭发动机故障诊断[J].推进技术,1999,20(6):6-9.

[71] 杨静,张洪钺.卫星故障诊断的最优奇偶向量法[J].航空学报,2002,23(2):183-186.

[72] Nakhaie Ashtiani G. Fault Detection and Isolation in Spacecraft Attitude Control System Using Parity Space Method[D]. Montreal: Concordia University, 2007.

[73] Koutsoukos X, Kurien J, Zhao F. Estimation of Distributed Hybrid Systems using Particle Filtering Methods[C]. Prague: 6th International Conference on Hybrid Systems: Computation and Control, 2003.

[74] Yu D R, Wang J B. Leak Fault Detection of Liquid Rocket Engine based on Strong Tracking Filter[J]. Journal of Propulsion and Power, 2002, 18(2): 280-283.

[75] 王巍,宝音贺喜格,姜兴渭,等.基于状态观测器的卫星执行机构故障诊断方法研究[J].自动化技术与应用,1999(4):9-12.

[76] 张晓梅,姜兴渭,黄文虎.一种新颖的故障检测滤波器设计[J].高技术通讯,2001(12):48-50.

[77] 宋立辉,姜兴渭,谷吉海.容错降维观测器设计及其应用[J].哈尔滨工业大学学报,2002(5):618-620.

[78] 黄敏超,张育林,冯心.基于神经网络的液体火箭发动机故障检测系统[J].国防科技大学学报,1994(2):55-60+88.

[79] Butas J P, Meyer C M, Santi L M, et al. Rocket Engine Health Monitoring Using a Model-Based Approach[C]. Salt Lake City: 37th Joint Propulsion Conference and Exhibit, 2001.

[80] 符文星,朱苏朋,阎杰,等.参数估计法在运载火箭动力系统故障诊断中的应用[J].弹箭与制导学报,2007(1):181-183.

[81] Brown J S, de Kleer J. Towards a Theory of Qualitative Reasoning about Mechanisms and its Role in Troubleshooting[M]. Rasmussen J, Rouse W B. Human Detection and Diagnosis of System Failures. New York: Springer New York, 1981.

[82] Scarl E A, Jamieson J R, Delaune C I. A Fault Detection and Isolation Method

Applied to Liquid Oxygen Loading for the Space Shutle[C]. Los Angeles: 9th International Joint Conference on Artificial Intelligence, 1985.

[83] Kurien J A. Diagnosis and Planning With Resource Constraints[D]. Rhode Island: Brown University, 2003.

[84] Daigle M J, Roychoudhury I, Biswas G, et al. A Comprehensive Diagnosis Methodology for Complex Hybrid Systems: A Case Study on Spacecraft Power Distribution Systems[J]. IEEE Transactions on Systems, Man, and Cybernetics-Part A: Systems and Humans, 2010, 40(5): 917-931.

[85] 丁彩红,黄文虎,姜兴谓. 基于 Petri 网的故障树分析方法[J]. 强度与环境, 1999(4): 31-46.

[86] 张纯良,张振鹏,张本斌,等. 利用键合图模型进行空间推进系统故障诊断研究[J]. 航空动力学报,2003,18(2): 253-257.

[87] 郑威,吴建军. 液体火箭发动机基于定性键合图模型的故障诊断方法研究[J]. 宇航学报,2004,25(6): 604-608.

[88] 樊久铭,王秋生,徐敏强,等. 诊断键合图在液体火箭发动机故障诊断中的应用[J]. 宇航学报,2007,28(4): 977-980.

[89] 宋其江. 基于有向图模型的故障诊断方法研究及其在航天中的应用[D]. 哈尔滨: 哈尔滨工业大学,2010.

[90] 邵继业,王日新,高晶波,等. 基于反面选择算法的气阀故障诊断[J]. 振动工程学报,2006,19(4): 465-468.

[91] Lapp S A, Powers G J. Computer-aided Fault Tree Synthesis[J]. Chemical Engineering Progress, 1976, 72: 89-93.

[92] Umeda T, Kuriyama T, O'Shima E, et al. A Graphical Approach to Cause and Effect Analysis of Chemical Processing Systems[J]. Chemical Engineering Science, 1980, 35(12): 2379-2388.

[93] Kramer M A, Palowitch Jr. B L. A Rule-based Approach to Fault Diagnosis Using the Signed Directed Graph[J]. AIChE Journal, 1987, 33(7): 1067-1078.

[94] Shiozaki J, Shibata B, Matsuyama H, et al. Fault Diagnosis of Chemical Process Utilizing Signed Directed Graphs Improvement by Using Temporal Information[J]. IEEE Transactions on Industrial Electronics, 1989, 36(4): 469-474.

[95] Chen J Y, Chang C T. Development of an Optimal Sensor Placement Procedure Based on Fault Evolution Sequences[J]. Industrial and Engineering Chemistry Research, 2008, 47(19): 7335-7346.

[96] Vedam H, Venkatasubramanian V. Signed Digraph Based Multiple Fault Diagnosis[J]. Computers and Chemical Engineering, 1997, 21: 655 - 660.

[97] Zhu B X, Liu J X, Liu Y, et al. Fault-tolerance Wide Voltage Conversion Gain DC/DC Converter for More Electric Aircraft[J]. Chinese Journal of Aeronautics, 2023,36(7): 420 - 429.

[98] Tarifa EE, Scenna N J. A Fault Diagnosis Prototype for a Bioreactor for Bioinsecticide Production [J]. Reliability Engineering and System Safety, 1995, 48(1): 27 - 45.

[99] Wilcox N A, Himmelblau D M. The Possible Cause and Effect Graphs (PCEG) Model for Fault Diagnosis. I. Methodology [J]. Computers and Chemical Engineering, 1994, 18(2): 103 - 116.

[100] 牟善军,姜春明,吴重光. SDG 方法与过程安全分析的关系[J]. 系统仿真学报,2003,15(10): 1381 - 1384.

[101] 杨帆,萧德云. SDG 建模及其应用的进展[J]. 控制理论与应用,2005(5): 767 - 774.

[102] 曹文亮,王兵树,马良玉,等. 基于 SDG 推理规则和定量分析的故障诊断技术[J]. 热能动力工程,2005(6): 66 - 70, 110 - 111.

[103] 邵晨曦,张俊涛,白方周. TSDG: 一种用于故障诊断的定性仿真方法[J]. 计算机工程,2006(9): 225 - 227.

[104] 黄卫东,王克昌. 基于深层知识规则的液体火箭发动机故障诊断[J]. 宇航学报,1997(4): 61 - 65.

[105] 刘洪刚. 液体火箭发动机智能故障诊断理论与策略研究[D]. 长沙: 国防科学技术大学,2002.

[106] 龙兵,姜兴渭,宋政吉. 基于多信号模型航天器多故障诊断技术研究[J]. 宇航学报,2004,25(5): 591 - 594.

[107] 张伟,王宪勇,崔秀艳,等. 基于 LSTM 网络的卫星寿命预测研究[J]. 计算机仿真,2021,38(9): 80 - 83,128.

[108] 张纯良,张振鹏,杨尔辅,等. 空间推进系统故障诊断专家系统研究[J]. 航空动力学报,2004,19(5): 718 - 723.

[109] 童斌. 载人飞船故障模式与对策研究[D]. 北京: 北京航空航天大学, 2002.

[110] 代树武. 航天器自主运行关键技术的研究[D]. 北京: 中国科学院空间科学与应用研究中心,2002.

[111] Iverson D L. Inductive System Health Monitoring [C]. Las Vegas: 2004 International Conference on Artificial Intelligence, 2004.

[112] Lee K Y, Kim D W, Lee D, et al. Improving Support Vector Data Description Using Local Density Degree[J]. Pattern Recognition, 2005, 38(10): 1768-1771.

[113] Wu Q, Saif M. Robust Fault Detection and Diagnosis for a Multiple Satellite Formation Flying System Using Second Order Sliding Mode and Wavelet Networks[C]. New York: 2007 American Control Conference, 2007.

[114] 郝慧，王南华. 基于小波分析的航天器姿态控制系统故障诊断方法研究[J]. 航天控制,2005,23(5): 73-78.

[115] 张晓梅. 基于模型的卫星姿控系统故障诊断的理论与应用研究[D]. 哈尔滨：哈尔滨工业大学,2001.

[116] 邵继业. 基于模型的故障诊断方法研究及在航天中的应用[D]. 哈尔滨：哈尔滨工业大学,2009.

[117] Koutsoukos X, Kurien J, Zhao F. Estimation of Distributed Hybrid Systems Using Particle Filtering Methods[C]. Prague: Hybrid Systems: Computation and Control (HSCC 2003), 2003.

[118] Fesq L, Ingham M, Pekala J M, et al. Model-Based Autonomy for the Next Generation of Robotic Spacecraft[C]. Houston: 53rd International Astronautical Congress, 2002.

[119] 王巍. 基于 KPCA-SVM 的软测量技术研究与应用[D]. 沈阳：东北大学，2008.

[120] 刘文静,王南华. 面向资源约束航天器控制系统的故障检测研究[J]. 宇航学报,2011(7): 1527-1533.

[121] 张伟. DFH-4 卫星平台的可靠性建模及分析[D]. 哈尔滨：哈尔滨工业大学,2005.

[122] Raghuraj R, Bhushan M, Rengaswamy R. Locating Sensors in Complex Chemical Plants Based on Fault Diagnostic Observability Criteria[J]. AIChE Journal, 1999, 45(2): 310-322.

[123] Bhushan M, Rengaswamy R. Design of Sensor Location Based on Various Fault Diagnostic Observability and Reliability Criteria [J]. Computers and Chemical Engineering, 2000(24): 735-741.

[124] Bhushan M. Comprehensive Design of a Sensor Network for Chemical Plants Based on Various Diagnosability and Reliability Criteria 2. Applications[J]. Industrial and Engineering Chemistry Research, 2002, 41(7): 1840-1860.

[125] 王强. 基于 SDG 的控制系统有效性方法研究[D]. 北京：北京化工大学，2006.

[126] 杨帆,萧德云.故障检测的可靠性描述及传感器分布优化算法[J].应用科学学报,2006,24(2):125-130.

[127] 杨帆,萧德云.大型复杂系统的动态SDG模型及传感器布置问题[J].控制理论与应用,2008,25(2):181-186.

[128] 陈仲生,杨拥民,李聪,等.基于振动传递符号有向图的齿轮箱嵌入式传感器优化配[J].航空动力学报,2009,24(10):2384-2390.

[129] 刘文静,刘成瑞,王南华.基于可诊断性约束的测点优化配置研究[J].空间控制技术与应用,2011,37(2):1-5,25.

[130] 刘敏华.基于SDG模型的故障诊断及应用研究[D].北京:清华大学,2005.

[131] Iwama K, Nagao A. Read-once Branching Programs for Tree Evaluation Problems[J]. ACM Transactions on Computation Theory, 2019, 11(1): 5.

[132] Nozue Y, Miyazaki T, Sugaya Y, et al. Efficient Coding for Video including Text Using Image Generation[J]. Journal of Information Processing, 2016, 24(2): 330-338.